ORIG

AU-DELÀ DU BIG BANG

ORIGINE : AU-DELÀ DU BIG BANG

Le manifeste d'une génération en quête de vérité

JKM ÉDITIONS

Montréal, Québec, Canada

Les citations bibliques sont tirées de la version Louis Segond 1910, sauf indication contraire.

Édition : 2025

contact@jkmgroupe.com

Note de l'auteur :

Ce livre est dédié à tous ceux qui refusent les réponses faciles et cherchent la vérité avec honnêteté intellectuelle, quelles que soient les implications.

Soli Deo Gloria

TABLE DES MATIÈRES

INTRODUCTION __ **LA QUESTION QUE TOUT LE MONDE ÉVITE**

D'où vient l'univers ? Cette question simple porte en elle le poids de toute l'existence humaine. Elle traverse les siècles, traverse les cultures, traverse les civilisations. L'homme préhistorique levait les yeux vers les étoiles et se demandait : quelle est l'origine de tout cela ? Le philosophe grec contemplait le cosmos et cherchait l'arkhè, le principe premier. Le scientifique moderne scrute les confins de l'univers observable et tente de remonter jusqu'au point initial. Cette question ne vieillit jamais, ne se démode jamais, ne perd jamais son urgence existentielle. Parce qu'elle ne concerne pas seulement l'univers. Elle nous concerne. Savoir d'où vient l'univers, c'est savoir d'où nous venons. Et savoir d'où nous venons détermine qui nous sommes, ce que nous valons, où nous allons.

Aujourd'hui, deux réponses s'affrontent avec une intensité qui ne cesse de croître. D'un côté, la science moderne propose le Big Bang comme explication de l'origine cosmique. De l'autre, la révélation biblique affirme depuis des millénaires : "Au commencement, Dieu créa les cieux et la terre." Ces deux affirmations semblent irréconciliables, incompatibles, mutuellement exclusives. Le débat fait rage dans les universités, dans les médias, dans les conversations ordinaires. Création ou Big Bang ? Foi ou science ? Genèse ou cosmologie ? On présente ce conflit comme l'affrontement entre obscurantisme religieux et rationalité scientifique, entre croyance aveugle et connaissance éclairée, entre mythe ancien et vérité moderne.

Mais cette présentation du débat repose sur une confusion fondamentale, sur un malentendu massif qui fausse toute la discussion. La vraie question n'est pas "création ou Big Bang ?" comme si ces deux affirmations occupaient le même terrain, répondaient à la même question, se situaient au même niveau d'explication. La vraie question est beaucoup plus radicale, beaucoup plus dérangeante pour le matérialisme dominant : **le Big Bang répond-il vraiment à la question de l'origine ?**

Voilà ce que ce livre va démontrer avec une rigueur implacable : le Big Bang ne répond pas à la question de l'origine. Il la déplace. Il recule le problème d'un cran sans le résoudre. Il commence avec quelque chose déjà là et s'arrête avant l'origine absolue. La science, aussi puissante et admirable soit-elle dans son domaine propre, atteint une limite infranchissable quand elle tente d'expliquer pourquoi il existe quelque chose plutôt que rien. Elle peut décrire admirablement comment l'univers fonctionne, comment il évolue, comment ses parties interagissent. Elle ne peut pas expliquer pourquoi il existe, d'où viennent ses lois, pourquoi ces lois prennent cette forme particulière, pourquoi l'univers est ordonné plutôt que chaotique, intelligible plutôt qu'absurde.

Ces questions ne sont pas des détails techniques que la science résoudra un jour avec de meilleures équations ou des instruments plus puissants. Ces questions sont métaphysiques par nature. Elles dépassent le domaine de la méthode scientifique. Attendre que la physique y réponde, c'est attendre qu'un microscope révèle la beauté d'un poème ou qu'une balance pèse la justice. Chaque outil a son domaine d'application. La science excelle dans son domaine : l'étude des phénomènes naturels observables, mesurables, répétables. Mais l'origine absolue n'est pas un phénomène naturel observable. C'est le fondement métaphysique de tous les phénomènes naturels. C'est la question qui précède toutes les questions scientifiques : pourquoi existe-t-il un univers naturel que la science puisse étudier ?

Ce livre va démontrer que seule la révélation biblique répond à cette question ultime. Non pas par une fuite dans l'irrationnel, non pas par un refus de la raison, mais par l'aboutissement même du raisonnement rationnel poussé jusqu'à ses conclusions nécessaires. La raison elle-même, opérant selon le principe de causalité, mène inévitablement à la nécessité d'une Cause première transcendante, éternelle, toute-puissante, intelligente, personnelle. Cette Cause première possède exactement les attributs que la Bible attribue à Dieu. La foi biblique et la raison philosophique convergent vers la même réalité : au commencement était Dieu, et par sa Parole toutes choses ont été faites. Mais ce livre va au-delà d'une simple défense de la création contre le matérialisme. Il révèle des secrets que la théologie classique elle-même n'a pas pleinement saisis, des profondeurs dans le texte hébreu de Genèse que les traductions ordinaires masquent, des connexions entre cosmologie et révélation que personne n'a articulées avec cette clarté. Vous découvrirez pourquoi l'origine n'est pas un événement ponctuel dans le passé mais une relation permanente. Vous comprendrez ce que le verbe hébreu BARA (créer) révèle sur la nature absolue de Dieu. Vous saisirez pourquoi Dieu crée par la Parole et ce que cela révèle sur la structure mathématique de l'univers. Vous verrez comment la conscience humaine tripartite reflète la Trinité divine. Vous réaliserez que votre désir infini prouve votre destination éternelle.

Ce livre s'adresse à tous ceux qui refusent les réponses faciles, qui exigent la rigueur intellectuelle, qui ne se satisfont pas des platitudes apologétiques convenues. Il s'adresse aux scientifiques qui pressentent que le matérialisme ne peut pas être le dernier mot sur la réalité. Il s'adresse aux croyants qui veulent une foi intelligente, rationnelle, capable de tenir tête aux objections les plus sophistiquées. Il s'adresse aux chercheurs sincères qui veulent la vérité, quelle qu'elle soit, où qu'elle mène.

La thèse centrale de ce livre peut se résumer en une phrase : **le Big Bang déplace la question de l'origine sans y répondre ; seule la Genèse répond à l'origine absolue en affirmant "Au commencement, Dieu créa."** Mais cette thèse simple cache des profondeurs vertigineuses. Elle implique une révolution complète dans notre compréhension de la réalité, de la conscience, de l'homme, du temps, de la causalité, de la raison elle-même. Elle implique que l'immatériel précède le matériel, que l'intelligence fonde la matière, que la conscience ne peut émerger du non-conscient, que l'information ne surgit jamais sans intelligence, que les lois ne flottent pas dans un vide explicatif mais procèdent d'un Législateur.

Cette révolution ne détruit pas la science. Au contraire, elle la fonde. Elle explique pourquoi la science fonctionne, pourquoi l'univers est rationnel, pourquoi l'esprit humain peut comprendre les lois cosmiques. Sans un Créateur intelligent qui pense mathématiquement et qui crée l'homme à son image, il n'y aurait aucune garantie que l'univers soit intelligible ni que l'esprit humain puisse le comprendre. La science présuppose ce qu'elle ne peut démontrer par ses propres méthodes : l'ordre rationnel du cosmos. La foi biblique fournit le fondement métaphysique que la science utilise sans le reconnaître.

L'enjeu de ce débat dépasse infiniment la curiosité intellectuelle. Il détermine la dignité humaine. Si l'homme est créé à l'image de Dieu, il possède une valeur intrinsèque absolue. Si l'homme n'est qu'un animal évolué, produit du hasard, sa valeur devient purement fonctionnelle, révocable, négociable. Ce livre démontrera que la vision matérialiste détruit nécessairement la dignité humaine, la moralité objective, le sens de l'existence, la possibilité même de la connaissance rationnelle. Le matérialisme cohérent avec lui-même aboutit à un nihilisme qu'aucun matérialiste ne peut vivre réellement. En revanche, la vision biblique fonde tout ce qui rend la vie humaine digne d'être vécue : la valeur absolue de chaque personne, la réalité objective du bien et du mal, la signification ultime de nos choix, la promesse d'une justice finale, l'espérance d'une vie éternelle.

Ce livre ne demande pas un sacrifice de l'intelligence. Il exige au contraire l'usage maximal de l'intelligence, poussée jusqu'à ses limites, jusqu'à ces frontières où elle découvre qu'elle ne peut se fonder elle-même et doit reconnaître un fondement transcendant. La foi biblique n'est pas un saut dans l'obscurité. C'est l'aboutissement de la lumière de la raison qui reconnaît humblement qu'elle ne peut éclairer sa propre source. C'est l'intelligence qui découvre qu'elle procède d'une Intelligence infinie, que sa capacité de saisir la vérité présuppose une Vérité absolue, que sa soif de sens révèle une Source de sens.

Les chapitres qui suivent déploieront ces arguments avec une rigueur philosophique et une profondeur exégétique qui ne cèdent rien aux normes académiques les plus élevées. Mais ils le feront avec une clarté prophétique qui refuse les jargons inutiles, les complications sophistiquées destinées à masquer la pauvreté des idées, les précautions oratoires infinies qui affaiblissent l'affirmation de la vérité. La vérité se dit avec force, avec clarté, avec autorité. Non l'autorité arrogante de celui qui refuse le dialogue, mais l'autorité légitime de celui qui a examiné les arguments, pesé les preuves, suivi le raisonnement jusqu'à sa conclusion nécessaire.

Vous êtes sur le point d'entreprendre un voyage intellectuel et spirituel qui pourrait transformer radicalement votre compréhension de la réalité. Si vous êtes matérialiste, ce livre vous confrontera aux impossibilités logiques de votre position avec une honnêteté que vous ne trouverez nulle part ailleurs. Si vous êtes croyant, ce livre approfondira votre foi en lui donnant des fondements rationnels inébranlables. Si vous êtes chercheur sincère, ce livre vous montrera que la raison et la révélation, loin de se contredire, convergent magnifiquement vers la même vérité : au commencement était Dieu, et tout ce qui existe procède de sa volonté créatrice.

L'origine n'est pas un accident. L'origine n'est pas un mécanisme aveugle. L'origine n'est pas un mystère impénétrable devant lequel la raison doit abdiquer. L'origine est une Personne qui parle, qui crée, qui révèle, qui se fait connaître. Cette Personne s'est révélée dans les Écritures, s'est incarnée dans le Christ, continue d'appeler chaque être humain à reconnaître sa véritable origine et sa véritable destinée. La question de l'origine est la question la plus importante que vous poserez jamais. Parce qu'elle détermine toutes les autres. D'où vous venez détermine qui vous êtes. Qui vous êtes détermine comment vous devez vivre. Comment vous vivez détermine où vous passerez l'éternité. Entrons maintenant dans le vif du sujet. Examinons ce que le Big Bang explique réellement et ce qu'il n'explique pas. Découvrons pourquoi la singularité initiale est un aveu d'ignorance déguisé en science. Comprenons pourquoi le vide quantique n'est pas le néant. Suivons la chaîne explicative jusqu'au point où elle s'arrête, laissant béante la question de l'origine absolue. Puis tournons-nous vers la révélation biblique et découvrons comment elle seule répond à ce que la science ne peut même pas formuler correctement. Au commencement était la Parole. Cette vérité change absolument tout.

Note sur les termes techniques :

Ce livre utilise certains termes théologiques, philosophiques et scientifiques nécessaires pour traiter rigoureusement le sujet de l'origine. Pour faciliter votre lecture, une liste des **termes clés** suit immédiatement cette introduction, offrant des définitions concises des concepts essentiels. Un **glossaire complet** est également disponible avant la conclusion pour approfondir votre compréhension. N'hésitez pas à vous y référer à tout moment. Ces termes, bien que techniques, sont expliqués dans un langage accessible et enrichiront considérablement votre compréhension de l'argumentation développée.

TERMES CLÉS À CONNAÎTRE

BARA (בָּרָא) : Verbe hébreu exclusif à Dieu = créer ex nihilo (à partir de rien). Utilisé 3 fois dans Genèse 1 pour marquer 3 ruptures ontologiques majeures.

ÊTRE NÉCESSAIRE : Être existant par nécessité de sa propre nature, ne pouvant pas ne pas exister. Dieu.

ÊTRE CONTINGENT : Être qui aurait pu ne pas exister, dépendant de causes extérieures pour son existence. L'univers, nous-mêmes.

MATÉRIALISME : Philosophie affirmant que seule la matière existe, que tout s'explique par processus physiques aveugles sans Dieu.

NEPHESH (נֶפֶשׁ) : Âme vivante consciente (sensation, émotion, perception). Possédée par animaux, pas par plantes.

LOGOS (Λόγος) : Parole/Raison divine. Jean 1:1-3 révèle que le Logos est Jésus-Christ par qui tout a été créé.

IMAGE DE DIEU : Dimension spirituelle conférée à l'homme seul (conscience réflexive, raison abstraite, conscience morale). Fonde la dignité humaine absolue.

ABIOGENÈSE : Hypothèse matérialiste (fausse) que la vie serait apparue spontanément de chimie morte sans intervention divine.

COMPLEXITÉ IRRÉDUCTIBLE : Système nécessitant toutes ses pièces simultanément pour fonctionner. Révèle conception intelligente, non évolution graduelle.

INFORMATION CODÉE : Information spécifique dans l'ADN nécessitant intelligence pour son origine. Jamais produite par hasard.

ELOHIM (אֱלֹהִים) : Nom hébreu de Dieu dans Genèse 1. Forme plurielle avec verbe singulier révélant unité dans plénitude
(Trinité).

PRINCIPE DE CAUSALITÉ : "Tout ce qui commence à exister a une cause." Fondement universel de toute science et rationalité.

CAUSE PREMIÈRE : Cause ultime non-causée qui explique tout le reste. Analyse philosophique démontre ses propriétés = Dieu.

EX NIHILO : Latin = "à partir de rien." Dieu crée l'univers non en organisant matière préexistante mais en faisant surgir tout du néant absolu.

ONTOLOGIE : Étude philosophique de l'être. Rupture ontologique = saut qualitatif entre niveaux d'être (matière → vie → esprit) nécessitant BARA.

Un glossaire complet est disponible avant la conclusion pour approfondir ces concepts et découvrir d'autres termes utilisés dans ce livre.

CHAPITRE 1__ **CE QUE LE BIG BANG EXPLIQUE (ET CE QU'IL N'EXPLIQUE PAS)**

Le Big Bang est présenté au grand public, dans les documentaires scientifiques, dans les manuels scolaires, dans les discours de vulgarisation, comme l'explication définitive de l'origine de l'univers. Cette présentation est trompeuse. Non pas parce que le modèle du Big Bang serait faux scientifiquement — il est au contraire remarquablement bien établi et confirmé par des preuves convergentes multiples. Mais parce qu'il ne fait pas ce qu'on prétend qu'il fait. Il ne décrit pas l'origine absolue de l'univers. Il décrit une évolution, une expansion, un développement à partir d'un état initial déjà existant.

La confusion provient d'une ambiguïté dans le langage. Quand on dit "origine de l'univers", on peut signifier deux choses radicalement différentes. On peut signifier l'origine de l'univers dans sa forme actuelle, observable, structurée auquel cas le Big Bang fournit effectivement une description scientifique puissante de comment cet univers s'est développé. Ou on peut signifier l'origine absolue de l'existence elle-même, la réponse à la question "pourquoi existe-t-il quelque chose plutôt que rien

?" auquel cas le Big Bang ne répond absolument pas, ne prétend même pas répondre si l'on écoute attentivement les cosmologistes les plus honnêtes.

Ce que le Big Bang explique réellement

Soyons précis et rendons à la science ce qui appartient à la science. Le modèle du Big Bang affirme que l'univers observable s'est développé à partir d'un état extrêmement dense et chaud il y a environ 13,8 milliards d'années. Cet état initial était concentré en un volume infinitésimal, avec une densité et une température si colossales qu'aucune structure stable ne pouvait exister. Toute la matière et l'énergie qui composent aujourd'hui les centaines de milliards de galaxies étaient comprimées dans cet état primordial.

Puis, selon le modèle, une expansion fulgurante a commencé. Non pas une explosion dans l'espace préexistant, mais une expansion de l'espace lui-même. L'espace s'est dilaté, entraînant avec lui la matière-énergie, créant littéralement la distance entre les points au fur et à mesure de son expansion. Cette expansion continue encore aujourd'hui, observable dans le redshift (décalage vers le rouge) de la lumière des galaxies lointaines qui s'éloignent de nous d'autant plus vite qu'elles sont éloignées.

Durant les premières fractions de seconde après le point initial, l'univers était un plasma brûlant où particules et antiparticules surgissaient et s'annihilaient constamment. Au bout de quelques minutes, la température a suffisamment baissé pour permettre la formation des premiers noyaux atomiques légers : hydrogène, hélium, lithium. Pendant environ 380000 années, l'univers est resté opaque, trop chaud pour que les électrons puissent se lier aux noyaux atomiques. Puis la température a encore baissé, les premiers atomes neutres se sont formés, et l'univers est devenu transparent. La lumière de cette époque nous parvient aujourd'hui sous forme de rayonnement fossile à 2,7 Kelvin, détecté dans toutes les directions du ciel, témoignage direct de cet état primordial.

Au cours de centaines de millions d'années supplémentaires, la matière s'est progressivement concentrée sous l'effet de la gravitation, formant les premières étoiles, puis les premières galaxies. Les étoiles massives ont fusionné les éléments légers en éléments plus lourds, puis ont explosé en supernovae, dispersant ces éléments lourds dans l'espace. Des générations successives d'étoiles se sont formées à partir de ces matériaux enrichis. Autour de certaines étoiles se sont formés des systèmes planétaires. Sur au moins une planète, la Terre, les conditions ont permis l'apparition de la vie, qui a évolué jusqu'à produire des êtres conscients capables d'observer l'univers et de reconstituer son histoire.

Cette description est scientifiquement solide, confirmée par des preuves convergentes multiples qui se renforcent mutuellement. L'expansion cosmique, observée par Edwin Hubble en 1929, établit que l'univers n'est pas statique mais dynamique, en expansion. Le rayonnement fossile à 2,7 Kelvin, découvert accidentellement par Penzias et Wilson en 1964, correspond précisément à ce que prédit le modèle du Big Bang pour le refroidissement d'un univers initialement très chaud. L'abondance relative des éléments légers dans l'univers correspond exactement aux prédictions de la nucléosynthèse primordiale calculée à partir des conditions initiales du Big Bang. La distribution à grande échelle des galaxies dans l'univers correspond aux simulations basées sur le modèle du Big Bang avec matière noire et énergie noire.

Personne de sérieux ne conteste aujourd'hui le modèle du Big Bang dans ses grandes lignes. Il représente l'un des triomphes intellectuels majeurs de la physique du 20ème siècle. Il démontre la puissance stupéfiante de la méthode scientifique pour reconstituer l'histoire cosmique à partir d'observations présentes et de lois physiques établies. C'est une réalisation magnifique de l'intelligence humaine.

Ce que le Big Bang n'explique pas

Mais voici ce que le Big Bang ne fait pas, ce qu'il ne prétend pas faire si l'on écoute attentivement : il ne décrit pas l'apparition de l'existence à partir du néant absolu. Il ne répond pas à la question "pourquoi existe-t-il quelque chose plutôt que rien ?" Il ne révèle pas l'origine de l'état initial lui-même. Il commence avec quelque chose déjà là — cet état extrêmement dense et chaud — et décrit son évolution ultérieure. Mais d'où vient cet état initial ? Pourquoi existait-il ? Pourquoi possédait-il précisément ces propriétés plutôt que d'autres ? Pourquoi obéissait-il aux lois de la physique ? D'où viennent ces lois elles-mêmes ?

Sur toutes ces questions fondamentales, le Big Bang reste muet. Non pas parce que les cosmologistes manqueraient d'imagination ou de compétence, mais parce que ces questions dépassent par nature le cadre de la méthode scientifique. La science étudie comment les choses fonctionnent dans l'univers, quels processus causaux opèrent, quelles lois régissent les phénomènes observables. Elle ne peut pas expliquer pourquoi il existe un univers plutôt que rien, pourquoi les lois sont ce qu'elles sont, pourquoi l'univers est intelligible.

Prenons chaque question séparément pour bien saisir leur portée.

D'où vient l'état initial dense et chaud ? Le Big Bang suppose l'existence de cet état comme point de départ. Il ne l'explique pas. Dire "l'univers vient d'un état extrêmement dense et chaud" ne répond pas à la question de l'origine, cela la déplace simplement. C'est comme si quelqu'un vous demandait "d'où vient ce livre ?" et que vous répondiez "de l'imprimerie". Réponse correcte mais insuffisante. Oui, le livre a été fabriqué par l'imprimerie. Mais qui a écrit le texte ? Qui a conçu la mise en page ? Qui a décidé de publier ce livre plutôt qu'un autre ? L'imprimerie explique la production matérielle, elle n'explique pas l'origine intellectuelle, intentionnelle, créatrice du livre.

De même, le Big Bang explique comment l'univers s'est développé à partir d'un état initial. Il n'explique pas l'origine de cet état initial. Cet état possédait déjà de l'énergie concentrée, des propriétés physiques précises, un potentiel d'évolution vers des structures complexes. D'où venait tout cela ? La science ne le dit pas. Elle ne peut pas le dire parce que cela précède le cadre où ses équations fonctionnent.

Pourquoi cet état initial existait-il plutôt que de ne pas exister ? C'est la question métaphysique fondamentale formulée par Leibniz : pourquoi existe-t-il quelque chose plutôt que rien ? L'état initial du Big Bang est quelque chose, pas rien. Il possède des propriétés, de l'énergie, une structure potentielle. Pourquoi existait-il ? Quelle nécessité, quelle raison, quelle cause a fait qu'il y avait cet état dense et chaud plutôt que l'absence absolue de toute réalité ? Le Big Bang présuppose l'existence de cet état. Il ne répond jamais à la question de pourquoi cet état existait en premier lieu.

Certains physic

iens tentent d'esquiver cette question en affirmant que la question elle-même est mal posée, que le concept de "rien absolu" est incohérent, que nécessairement il doit toujours exister quelque chose. Mais cette réponse est insatisfaisante intellectuellement. Pourquoi nécessairement ? Quelle nécessité ? Si quelque chose doit toujours exister, cela signifie qu'il existe une réalité nécessaire, qui ne peut pas ne pas exister, dont l'essence implique l'existence. Mais c'est précisément la définition philosophique de Dieu comme Être nécessaire. Le physicien qui affirme qu'il doit toujours exister quelque chose admet implicitement qu'il existe un fondement nécessaire de toute réalité. Il ne fait que déplacer le problème en attribuant cette nécessité à l'univers matériel plutôt qu'à Dieu, sans justifier pourquoi l'univers contingent, changeant, aurait cette propriété de nécessité.

Pourquoi cet état initial obéissait-il à des lois physiques précises ? L'état initial du Big Bang ne flottait pas dans un vide de lois. Il obéissait déjà aux lois de la relativité générale, aux lois de la thermodynamique, aux lois quantiques. Ces lois déterminaient comment cet état allait évoluer, comment l'expansion allait se produire, comment les particules allaient se former, comment la matière allait se structurer. Sans ces lois précises, l'univers aurait pu évoluer de n'importe quelle manière imprévisible, ou ne pas évoluer du tout, ou s'effondrer immédiatement dans le néant.

Mais d'où viennent ces lois ? Pourquoi ces lois plutôt que d'autres ? Pourquoi pas l'absence totale de lois, le chaos pur ? Les lois physiques ne sont pas des entités matérielles. Ce sont des régularités mathématiques, des principes d'organisation, des structures intelligibles. Elles décrivent comment les choses se comportent, mais elles n'expliquent pas leur propre existence. Le physicien Paul Davies a écrit avec une honnêteté rare : "Même si nous avions une théorie physique du tout, une équation unique décrivant toutes les forces et toutes les particules, nous aurions encore à nous demander : d'où vient cette équation ? Pourquoi cette équation et pas une autre ? Les lois elles-mêmes flottent dans un vide explicatif."

Ce vide explicatif révèle la limite fondamentale de la science concernant l'origine. La science utilise les lois naturelles pour expliquer les phénomènes. Elle ne peut pas expliquer l'origine des lois elles-mêmes par les lois, car cela serait circulaire. L'explication des lois nécessite de sortir du cadre scientifique et d'entrer dans le domaine de la métaphysique et de la théologie.

Pourquoi l'univers issu de cet état initial est-il ordonné, structuré, intelligible ? L'univers actuel n'est pas un chaos. Il manifeste un ordre stupéfiant à tous les niveaux. Les galaxies se distribuent selon des structures à grande échelle. Les étoiles suivent des cycles de vie prévisibles. Les atomes s'assemblent en molécules selon des règles chimiques précises. La vie se développe selon des processus biochimiques complexes mais réguliers. L'esprit humain peut comprendre cet ordre, formuler des lois mathématiques qui le décrivent, prédire des phénomènes avant de les observer.

Pourquoi ? Si l'état initial était purement matériel, gouverné par des processus aveugles, pourquoi a-t-il produit un univers ordonné plutôt qu'un chaos permanent ? La deuxième loi de la thermodynamique établit que dans un système fermé, l'entropie (désordre) augmente toujours. L'univers devrait naturellement tendre vers le désordre maximal. Pourtant, nous observons l'émergence de structures de plus en plus complexes : atomes, molécules, cellules, organismes, cerveaux, civilisations. Comment l'ordre peut-il émerger spontanément d'un processus aveugle qui tend naturellement vers le désordre ?

Certains répondent que la gravitation fournit une force organisatrice qui concentre la matière. Mais la gravitation elle-même est une loi, et nous revenons à la question : d'où vient cette loi ? Pourquoi est-elle précisément calibrée pour permettre la formation de structures stables ? Si la constante gravitationnelle différait d'une fraction infinitésimale, soit l'univers se serait effondré immédiatement sur lui-même, soit il se serait dispersé tellement vite qu'aucune structure n'aurait pu se former. Le fait que nous existons dans un univers ordonné, structuré, intelligible demande une explication que le Big Bang ne fournit pas.

La distinction cruciale : décrire l'évolution versus expliquer l'origine

Le malentendu fondamental dans le débat public sur le Big Bang provient de cette confusion entre deux types d'explication radicalement différents. Le Big Bang décrit l'évolution de l'univers observable à partir d'un état initial. C'est de la science opérationnelle, admirablement réussie, confirmée par des preuves convergentes. Mais décrire l'évolution n'est pas expliquer l'origine absolue. Expliquer l'origine absolue nécessite de répondre à des questions métaphysiques que la méthode scientifique ne peut pas aborder par principe.

Imaginez un film. La science peut analyser magistralement chaque image du film, expliquer comment chaque scène découle de la précédente selon les lois de la physique, décrire les mécanismes techniques utilisés pour produire les effets visuels. Mais toute cette analyse, aussi exhaustive soit-elle, n'explique jamais pourquoi le film existe, qui l'a conçu, quelle intention il exprime, quel message il transmet. Ces questions dépassent l'analyse technique des images. Elles requièrent de connaître le réalisateur, de comprendre sa vision, de saisir son intention créatrice.

De même, le Big Bang analyse magistralement l'évolution cosmique, décrit les mécanismes physiques, retrace l'histoire de l'univers observable. Mais il n'explique jamais pourquoi l'univers existe, qui l'a conçu (s'il est conçu), quelle intention il exprime (s'il y a intention), quelle finalité il poursuit (s'il y a finalité). Ces questions dépassent l'analyse physique des processus. Elles requièrent une réponse métaphysique et théologique.

Reconnaître cette limite n'est pas dénigrer la science. C'est au contraire la respecter en la maintenant dans son domaine de compétence où elle excelle. La science ne prétend pas répondre à toutes les questions possibles sur la réalité. Elle répond aux questions qui relèvent de sa méthode : comment les choses fonctionnent dans l'univers observable. Les questions de pourquoi ultime, de sens, de finalité, d'origine absolue appartiennent à un autre domaine de la connaissance humaine : la philosophie et la théologie.

L'honnêteté des cosmologistes lucides

Les cosmologistes les plus lucides admettent cette limitation fondamentale. Ils reconnaissent que le Big Bang n'est pas une explication de l'origine absolue mais une description de l'évolution cosmique à partir d'un point de départ qu'il ne peut expliquer. Stephen Hawking lui-même, matérialiste convaincu, a écrit : "Un modèle du Big Bang ne nous dit rien de ce qui a créé le Big Bang lui-même." Même dans ses tentatives les plus spéculatives de proposer une "création spontanée" de l'univers à partir des lois quantiques, Hawking présuppose l'existence de ces lois. D'où viennent-elles ? Silence.

Roger Penrose, Prix Nobel de physique 2020, a souligné que la singularité initiale du Big Bang représente un "mur" où la physique actuelle s'effondre. Nos équations produisent des infinis absurdes, signe qu'elles ne s'appliquent plus. Au-delà de ce mur, la physique ne peut plus rien dire. Prétendre que la physique explique l'origine absolue alors qu'elle atteint une limite infranchissable à la singularité initiale relève de la rhétorique, non de la rigueur scientifique.

Alan Guth, l'un des pères de la théorie de l'inflation cosmique (tentative de décrire les premières fractions de seconde après le Big Bang), admet candidement : "L'inflation ne dit rien sur ce qui a causé le Big Bang. L'inflation décrit ce qui s'est passé après. La question de l'origine ultime reste ouverte." L'inflation explique certaines propriétés observées de l'univers (homogénéité, platitude spatiale) en postulant une expansion exponentielle ultrarapide dans les premiers instants. Mais elle présuppose l'existence d'un champ d'inflation régi par des lois quantiques. D'où viennent ce champ et ces lois ? La théorie de l'inflation ne le dit pas.

Même Lawrence Krauss, auteur du livre provocateur *A Universe from Nothing* qui prétend expliquer comment l'univers peut surgir "du néant", redéfinit en réalité le néant comme "vide quantique" — c'est-à-dire un champ quantique régi par des lois, possédant de l'énergie virtuelle, capable de fluctuations. Ce n'est absolument pas le néant philosophique absolu, l'absence totale de toute réalité. C'est quelque chose, pas rien. Le philosophe David Albert a démoli cette équivoque dans une critique cinglante : "Appeler le vide quantique 'rien' est un abus de langage grotesque. C'est quelque chose de très substantiel, régi par des lois précises. La vraie question demeure : d'où vient ce 'quelque chose' que Krauss appelle à tort 'rien' ?"

Le Big Bang comme point de départ, non comme origine absolue

Comprenons donc clairement ce que le Big Bang accomplit et ce qu'il n'accomplit pas. Il fournit un point de départ pour la description scientifique de l'histoire cosmique. Il établit qu'il y a environ 13,8 milliards d'années, l'univers observable était dans un état extrêmement dense et chaud, et qu'il s'est depuis lors expansé et refroidi selon des processus physiques que nous pouvons modéliser mathématiquement avec une précision remarquable. C'est une réalisation scientifique majeure dont personne ne devrait minimiser l'importance.

Mais un point de départ pour la description scientifique n'est pas une explication de l'origine absolue. Le Big Bang commence avec quelque chose déjà là : énergie, lois, propriétés, structure potentielle. Il ne dit jamais d'où vient ce quelque chose initial, pourquoi il existe, pourquoi il obéit à ces lois précises, pourquoi il possède le potentiel de développer l'ordre et la complexité que nous observons.

Ces questions ne sont pas des détails techniques que de meilleures théories physiques résoudront un jour. Ce sont des questions métaphysiques par nature, qui dépassent le cadre méthodologique de la science expérimentale. Elles requièrent une réponse philosophique et théologique. Et c'est précisément ce que la révélation biblique fournit : "Au commencement, Dieu créa les cieux et la terre." Non pas au commencement d'une séquence temporelle dans un temps préexistant, mais au commencement absolu, l'origine du temps lui-même, la création de toute réalité matérielle ex nihilo, à partir de rien, par la volonté toute-puissante d'un Être transcendant qui existe par nécessité de sa propre nature.

Le Big Bang décrit le "comment" de l'évolution cosmique. La Genèse révèle le "pourquoi" et le "qui" de l'origine absolue. Ces deux affirmations ne sont pas en conflit. Elles répondent à des questions différentes, situées à des niveaux différents d'explication. Le conflit apparaît seulement quand la science dépasse ses limites méthodologiques et prétend avoir expliqué l'origine absolue, ou quand la foi interprète mal la Genèse comme un manuel de cosmologie scientifique concurrençant le Big Bang.

Conclusion du chapitre

Le Big Bang ne répond pas à la question de l'origine. Il la déplace. Il commence avec un état initial déjà existant et décrit son évolution. Il ne dit pas d'où vient cet état, pourquoi il existe, pourquoi il obéit à des lois, pourquoi il produit un univers ordonné. Reconnaître cette limite n'est pas critiquer la science mais la respecter en maintenant la distinction entre science opérationnelle et métaphysique matérialiste.

La vraie question demeure intacte : pourquoi existe-t-il quelque chose plutôt que rien ? D'où viennent les lois qui régissent ce quelque chose ? Pourquoi l'univers est-il intelligible ? Ces questions appellent une réponse qui transcende la physique. Elles appellent la reconnaissance d'une Cause première, éternelle, transcendante, toute-puissante, intelligente — précisément ce que la Bible affirme depuis le commencement.

Dans les chapitres suivants, nous approfondirons cette limitation fondamentale de la science face à l'origine. Nous examinerons ce que signifie vraiment la "singularité initiale" — non une chose mais un mur mathématique. Nous verrons que le "vide quantique" invoqué par certains n'est pas le néant mais quelque chose de très substantiel. Nous suivrons la chaîne explicative scientifique jusqu'au point où elle s'arrête, laissant béante la question de l'origine absolue. Et nous découvrirons pourquoi seule la révélation biblique fournit une réponse cohérente, rationnelle, satisfaisante à cette question ultime.

Un atome n'a jamais demandé d'où il vient. Un homme, si. Cette différence change absolument tout.

CHAPITRE 2 __ LA SINGULARITÉ : AVEU D'IGNORANCE DÉGUISÉ EN SCIENCE

Le langage scientifique possède un pouvoir impressionnant. Il confère aux concepts une aura de rigueur, de précision, d'autorité intellectuelle. Quand un physicien prononce un terme technique sophistiqué, le public suppose naturellement qu'il désigne une réalité parfaitement comprise, mathématiquement définie, solidement établie. Cette supposition est généralement justifiée. La science fonctionne avec des concepts précis, testables, vérifiables. Mais il existe des exceptions remarquables où le langage technique masque en réalité une ignorance fondamentale, où le terme savant dissimule un mur que la science ne peut franchir. La "singularité initiale" du Big Bang est l'exemple le plus frappant de cette confusion.

Quand les cosmologistes parlent de la "singularité" à l'origine de l'univers, le public entend une explication. Il imagine que les physiciens ont identifié quelque chose de réel à l'origine, une entité bizarre certes, incompréhensible peut-être pour le profane, mais néanmoins comprise par les experts. Cette impression est radicalement fausse. La singularité n'est pas une explication. C'est l'admission technique que l'explication s'arrête, que les équations s'effondrent, que la physique connue cesse de fonctionner. La singularité marque la frontière absolue au-delà de laquelle la science ne peut rien dire.

Qu'est-ce qu'une singularité en mathématiques et en physique ?

En mathématiques, une singularité désigne un point où une fonction devient infinie ou indéfinie, où les calculs produisent des résultats absurdes comme l'infini ou la division par zéro. Prenez l'exemple simple de la fonction mathématique $f(x) = 1/x$. Cette fonction est parfaitement définie pour toute valeur de x sauf zéro. Quand x approche zéro, f(x) tend vers l'infini. À $x = 0$ précisément, la fonction n'est pas définie du tout. On ne peut pas diviser par zéro. Ce point constitue une singularité de cette fonction. Cela ne signifie pas qu'il existe une réalité mystérieuse appelée "l'infini" à $x = 0$. Cela signifie simplement que cette fonction cesse d'être applicable à ce point, qu'elle ne peut plus rien nous dire sur ce qui se passe là.

En physique, une singularité apparaît quand les équations produisent des valeurs infinies pour des quantités physiques qui devraient être finies. Densité infinie, courbure de l'espace-temps infinie, température infinie, énergie infinie. Quand vos calculs donnent l'infini comme résultat pour une propriété physique mesurable, cela ne signifie pas que cette propriété est réellement infinie dans la nature. Cela signifie que votre modèle mathématique a atteint sa limite d'applicabilité, que les équations que vous utilisez ne décrivent plus correctement la réalité à ce point, que vous êtes sorti du domaine où votre théorie fonctionne.

Les physiciens le savent parfaitement bien. Quand Roger Penrose et Stephen Hawking ont démontré mathématiquement dans les années 1960 que la relativité générale d'Einstein implique nécessairement une singularité à l'origine du Big Bang, ils n'ont pas découvert une chose mystérieuse appelée "singularité" existant réellement à l'origine de l'univers. Ils ont démontré que la relativité générale, appliquée aux conditions cosmologiques, prédit ses propres limites, le point où elle cesse de fonctionner. C'était une découverte théorique majeure précisément parce qu'elle révélait que même notre meilleure théorie de la gravitation et de l'espace-temps rencontre un mur infranchissable à l'origine.

La singularité du Big Bang : un mur mathématique, pas une réalité physique

Appliquons maintenant cette compréhension à la singularité initiale du Big Bang. Quand on remonte le temps cosmique en arrière, en utilisant les équations de la relativité générale, on calcule que la densité de l'univers augmente de plus en plus, la température s'élève de plus en plus, le volume se contracte de plus en plus. Si on continue ce calcul jusqu'au temps zéro, on obtient des résultats absurdes : densité infinie, température infinie, volume nul, courbure de l'espace-temps infinie. C'est la singularité initiale.

Mais ces infinis ne décrivent pas une réalité physique. Ils signalent que la relativité générale cesse d'être valide dans ces conditions extrêmes. Einstein lui-même n'a jamais prétendu que sa théorie s'appliquait à toutes les échelles et dans toutes les conditions. La relativité générale décrit admirablement la gravitation à l'échelle macroscopique : planètes, étoiles, galaxies, univers observable. Mais quand on approche des échelles infinitésimales et des densités colossales, les effets quantiques deviennent dominants. Or la relativité générale ne tient pas compte de la mécanique quantique. C'est une théorie classique, non quantique. Par conséquent, quand on l'applique au point initial où l'univers entier était comprimé dans un volume subatomique, elle sort nécessairement de son domaine de validité et produit des absurdités mathématiques.

La singularité n'est donc pas une chose, ni une matière, ni un état physique réel, ni même un événement. C'est un mur mathématique. C'est le point où le physicien doit honnêtement avouer : "Au-delà de ce point, mes équations s'effondrent. Je ne peux plus rien calculer. Je ne sais plus ce qui se passe. Ma théorie atteint sa limite infranchissable." Cette honnêteté scientifique est admirable. Elle respecte les limites de nos connaissances plutôt que de prétendre savoir ce que nous ne savons pas. Mais elle révèle aussi quelque chose de crucial pour notre débat : la physique actuelle ne peut pas décrire l'état initial lui-même, encore moins expliquer d'où il vient.

Ce que les tentatives d'éliminer la singularité révèlent

Face à cette impasse, de nombreux physiciens ont tenté de développer des théories qui élimineraient la singularité initiale en unifiant la relativité générale avec la mécanique quantique. Ces tentatives portent des noms techniques impressionnants : gravitation quantique à boucles, théorie des cordes, géométrie non-commutative, cosmologie quantique à boucles, modèles de rebond cosmique, univers cycliques. Aucune de ces théories n'est actuellement testable expérimentalement. Toutes restent hautement spéculatives, mathématiquement sophistiquées mais physiquement non vérifiées.

Supposons même qu'une de ces théories réussisse un jour à éliminer la singularité mathématique, à fournir une description cohérente de l'état initial qui évite les infinis absurdes. Qu'aurait-on gagné concernant la question de l'origine absolue ? Absolument rien. On aurait simplement déplacé le problème d'un cran. Car ces théories ne font que remplacer la singularité classique par un autre état initial régi par d'autres lois (lois quantiques de la gravitation). D'où viennent ces lois ? Pourquoi ces lois existent-elles ? Pourquoi produisent-elles un univers ordonné capable d'évoluer vers la complexité ? Ces questions fondamentales demeurent sans réponse.

Prenez l'exemple de la proposition de Hawking-Hartle sur "l'absence de frontière". Hawking a suggéré qu'en utilisant le "temps imaginaire" (concept mathématique où le temps est traité comme une coordonnée spatiale), on pourrait décrire l'univers primordial de telle sorte qu'il n'ait pas de singularité initiale, pas de frontière dans le temps. L'univers serait fini dans le passé mais sans bord, comme la surface d'une sphère est finie mais sans bord. Cette proposition mathématique élégante soulève immédiatement des questions : Qu'est-ce que le "temps imaginaire" physiquement ? Pourquoi l'univers réel avec son temps réel émergerait-il de cette description mathématique en temps imaginaire ? Quelles lois régissent cette émergence ? D'où viennent ces lois ? Hawking lui-même admet que son modèle ne répond pas à la question : "Qu'est-ce qui insuffle le feu dans les équations et crée un univers qu'elles puissent décrire ?"

Ou considérez les modèles de rebond cosmique où l'univers traverse des cycles infinis de contraction et d'expansion, évitant ainsi la singularité initiale par l'éternité passée. Mais ces modèles se heurtent à des problèmes physiques et philosophiques insurmontables. Physiquement, la deuxième loi de la thermodynamique implique que l'entropie augmente à chaque cycle. Si l'univers a traversé un nombre infini de cycles passés, l'entropie devrait déjà être maximale et aucune structure ordonnée ne pourrait exister. Philosophiquement, l'idée d'un passé infini actuellement achevé est logiquement problématique. Si le passé était infiniment long, nous n'aurions jamais pu atteindre le présent car il faudrait avoir traversé un nombre infini d'événements, ce qui est impossible par définition.

Le langage masque l'ignorance fondamentale

Le problème central est donc celui-ci : le langage scientifique technique masque une ignorance fondamentale concernant l'origine. Quand on dit "l'univers vient d'une singularité initiale", le public entend une explication savante. En réalité, on dit : "L'univers vient d'un point où nous ne comprenons plus rien, où nos équations cessent de fonctionner, où la physique connue s'effondre." Ce n'est pas une explication, c'est un aveu d'ignorance enrobé dans un terme technique.

Imaginez qu'un explorateur arrive au bord d'un gouffre impénétrable et déclare solennellement : "Au-delà de ce point se trouve le Mysterium." Le public pourrait penser que le Mysterium est une région géographique identifiée, cartographiée, comprise. En réalité, Mysterium signifie simplement "ce que je ne peux pas explorer, ce qui dépasse mes capacités, ce que je ne comprends pas". Le terme savant dissimule l'ignorance plutôt que de la révéler clairement.

De même, "singularité initiale" semble désigner une réalité physique comprise, alors qu'elle désigne précisément le point où la compréhension physique s'arrête. C'est l'équivalent scientifique de planter un panneau "Fin de la physique connue" au bord d'un abîme conceptuel et de prétendre avoir ainsi expliqué ce qui se trouve de l'autre côté de l'abîme.

Cette critique n'est pas un obscurantisme anti-scientifique. C'est au contraire un appel à la rigueur épistémologique, à l'honnêteté intellectuelle, au respect des limites de nos connaissances. La science accomplit des merveilles dans son domaine propre. Mais elle doit reconnaître ses limites plutôt que de les masquer derrière un langage technique qui donne l'illusion d'expliquer ce qu'elle ne peut pas expliquer.

Les physiciens honnêtes admettent la limite

Les physiciens les plus lucides et honnêtes admettent ouvertement cette limitation fondamentale. Roger Penrose, dans son livre *The Road to Reality*, écrit avec une clarté rafraîchissante : "La singularité du Big Bang représente une véritable frontière pour la physique. Nous ne savons pas ce qui se passe à ce point. Nos équations deviennent sans signification. Affirmer que nous comprenons l'origine de l'univers parce que nous avons un modèle du Big Bang serait aussi absurde qu'affirmer que nous comprenons la nature ultime de la réalité parce que nous avons des équations qui marchent bien pour décrire les phénomènes observables."

John Barrow, cosmologiste respecté, écrit dans *The Book of Nothing* : "La singularité initiale n'est pas quelque chose que nous comprenons. C'est quelque chose qui signale la faillite de notre compréhension. C'est un point où la physique s'arrête. Prétendre avoir expliqué l'origine de l'univers en invoquant une singularité revient à dire que nous avons expliqué quelque chose en admettant que nous ne pouvons pas l'expliquer. C'est une contradiction logique que beaucoup de vulgarisateurs scientifiques ne semblent pas remarquer."

Lee Smolin, théoricien des cordes, a écrit dans *The Trouble with Physics* : "Nous devons être honnêtes concernant ce que nous savons et ce que nous ne savons pas. Nous ne savons pas ce qui s'est passé au moment du Big Bang lui-même. Nous ne savons pas d'où vient l'univers dans un sens absolu. Toutes nos théories commencent avec quelque chose déjà là — des lois, des champs, des dimensions, une structure mathématique. D'où vient ce quelque chose initial ? La physique n'a pas de réponse. Peut-être n'en aura-t-elle jamais, car cette question dépasse peut-être le domaine de la physique."

Cette honnêteté scientifique tranche remarquablement avec la rhétorique de certains vulgarisateurs qui prétendent que la science a "pratiquement résolu" la question de l'origine, qu'elle a "éliminé le besoin de Dieu", qu'elle a "expliqué comment l'univers peut surgir du néant". Ces affirmations dépassent largement ce que la science établit réellement. Elles relèvent de la propagande matérialiste, non de la rigueur scientifique.

La singularité révèle la nécessité d'une explication transcendante

Paradoxalement, la singularité initiale du Big Bang, loin d'éliminer le besoin d'une Cause première transcendante, le rend encore plus évident. Voici pourquoi. La singularité marque le point où toutes les lois physiques cessent de fonctionner, où l'espace-temps lui-même n'existe pas encore, où les catégories physiques s'effondrent. Si les lois physiques ne fonctionnent pas "avant" (logiquement, non temporellement) la singularité, alors aucune explication purement physique ne peut rendre compte de ce qui a causé l'univers à surgir de cette singularité.

L'univers ne peut pas s'auto-causer à partir d'un état où les lois causales physiques ne s'appliquent pas encore. Il faut une cause qui transcende l'ordre physique, qui existe indépendamment des lois physiques, qui possède la puissance de créer ces lois elles-mêmes et de faire surgir l'espace-temps du néant. Cette cause doit être métaphysique, non physique. Elle doit être éternelle, car elle ne peut dépendre d'un temps qui n'existe pas encore. Elle doit être immatérielle, car elle précède la matière. Elle doit être transcendante, car elle est extérieure à l'espace-temps qu'elle crée. Elle doit être infiniment puissante, car elle crée ex nihilo. Elle doit être personnelle et volontaire, car seule une volonté libre peut choisir de créer ou de ne pas créer à partir d'un état éternel.

Ces propriétés définissent exactement ce que la théologie biblique appelle Dieu. La singularité, loin d'être une explication naturaliste de l'origine, est en réalité un pointeur théologique. Elle marque le point où la physique s'arrête et où la métaphysique commence, où la science atteint sa frontière et où la révélation divine apporte la lumière.

La tentative désespérée : l'univers vient "du néant quantique"

Face à l'impasse de la singularité, certains physiciens ont tenté une manœuvre rhétorique audacieuse : redéfinir le "néant" pour prétendre expliquer comment l'univers peut surgir "du néant". Lawrence Krauss, dans son livre *A Universe from Nothing*, affirme que les lois de la mécanique quantique permettent des fluctuations du vide quantique qui peuvent produire des paires particule-antiparticule surgissant spontanément puis s'annihilant. Si une telle fluctuation était suffisamment énergétique et si les conditions étaient appropriées, elle pourrait en principe produire un univers entier.

Mais cette explication repose sur une équivoque fondamentale concernant le mot "néant". Le vide quantique que Krauss appelle "néant" n'est absolument pas le néant philosophique absolu. C'est un champ quantique régi par les lois de la mécanique quantique, possédant de l'énergie virtuelle (fluctuations quantiques), situé dans un cadre spatio-temporel, obéissant à des principes d'incertitude quantique, capable de transitions entre différents états. Tout cela est quelque chose, pas rien.

Le néant philosophique absolu, c'est l'absence totale de toute réalité : pas de matière, pas d'énergie, pas d'espace, pas de temps, pas de lois, pas de champs, pas de propriétés, pas de potentialités. Rien du tout. Or le vide quantique de Krauss possède des propriétés mesurables, obéit à des lois mathématiques précises, contient de l'énergie sous forme virtuelle, peut subir des fluctuations régies par le principe d'incertitude de Heisenberg. Ce n'est pas le néant. C'est un état physique hautement structuré, extraordinairement riche en potentialités, régi par des lois d'une précision mathématique stupéfiante.

Le philosophe David Albert a démoli cette équivoque dans une critique cinglante publiée dans le *New York Times* : "Appeler le vide quantique 'rien' est un abus de langage grotesque. Le vide quantique est manifestement quelque chose. Il a des propriétés physiques. Il obéit à des lois. Il contient de l'énergie. Dire que l'univers vient de ce 'rien' est comme dire qu'un gâteau vient de 'rien' parce que vous avez mélangé de la farine, des œufs et du sucre. Les ingrédients ne sont pas 'rien', même s'ils ne ressemblent pas encore au gâteau final. De même, le vide quantique avec ses lois et ses propriétés n'est pas 'rien', même s'il ne ressemble pas encore à notre univers actuel."

Cette critique est dévastatrice. Elle expose le tour de passe-passe rhétorique : redéfinir "néant" pour y inclure des choses substantielles (lois, champs, énergie), puis prétendre avoir expliqué comment quelque chose surgit de rien. Mais la vraie question demeure intacte : d'où viennent le vide quantique et ses lois ? Pourquoi existe-t-il un champ quantique régi par des équations précises plutôt que l'absence absolue de toute réalité ? Cette question, le modèle de Krauss ne la touche même pas.

La chaîne explicative s'arrête toujours avant le néant absolu

Observons attentivement la structure de toute tentative scientifique d'expliquer l'origine. Chaque proposition commence avec quelque chose déjà existant :

Le Big Bang classique commence avec un état extrêmement dense et chaud régi par les lois de la relativité générale et de la thermodynamique. D'où viennent cet état et ces lois ? Pas de réponse.

La théorie de l'inflation commence avec un champ d'inflation régi par des lois quantiques, situé dans un espace-temps préexistant. D'où viennent ce champ, ces lois, cet espace-temps ? Pas de réponse.

La gravitation quantique commence avec des lois unifiées de la gravitation et de la mécanique quantique. D'où viennent ces lois ? Pourquoi ces lois plutôt que d'autres ? Pas de réponse.

Le modèle de Hawking-Hartle commence avec une géométrie en temps imaginaire régie par des équations spécifiques. D'où viennent cette géométrie et ces équations ? Pas de réponse.

Le vide quantique de Krauss commence avec un champ quantique régi par les équations de la mécanique quantique. D'où viennent ce champ et ces équations ? Pas de réponse.

Les modèles de multivers commencent avec un mécanisme générateur d'univers multiples régi par des lois méta-cosmiques. D'où viennent ce mécanisme et ces lois ? Pas de réponse.

Le pattern est clair et inévitable : chaque tentative d'explication scientifique présuppose l'existence de quelque chose (matière, énergie, champs, lois, structures mathématiques) qu'elle ne peut elle-même expliquer. La chaîne explicative remonte d'un cran, puis d'un autre cran, puis d'un autre encore, mais elle ne parvient jamais jusqu'au néant absolu. Elle s'arrête toujours à un "quelque chose initial" qu'elle traite comme un donné inexplicable.

Pourquoi cette limitation infranchissable ? Parce que la méthode scientifique étudie comment les choses changent, évoluent, interagissent dans l'univers observable. Elle suppose toujours un cadre de lois naturelles qui régissent ces transformations. Elle ne peut pas expliquer l'origine de ce cadre lui-même sans circularité logique. Expliquer les lois par les lois est circulaire. Sortir du cercle nécessite de reconnaître une réalité transcendante qui établit les lois sans y être soumise, qui crée l'univers physique sans être physique elle-même, qui existe nécessairement sans dépendre d'aucune condition préalable.

La singularité pointe vers une Cause transcendante

La singularité du Big Bang, correctement comprise, ne ferme pas la porte à Dieu. Elle l'ouvre grande. Elle révèle que l'univers physique ne peut s'auto-expliquer, qu'il atteint une frontière absolue au-delà de laquelle les explications physiques cessent de fonctionner. Cette frontière appelle une explication transcendante, métaphysique, théologique.

Genèse 1:1 affirme : "Au commencement, Dieu créa les cieux et la terre." Cette affirmation ne concurrence pas le Big Bang sur le terrain scientifique. Elle fournit le fondement métaphysique que le Big Bang présuppose sans pouvoir l'établir. Le Big Bang décrit comment l'univers s'est développé à partir d'un état initial. Genèse révèle pourquoi il existe un état initial à partir duquel le développement peut commencer. Le Big Bang étudie le mécanisme. Genèse révèle l'Agent qui établit le mécanisme.

La singularité marque la limite de la physique. Mais cette limite n'est pas la limite de la réalité. Au-delà de ce que la physique peut décrire existe le Créateur que la physique ne peut étudier mais que la raison philosophique et la révélation divine peuvent connaître. La singularité, loin d'éliminer Dieu, signale précisément le point où sa causalité transcendante devient nécessaire pour expliquer pourquoi il existe un univers physique avec ses lois plutôt que le néant absolu.

Révélation prophétique : l'origine n'est pas un événement ponctuel mais une relation permanente ;

Voici une vérité que même la théologie classique n'a pas toujours pleinement saisie dans ses implications. La question

"D'où vient l'univers ?" traite habituellement l'origine comme un événement ponctuel dans le passé lointain : "Il y a 13,8 milliards d'années, Dieu a créé l'univers, puis l'univers continue d'exister par ses propres lois." Cette vision est insuffisante. Elle imagine Dieu comme un horloger qui construit une montre, la remonte, puis la laisse fonctionner seule.

Mais l'origine n'est pas un événement ponctuel révolu. **L'origine est une relation permanente**. Dieu ne crée pas l'univers "au début" puis le laisse autonome. Dieu crée l'univers à chaque instant. La création n'est pas un acte passé, c'est un acte éternel continu. Si Dieu cessait de vouloir l'existence de l'univers ne serait-ce qu'une nanoseconde, l'univers s'effondrerait instantanément dans le néant absolu d'où il ne cesse jamais d'être tiré par la volonté divine créatrice.

Colossiens 1:17 affirme : "Toutes choses **subsistent** en lui." Non pas "ont subsisté une fois au commencement". **Subsistent** — présent continu. Hébreux 1:3 déclare que le Christ "soutient toutes choses par sa parole puissante" — présent actif. L'univers ne se maintient pas lui-même dans l'être. Il est maintenu dans l'être à chaque instant par la volonté créatrice divine.

Cette vérité transforme radicalement la question de l'origine. Le débat habituel se concentre sur "qu'est-ce qui a lancé le processus cosmique il y a 13,8 milliards d'années ?" Mais cette question, bien qu'importante, est secondaire. La question primordiale est : "**Pourquoi l'univers continue-t-il d'exister maintenant, en ce moment précis, à chaque instant ?**" Et là, aucune réponse matérialiste ne tient. La matière ne se maintient pas elle-même dans l'existence. Les lois physiques ne se soutiennent pas elles-mêmes. L'être contingent ne peut fonder sa propre contingence. Seul l'Être nécessaire peut continuellement fonder l'être contingent.

Quand le matérialiste dit "l'univers existe depuis 13,8 milliards d'années sans besoin de Dieu", il rate complètement le point. Peu importe depuis combien de temps l'univers existe. La question est : pourquoi continue-t-il d'exister maintenant ? Quelle est la source permanente de son être ? La réponse ne peut être trouvée dans l'univers lui-même, car chercher dans le contingent la raison de sa propre contingence est circulaire. La réponse doit être transcendante : un Être qui existe par nécessité de sa propre nature et qui, par sa volonté libre et continue, maintient l'univers dans l'être à chaque instant.

La singularité du Big Bang marque l'origine temporelle de l'univers observable. Mais elle pointe au-delà d'elle-même vers l'Origine éternelle qui non seulement a créé l'univers au commencement du temps mais qui continue de le créer, de le soutenir, de le maintenir dans l'être à travers chaque instant du temps qu'elle a elle-même créé. Sans cette Cause première, éternelle, transcendante, volontaire, l'univers n'aurait pas seulement jamais commencé — il ne pourrait pas continuer d'exister une seule seconde.

Conclusion du chapitre

La singularité initiale du Big Bang n'est pas une explication mais un aveu d'ignorance enrobé dans un terme technique. Elle marque le point où les équations s'effondrent, où la physique connue cesse de fonctionner, où toutes les tentatives d'explication naturaliste atteignent un mur infranchissable. Loin d'éliminer le besoin de Dieu, la singularité le révèle avec une clarté éclatante. Elle montre que l'univers physique ne peut s'auto-expliquer, qu'il requiert une Cause transcendante qui crée non seulement au commencement du temps mais qui maintient continuellement toute réalité dans l'être.

Le vide quantique invoqué pour contourner cette conclusion n'est pas le néant mais quelque chose de hautement structuré régi par des lois précises. D'où viennent ce quelque chose et ces lois ? La science ne répond pas. Elle ne peut pas répondre, car la question transcende son domaine méthodologique. Seule la révélation biblique fournit la réponse cohérente : "Au commencement, Dieu créa les cieux et la terre." Non au commencement d'une séquence temporelle préexistante, mais au commencement absolu, l'origine du temps lui-même, la création de toute réalité par la Parole toute-puissante de l'Être éternel qui dit "JE SUIS".

Dans le chapitre suivant, nous approfondirons cette analyse en examinant précisément ce que signifie le "vide quantique", pourquoi il n'est absolument pas le néant, et pourquoi toute tentative de faire surgir l'univers d'un "néant" redéfini présuppose toujours l'existence de lois et de structures qui elles-mêmes demandent explication. La chaîne explicative scientifique s'arrête toujours avant le néant absolu. Et cette limite infranchissable pointe vers la nécessité d'une Cause première qui seule peut créer véritablement ex nihilo, à partir de rien, par pure volonté créatrice.

Un atome n'a jamais demandé pourquoi les équations s'effondrent à la singularité. Un homme, si. Cette différence change absolument tout.

CHAPITRE 3__ **LE VIDE QUANTIQUE N'EST PAS LE NÉANT**

Le matérialisme contemporain utilise une stratégie rhétorique audacieuse : redéfinir le concept de "néant" pour prétendre avoir expliqué comment l'univers surgit "du néant". Cette manœuvre repose sur une équivoque linguistique fondamentale. Le "vide quantique" des physiciens désigne une réalité physique extraordinairement riche. Le néant philosophique absolu désigne l'absence totale de toute réalité. Ces deux concepts s'opposent radicalement.

Le néant absolu : absence totale de toute réalité

Le néant absolu signifie l'absence complète de toute existence. Aucune matière. Aucune énergie. Aucun espace. Aucun temps. Aucune loi physique. Aucun champ quantique. Aucune fluctuation. Aucune potentialité. Aucune structure. Aucune propriété. Le zéro ontologique absolu. Les philosophes classiques, de Parménide à Thomas d'Aquin, reconnaissent tous la même vérité fondamentale : **ex nihilo nihil fit,** du néant absolu rien ne peut surgir. Cette maxime exprime une nécessité logique.

Le néant ; par définition, possède aucune propriété, aucune capacité, aucun pouvoir causal. Pour qu'une chose surgisse, il faut une cause possédant le pouvoir de la faire surgir. Le néant, n'ayant aucun pouvoir, ne peut rien causer. Cette compréhension du néant absolu révèle l'ampleur de l'équivoque commise quand les physiciens parlent du "vide quantique" comme s'il était le néant. Le vide quantique possède une richesse ontologique stupéfiante. Il constitue l'opposé absolu du néant philosophique.

Le vide quantique : une mer bouillonnante d'énergie virtuelle

En mécanique quantique, le "**vide**" désigne l'état d'énergie minimale d'un système quantique. Cet état, loin d'être le néant, possède des propriétés physiques mesurables extraordinairement riches. Le vide quantique constitue une mer bouillonnante d'activité quantique, un substrat énergétique d'où surgissent et disparaissent constamment des paires particule-antiparticule virtuelles. Ces fluctuations quantiques produisent des effets physiques observables, mesurables, vérifiés expérimentalement. **L'effet Casimir**, découvert en 1948, démontre que deux plaques métalliques placées très proches dans le vide s'attirent mutuellement en raison de la pression des fluctuations quantiques. Cet effet a été confirmé expérimentalement à de nombreuses reprises avec une précision remarquable.

Le déplacement de Lamb, observé dans les niveaux d'énergie de l'atome d'hydrogène, résulte des interactions entre l'électron et les fluctuations quantiques du vide. La théorie quantique électrodynamique prédit ce déplacement avec une précision de 11 décimales, confirmée expérimentalement.

L'anomalie du moment magnétique de l'électron, mesurée avec une précision de 13 décimales, résulte partiellement des interactions avec les fluctuations du vide. Cette correspondance extraordinaire entre théorie et mesure établit que le vide quantique possède une structure réelle, physique, produisant des conséquences observables.

Les propriétés stupéfiantes du vide quantique

Le vide quantique obéit à des lois précises. Il suit les équations de la mécanique quantique : l'équation de Schrödinger, les relations d'incertitude de Heisenberg, les règles de quantification, les principes de symétrie. Ces lois constituent des structures mathématiques précises déterminant exactement comment le vide se comporte. Un vide obéissant à des lois mathématiques précises constitue une réalité hautement structurée, aussi éloignée du néant philosophique qu'une symphonie de Beethoven du silence absolu.

Le vide quantique contient de l'énergie. L'énergie du point zéro représente une quantité physique réelle que la théorie quantique attribue nécessairement au vide. Même après les techniques mathématiques de renormalisation, le vide conserve une densité d'énergie mesurable. Un vide contenant de l'énergie constitue quelque chose de physiquement substantiel.

Le vide quantique existe dans l'espace-temps. Les fluctuations quantiques se produisent dans l'espace et dans le temps. Elles possèdent des longueurs d'onde, des durées, des localisations. Le principe d'incertitude de Heisenberg lie l'incertitude en énergie à l'incertitude en temps. Un vide situé dans l'espace-temps présuppose l'existence de l'espace et du temps.

Le vide quantique possède une structure mathématique complexe. Les physiciens le décrivent comme un état quantique particulier dans un espace de Hilbert de dimension infinie. Cette description mathématique implique des espaces vectoriels abstraits, des opérateurs mathématiques, des transformations de symétrie, des règles de commutation. Un vide nécessitant cette machinerie mathématique sophistiquée pour être décrit constitue une réalité mathématiquement riche.

Le vide quantique manifeste des propriétés de symétrie. Il reste invariant sous certaines transformations mathématiques : translations spatiales, translations temporelles, rotations, transformations de Lorentz. Ces symétries reflètent la structure fondamentale des lois physiques et produisent des conséquences observables.

L'équivoque révélée

Quand Lawrence Krauss ou d'autres physiciens affirment que "l'univers surgit du néant grâce aux lois quantiques", ils ne parlent jamais du néant philosophique absolu. Ils parlent du vide quantique. Le passage du vide quantique à l'univers observable représente une transformation entre états physiques, une transition régie par des lois préexistantes, un changement entre configurations d'une réalité déjà existante.

Produire un univers à partir du vide quantique équivaut à produire un gâteau à partir d'ingrédients. Dans les deux cas, on transforme quelque chose existant déjà en quelque chose d'autre selon des règles préexistantes. Les ingrédients (farine, œufs, sucre) et les instructions (recette) constituent quelque chose. De même, le vide quantique avec ses lois, son énergie, sa structure mathématique, ses propriétés de symétrie constitue quelque chose.

La vraie question demeure totalement intacte : d'où viennent le vide quantique et ses lois ? Pourquoi existe-t-il un champ quantique régi par des équations précises ? Pourquoi ces lois quantiques particulières ? Pourquoi le principe d'incertitude de Heisenberg prend-il la forme mathématique précise qu'il prend ? La physique quantique utilise ces lois pour décrire les phénomènes. Elle ne peut expliquer l'origine de ces lois sans circularité.

La critique dévastatrice de David Albert

David Albert, philosophe spécialiste de physique quantique, a publié dans le *New York Times* une critique exposant l'équivoque fondamentale :

"Le vide quantique dont parle Krauss constitue manifestement quelque chose. Le vide quantique représente un océan de particules et d'antiparticules surgissant constamment à l'existence puis s'annihilant. Le vide quantique possède une structure. Il obéit à des équations physiques. Il manifeste des propriétés mesurables. Appeler cela 'rien' constitue un abus de langage. Krauss a montré comment un univers peut émerger d'un autre état physique antérieur régi par des lois quantiques. D'où viennent ces lois ? Pourquoi existent-elles ? Krauss n'en a aucune idée."

Cette critique émane d'un philosophe matérialiste appliquant les standards de rigueur philosophique. Albert expose le tour de passe-passe : redéfinir "rien" pour y inclure quelque chose de substantiel, puis prétendre avoir expliqué comment quelque chose surgit de rien. Cette explication présuppose précisément ce qu'elle prétend expliquer : l'existence de lois, de structures, de propriétés physiques régissant la transition.

Toute tentative scientifique commence avec quelque chose

Examinez n'importe quelle tentative scientifique d'expliquer l'origine de l'univers. Elle commence invariablement avec quelque chose déjà existant qu'elle ne peut elle-même expliquer.

La théorie des cordes suppose l'existence de 10 ou 11 dimensions spatiales, de cordes vibrantes, de modes de vibration, de règles déterminant quelles vibrations sont permises. La théorie prend ces éléments comme postulats de départ.

La gravitation quantique à boucles suppose l'existence d'un espace-temps quantifié, d'une structure discrète à l'échelle de Planck, d'opérateurs mathématiques agissant sur des états quantiques de la géométrie.

Les modèles d'inflation éternelle supposent l'existence d'un champ d'inflation capable de subir des fluctuations quantiques, d'un paysage énergétique avec multiples minima, de règles probabilistes régissant les transitions entre états.

Les théories de multivers supposent l'existence d'un mécanisme générateur d'univers multiples, d'un espace de configurations possibles, de probabilités de réalisation pour chaque configuration, de principes de sélection.

Le pattern reste universel. Chaque théorie physique doit commencer avec certains postulats : l'existence d'entités d'un certain type, l'existence de lois régissant le comportement de ces entités, l'existence de structures mathématiques décrivant ces lois. Ces postulats fondamentaux constituent les points de départ nécessaires.

La méthode scientifique étudie comment les choses changent selon des lois. Elle suppose toujours un cadre de régularités naturelles qu'elle peut observer, mesurer, modéliser mathématiquement. Elle ne peut expliquer l'origine de ce cadre lui-même sans présupposer un autre cadre. Sortir de cette impasse nécessite de reconnaître qu'il doit exister un fondement ultime qui existe nécessairement, qui établit les lois au lieu de leur obéir, qui fonde tout en ne dépendant de rien.

La question incontournable : d'où viennent les lois ?

Les lois physiques sont universelles, constantes, mathématiquement précises. La gravitation s'exprime par l'équation d'Einstein. L'électromagnétisme obéit aux quatre équations de Maxwell. La mécanique quantique suit l'équation de Schrödinger. Ces lois fonctionnent partout dans l'univers observable, depuis 13,8 milliards d'années, sans jamais varier.

D'où viennent-elles ? Pourquoi ces lois ? Pourquoi l'univers obéit-il à des régularités mathématiques découvrables par l'esprit humain ? Les lois physiques constituent des principes d'organisation, des structures intelligibles, des régularités mathématiques. Elles décrivent comment les choses se comportent. Elles n'expliquent jamais leur propre existence.

Le physicien Paul Davies écrit : "Même si nous avions une théorie physique du tout, une équation unique décrivant toutes les forces et toutes les particules, nous devrions encore demander : d'où vient cette équation ? Pourquoi cette équation ? Pourquoi existe-t-il une équation ? Les lois elles-mêmes flottent dans un vide explicatif. La science les utilise. Elle ne peut les fonder."

Ce vide explicatif demeure infranchissable pour la science. Expliquer les lois physiques par d'autres lois physiques crée une circularité. Il faut reconnaître un fondement qui ne consiste pas en lois naturelles mais qui constitue la source de ces lois. Ce fondement doit être métaphysique, transcendant, volontaire. Il doit être une Intelligence concevant les lois, une Volonté les établissant, une Puissance les réalisant dans la création.

La théologie biblique affirme exactement cela. Dieu crée les lois elles-mêmes en créant un univers qui obéira à ces lois. La création par la Parole (Logos) révèle que l'univers matériel exprime une pensée divine, une rationalité transcendante s'objectivant dans l'ordre cosmique. Les lois physiques représentent des décrets divins, des structures rationnelles par lesquelles le Créateur ordonne sa création et la rend compréhensible pour les créatures faites à son image.

Révélation prophétique : BARA créer sans matériau révèle la nature absolue de Dieu

Le verbe hébreu BARA (בָּרָא) utilisé en Genèse 1:1 possède une propriété grammaticale révélant une vérité théologique profonde. Dans toute la Bible hébraïque, BARA n'a qu'un seul sujet possible : Elohim (Dieu). Jamais un humain ne "bara". Jamais un ange ne "bara". Seul Dieu "bara". Cette exclusivité grammaticale absolue signale une différence ontologique fondamentale.

BARA signifie créer sans matériau préexistant, sans substrat, sans point d'appui. C'est la création ex nihilo absolue, le surgissement de l'être à partir du non-être par la seule puissance de la volonté divine. Transformer quelque chose en autre chose, c'est ASAH (עָשָׂה) — faire, fabriquer. Former à partir d'une matière existante, c'est YATSAR (יָצַר) façonner, modeler. Ces verbes peuvent avoir des sujets humains car ils décrivent des opérations sur du matériel préexistant. Faire surgir l'être du néant absolu, tirer l'existence de la non-existence, créer la matière elle-même sans aucun matériau, cela c'est BARA et seul Dieu peut BARA. Cette exclusivité révèle la nature absolue de Dieu. La puissance créatrice ex nihilo distingue absolument le Créateur de toute créature. Aucun être créé ne peut créer à partir de rien. Il peut transformer, combiner, reconfigurer ce qui existe déjà. Tirer l'être du néant révèle une puissance infinie, une transcendance absolue, une capacité appartenant uniquement à l'Être nécessaire dont l'essence même est d'exister et qui peut conférer l'existence à ce qui n'existe pas encore.

Genèse 1 utilise BARA seulement 3 fois, marquant trois niveaux ontologiques nécessitant l'intervention divine directe :

Verset 1 : "Dieu créa (bara) les cieux et la terre" création de la matière, de l'espace, du temps, de l'univers physique. Dieu fait surgir toute réalité physique du néant absolu.

Verset 21 : "Dieu créa (bara) les grands animaux marins" création de la vie consciente (nephesh), la vie animale capable de sensation, d'émotion, de mouvement volontaire. Ce niveau de vie nécessite un acte créateur divin introduisant une dimension nouvelle : la conscience sentiente.

Verset 27 : "Dieu créa (bara) l'homme à son image" création de l'esprit humain, de la conscience réflexive, de la capacité de connaître Dieu. Ce niveau transcende absolument la vie animale. Il nécessite l'acte créateur le plus élevé : conférer à une créature l'image du Créateur.

Cette structure révèle que la création biblique constitue un surgissement absolu de l'être à partir du néant. Quand Krauss ou d'autres physiciens parlent de l'univers surgissant du "vide quantique", ils décrivent une transformation d'un état physique en un autre. Le véritable BARA, la création ex nihilo authentique, transcende complètement le domaine de la physique. Seul Dieu BARA. Cette capacité exclusive révèle sa divinité absolue.

Conclusion du chapitre

Le vide quantique constitue une réalité physique extraordinairement riche, structurée par des lois mathématiques précises, contenant de l'énergie, situé dans l'espace-temps, possédant des propriétés de symétrie. Prétendre que l'univers surgit "du néant" en invoquant le vide quantique repose sur une équivoque linguistique appelant "néant" ce qui est manifestement quelque chose. Toute tentative scientifique d'expliquer l'origine commence avec quelque chose déjà existant : lois, champs, dimensions, structures mathématiques. La chaîne explicative scientifique s'arrête toujours à un "quelque chose initial" appelant une explication métaphysique. Cette limitation est intrinsèque à la méthode scientifique qui étudie les transformations de la réalité selon des lois.

La question fondamentale demeure : d'où viennent les lois physiques ? Pourquoi existent-elles ? Seule une explication théologique peut répondre : les lois existent parce qu'une Intelligence transcendante les conçoit et les établit en créant un univers ordonné. Le vide quantique avec ses lois pointe au-delà de lui-même vers le Créateur qui seul peut BARA — créer ex nihilo, à partir de rien, par pure volonté toute-puissante.

Un atome n'a jamais demandé pourquoi le vide quantique obéit à des lois. Un homme, si. Cette différence change absolument tout.

CHAPITRE 4_ **LA CHAÎNE EXPLICATIVE S'ARRÊTE AVANT L'ORIGINE ABSOLUE**

La science moderne propose différentes théories pour expliquer l'univers : Big Bang, inflation cosmique, gravitation quantique, théorie des cordes, modèles de multivers. Chacune de ces théories prétend remonter plus loin vers l'origine, repousser la frontière de l'inconnu, éliminer le mystère. Examinons attentivement ce que chacune explique réellement et où chacune atteint sa limite infranchissable. Ce qui émerge de cet examen révèle un pattern universel : la chaîne explicative scientifique recule indéfiniment mais s'arrête toujours avant le néant absolu, laissant béante la question de l'origine ultime.

Niveau 1 : Le Big Bang — expansion à partir d'un état initial

Le Big Bang décrit l'expansion de l'univers à partir d'un état extrêmement dense et chaud il y a 13,8 milliards d'années. Cette description est scientifiquement solide, confirmée par l'expansion cosmique observable, le rayonnement fossile, l'abondance des éléments légers. Le modèle explique admirablement comment l'univers s'est développé : refroidissement progressif, formation des premiers noyaux atomiques, émergence des atomes neutres, concentration gravitationnelle de la matière, naissance des premières étoiles et galaxies. Le Big Bang commence avec un état initial déjà existant. Cet état possédait de l'énergie concentrée, des propriétés physiques précises, un potentiel d'évolution vers des structures complexes. D'où venait cet état ? Pourquoi existait-il ? Pourquoi obéissait-il aux lois de la relativité générale et de la thermodynamique ? Le Big Bang ne répond jamais à ces questions. Il présuppose l'existence de cet état comme point de départ et décrit son évolution ultérieure.

Niveau 2 : La singularité mur mathématique

Pour remonter plus loin que l'état initial dense et chaud, la cosmologie parle d'une "singularité". Quand on applique les équations de la relativité générale en remontant le temps cosmique, on calcule que la densité augmente vers l'infini, la température s'élève vers l'infini, le volume se contracte vers zéro. Ces infinis signalent que la relativité générale atteint sa limite d'applicabilité. La singularité marque le point où les équations s'effondrent, où la physique connue cesse de fonctionner.

La singularité suppose l'existence préalable des lois de la relativité générale. Elle présuppose l'espace-temps dont elle marque la frontière. Elle ne constitue jamais une explication de l'origine mais un aveu technique que l'explication physique atteint un mur infranchissable. Au-delà de ce mur, la relativité générale ne peut plus rien dire. D'où vient l'espace-temps lui-même ? Pourquoi obéit-il aux équations d'Einstein ? Silence.

Niveau 3 : Le vide quantique — champ énergétique structuré

Pour contourner la singularité, certains physiciens invoquent le vide quantique. Le vide quantique désigne l'état d'énergie minimale des champs quantiques, un substrat d'où surgissent et disparaissent constamment des paires particule-antiparticule virtuelles. Ce vide possède de l'énergie, obéit aux lois de la mécanique quantique, produit des effets mesurables comme l'effet Casimir ou le déplacement de Lamb.

Le vide quantique suppose l'existence préalable des lois quantiques : l'équation de Schrödinger, le principe d'incertitude de Heisenberg, les règles de quantification. Il suppose l'existence de l'espace-temps dans lequel les fluctuations se produisent. Il suppose l'existence de structures mathématiques sophistiquées : espaces de Hilbert, opérateurs quantiques, symétries de jauge. D'où viennent toutes ces lois, ces structures, ces propriétés ? Le vide quantique ne répond jamais. Il les présuppose comme cadre de départ.

Niveau 4 : L'inflation cosmique — champ d'énergie primordial

La théorie de l'inflation postule qu'une expansion exponentielle ultrarapide s'est produite dans les premières fractions de seconde après le Big Bang, expliquant l'homogénéité et la platitude spatiale de l'univers observable. Cette inflation résulterait d'un champ scalaire appelé "inflaton" possédant une énergie potentielle élevée.

L'inflation suppose l'existence préalable du champ d'inflaton régi par un potentiel énergétique spécifique. Elle suppose les lois de la relativité générale décrivant l'expansion. Elle suppose les lois quantiques permettant les fluctuations du champ d'inflaton qui génèrent les inhomogénéités primordiales à l'origine des structures cosmiques. D'où viennent ce champ, ce potentiel, ces lois ? L'inflation ne répond jamais. Elle déplace la question d'un cran sans la résoudre.

Niveau 5 : La gravitation quantique — unification hypothétique

Les théories de gravitation quantique tentent d'unifier la relativité générale et la mécanique quantique pour décrire l'univers à l'échelle de Planck. La gravitation quantique à boucles postule un espace-temps quantifié, une structure discrète à la plus petite échelle. La théorie des cordes postule des dimensions supplémentaires et des objets fondamentaux unidimensionnels vibrants.

Ces théories hautement spéculatives et non testables supposent l'existence préalable de principes mathématiques sophistiqués régissant la structure quantique de l'espace-temps ou la dynamique des cordes. Elles supposent l'existence de dimensions spatiales, de règles déterminant quelles configurations sont permises, de mécanismes de compactification pour les dimensions supplémentaires. D'où viennent tous ces principes, ces dimensions, ces règles ? Les théories ne répondent jamais. Elles repoussent la frontière mais présupposent toujours un cadre mathématique préexistant.

Niveau 6 : Le multivers — mécanisme générateur d'univers

Les théories de multivers postulent l'existence d'une multitude d'univers avec différentes valeurs des constantes physiques. Cette multiplicité expliquerait le réglage fin de notre univers : parmi tous les univers possibles, nous existons nécessairement dans un univers permettant la vie.

Le multivers suppose l'existence préalable d'un mécanisme générateur d'univers multiples. Il suppose un "paysage" de configurations possibles. Il suppose des lois méta-cosmiques déterminant comment les univers sont générés, quelles probabilités régissent leurs propriétés, quels principes de sélection opèrent. D'où viennent ce mécanisme générateur, ce paysage, ces lois méta-cosmiques ? Le multivers ne répond jamais. Il multiplie les entités inexplicables à l'infini pour éviter de reconnaître une Cause intelligente unique.

Le pattern universel révélé

Observons maintenant le pattern qui émerge clairement de cette analyse. Chaque niveau d'explication scientifique commence avec quelque chose déjà existant :

Big Bang → état dense et chaud + lois de la relativité et thermodynamique

Singularité → espace-temps + équations d'Einstein atteignant leur limite

Vide quantique → champs quantiques + lois de la mécanique quantique + espace-temps

Inflation → champ d'inflaton + potentiel énergétique + lois de la relativité et quantiques

Gravitation quantique → principes mathématiques + structure quantique de l'espace-temps

Multivers → mécanisme générateur + paysage de configurations + lois méta-cosmiques

À chaque niveau, on recule d'un cran. À chaque niveau, on présuppose l'existence de structures, de lois, de propriétés qu'on ne peut expliquer. La chaîne explicative remonte indéfiniment mais s'arrête toujours à un "quelque chose initial" traité comme donné inexplicable. Aucune théorie scientifique ne descend jamais jusqu'au néant absolu. Aucune ne répond à la question : pourquoi existe-t-il quelque chose plutôt que rien ?

Cette limitation révèle une vérité fondamentale : la méthode scientifique étudie les transformations de la réalité selon des lois. Elle présuppose toujours un cadre de régularités naturelles observables, mesurables, modélisables mathématiquement. Elle ne peut expliquer l'origine de ce cadre lui-même sans présupposer un autre cadre, créant ainsi une régression infinie ou une circularité logique.

L'impossibilité de la régression infinie

Certains matérialistes tentent d'éviter la conclusion théiste en affirmant que la régression causale peut être infinie, que l'univers (ou le multivers) constitue une chaîne infinie de causes et d'effets sans commencement. Cette position est philosophiquement intenable.

Une série infinie de causes dépendantes ne peut expliquer pourquoi la série entière existe. Même si chaque maillon de la chaîne est expliqué par le maillon précédent, la chaîne dans son ensemble demande encore une explication. Pourquoi existe-t-il une chaîne plutôt que rien ? Multiplier les insuffisances à l'infini ne crée jamais la suffisance. Un nombre infini d'explications partielles ne produit jamais une explication complète.

L'analogie de la bibliothèque illustre ce point. Imaginez que vous demandez à emprunter un livre. Le bibliothécaire répond : "Je dois d'abord demander la permission au bibliothécaire en chef." Le bibliothécaire en chef répond : "Je dois demander au directeur de la bibliothèque." Le directeur répond : "Je dois demander au conseil d'administration." Si cette chaîne continue à l'infini sans jamais atteindre quelqu'un possédant l'autorité finale de donner la permission, vous n'obtiendrez jamais le livre. Pour que vous obteniez le livre, il faut qu'existe quelque part dans la chaîne quelqu'un possédant l'autorité intrinsèque, ne dépendant d'aucune autorisation supérieure.

De même, pour que l'univers existe, il faut qu'existe une Cause première possédant l'être intrinsèquement, ne dépendant d'aucune cause antérieure. Cette Cause première doit être nécessaire, éternelle, autosuffisante. Elle doit expliquer toute la série des causes secondaires sans avoir elle-même besoin d'explication extérieure parce qu'elle existe par la nécessité de sa propre nature.

Les questions que la science ne peut poser

Trois questions métaphysiques fondamentales restent absolument hors de portée de toute explication scientifique :

Pourquoi existe-t-il quelque chose plutôt que rien ? La science commence toujours avec quelque chose existant. Elle transforme, combine, reconfigure ce qui existe. Elle ne peut expliquer pourquoi il existe une réalité initiale à transformer. Cette question transcende la méthode scientifique parce qu'elle précède logiquement toute investigation empirique. Pour étudier comment les choses fonctionnent, il faut d'abord qu'il existe des choses. Expliquer pourquoi il existe des choses relève de la métaphysique.

Pourquoi les lois de la nature existent-elles et prennent-elles cette forme précise ? La science découvre les lois, les formule mathématiquement, les utilise pour prédire des phénomènes. Elle ne peut expliquer pourquoi ces lois existent, pourquoi elles prennent cette forme mathématique particulière, pourquoi l'univers obéit à des régularités découvrables plutôt qu'au chaos absolu. Les lois ne constituent pas des entités matérielles mais des principes d'organisation, des structures intelligibles. Leur existence appelle une explication qui transcende la physique : une Intelligence les concevant, une Volonté les établissant.

Pourquoi l'univers est-il intelligible ? Albert Einstein s'émerveillait : "La chose la plus incompréhensible concernant l'univers : c'est qu'il soit compréhensible." Pourquoi l'univers obéit-il à des lois mathématiques que l'esprit humain peut découvrir ? Pourquoi les mathématiques inventées abstraitement s'appliquent-elles au monde physique avec une précision stupéfiante ? Si l'univers était matière aveugle gouvernée par le hasard, il n'y aurait aucune garantie qu'il soit rationnel, ordonné, compréhensible. Le fait que nous pouvons comprendre l'univers suggère fortement qu'il procède d'une Intelligence qui l'a conçu intelligiblement et qui a créé l'esprit humain capable de saisir cette intelligibilité.

La nécessité d'une Cause première transcendante

L'analyse de la chaîne explicative scientifique révèle sa limite infranchissable et pointe vers la nécessité d'une explication transcendante. Puisque chaque niveau scientifique présuppose quelque chose de préexistant, puisqu'une régression infinie est impossible, puisque le néant absolu ne peut rien produire, il faut reconnaître l'existence d'une Cause première possédant les propriétés suivantes :

Éternelle — sans commencement temporel, existant de toute éternité hors du temps qu'elle crée.

Nécessaire — existant par la nécessité de sa propre nature, dont l'essence implique l'existence, qui ne peut pas ne pas exister.

Immatérielle — incorporelle, spirituelle, transcendant la matière qu'elle crée.

Transcendante — extérieure et supérieure à l'espace-temps qu'elle produit.

Infiniment puissante — capable de créer l'univers entier ex nihilo, à partir de rien.

Infiniment intelligente — concevant les lois mathématiques régissant l'ordre cosmique.

Personnelle et volontaire — choisissant librement de créer plutôt que de ne pas créer, car seule une volonté personnelle peut expliquer pourquoi un univers temporel émerge d'une Cause éternelle.

Unique — car multiplier les causes premières sans nécessité viole le principe de parcimonie, et l'unité cohérente de l'univers suggère une source unique.

Ces propriétés définissent exactement ce que la théologie biblique appelle Dieu. La raison philosophique, opérant selon le principe de causalité et analysant rigoureusement les conditions nécessaires de l'existence de l'univers, arrive aux mêmes conclusions que la révélation divine. La foi et la raison convergent vers la même vérité : au commencement était Dieu, et par sa Parole toutes choses ont été faites.

Révélation prophétique : l'origine comme relation permanente

La question "D'où vient l'univers ?" traite habituellement l'origine comme un événement ponctuel dans le passé lointain. Cette vision est insuffisante. L'origine constitue une relation permanente. Dieu crée l'univers à chaque instant. Si Dieu cessait de vouloir l'existence de l'univers ne serait-ce qu'une nanoseconde, l'univers s'effondrerait instantanément dans le néant.

Colossiens 1:17 affirme : "Toutes choses **subsistent** en lui" — présent continu. Hébreux 1:3 déclare que le Christ "soutient toutes choses par sa parole puissante" — présent actif. L'univers ne se maintient jamais lui-même dans l'être. Il est maintenu dans l'être à chaque instant par la volonté créatrice divine.

Cette vérité transforme radicalement la question. Le débat se concentre habituellement sur "qu'est-ce qui a lancé le processus cosmique il y a 13,8 milliards d'années ?" Cette question, bien qu'importante, reste secondaire. La question primordiale devient : **pourquoi l'univers continue-t-il d'exister maintenant, en ce moment précis ?** Aucune réponse matérialiste ne tient. La matière ne se maintient jamais elle-même dans l'existence. Les lois physiques ne se soutiennent jamais elles-mêmes. L'être contingent ne peut fonder sa propre contingence. Seul l'Être nécessaire peut continuellement fonder l'être contingent.

Peu importe depuis combien de temps l'univers existe. La question demeure : pourquoi continue-t-il d'exister maintenant ? Quelle est la source permanente de son être ? La réponse doit être transcendante : un Être existant par nécessité de sa propre nature et qui, par sa volonté libre et continue, maintient l'univers dans l'être à chaque instant.

Conclusion du chapitre

La chaîne explicative scientifique recule indéfiniment — Big Bang, singularité, vide quantique, inflation, gravitation quantique, multivers — mais s'arrête toujours avant le néant absolu. Chaque niveau présuppose l'existence de structures, de lois, de propriétés qu'il ne peut expliquer. Cette limitation révèle que la science étudie les transformations de la réalité selon des lois. Elle ne peut expliquer l'origine de la réalité elle-même et de ses lois sans circularité.

Trois questions métaphysiques fondamentales restent hors de portée de la méthode scientifique : Pourquoi existe-t-il quelque chose plutôt que rien ? Pourquoi les lois de la nature existent-elles ? Pourquoi l'univers est-il intelligible ? Ces questions appellent une réponse transcendante : une Cause première éternelle, nécessaire, immatérielle, transcendante, infiniment puissante, infiniment intelligente, personnelle, unique.

Ces propriétés définissent le Dieu de la Bible révélé en Genèse 1:1 : "Au commencement, Dieu créa les cieux et la terre." La science décrit l'évolution cosmique à partir d'un état initial. La Genèse révèle l'origine absolue : la création de toute réalité par la volonté divine. Ces deux affirmations répondent à des questions différentes, situées à des niveaux différents. Elles se complètent au lieu de s'opposer quand on respecte les limites méthodologiques de chacune.

Un atome n'a jamais demandé pourquoi la chaîne explicative s'arrête toujours avant le néant absolu. Un homme, si. Cette différence change absolument tout.

CHAPITRE 5__ **LES QUESTIONS QUE LA SCIENCE NE PEUT PAS POSER**

La science moderne a accompli des exploits intellectuels stupéfiants. Elle a cartographié le génome humain, décrypté les mécanismes de l'évolution biologique, mesuré l'âge de l'univers avec une précision remarquable, détecté les ondes gravitationnelles prédites par Einstein, photographié des trous noirs situés à des millions d'années-lumière. Ces réalisations témoignent de la puissance extraordinaire de la méthode scientifique dans son domaine propre. Elles méritent l'admiration sans réserve. Reconnaître les limites de la science n'est donc jamais la dénigrer mais la respecter en maintenant la distinction entre ce qu'elle peut faire magnifiquement et ce qu'elle ne peut pas faire par principe méthodologique.

Il existe des questions fondamentales que la méthode scientifique ne peut aborder. Ces questions ne relèvent pas de lacunes temporaires que de futures découvertes combleront. Elles transcendent structurellement le cadre épistémologique de la science expérimentale. Comprendre pourquoi ces questions échappent à la science révèle la nécessité d'autres modes de connaissance — philosophique, métaphysique, théologique —

pour saisir la totalité de la réalité. Trois questions métaphysiques centrales demeurent absolument hors de portée de la méthode scientifique : l'existence de quelque chose plutôt que rien, l'origine des lois naturelles, l'intelligibilité de l'univers.

Pourquoi existe-t-il quelque chose plutôt que rien ?

Cette question formulée classiquement par Leibniz au 17ème siècle demeure la plus fondamentale de toutes les interrogations métaphysiques. Elle précède logiquement toute investigation scientifique. Avant de pouvoir étudier comment les choses fonctionnent, comment elles évoluent, comment elles interagissent, il faut d'abord qu'il existe des choses. La science présuppose toujours l'existence d'une réalité observable, mesurable, soumise à des régularités qu'elle peut découvrir. Elle commence avec l'existence comme donnée de départ et étudie les propriétés, les comportements, les transformations de ce qui existe. Elle ne peut expliquer pourquoi il existe une réalité initiale plutôt que l'absence absolue de toute réalité.

La force de cette question provient de sa radicalité absolue. Elle ne demande pas d'où vient tel ou tel objet particulier, telle ou telle forme d'énergie spécifique, tel ou tel arrangement de matière. Elle demande pourquoi il existe quoi que ce soit.

Pourquoi y a-t-il de l'être plutôt que du néant absolu ? Cette question transcende toute réponse scientifique possible car toute réponse scientifique présuppose déjà l'existence de quelque chose — lois physiques, champs quantiques, fluctuations énergétiques, dimensions spatiales, principes mathématiques. Or la question porte précisément sur pourquoi tout cela existe au lieu de ne pas exister.

Le matérialiste tente parfois d'esquiver la question en affirmant que le concept de "rien absolu" est incohérent, que nécessairement quelque chose doit toujours exister, que l'existence constitue l'état par défaut de la réalité. Cette réponse commet une confusion fondamentale. Affirmer qu'il doit toujours exister quelque chose équivaut à affirmer qu'il existe une réalité nécessaire, qui ne peut pas ne pas exister, dont l'essence même implique l'existence. Mais c'est précisément la définition philosophique de Dieu comme Être nécessaire. Le matérialiste qui invoque cette nécessité d'existence admet implicitement l'existence d'un fondement nécessaire de toute réalité. Il déplace simplement le problème en attribuant cette nécessité à l'univers matériel plutôt qu'à Dieu, sans jamais justifier pourquoi l'univers contingent, changeant, aurait cette propriété de nécessité qui caractérise l'Être absolu.

L'univers matériel manifeste partout les marques de la contingence. Il change constamment. Ses états actuels auraient pu être autres. Ses lois auraient pu prendre des formes différentes. Ses constantes fondamentales possèdent des valeurs précises qui auraient pu être différentes. Rien dans l'univers ne contient la raison suffisante de sa propre existence. Chaque élément dépend de causes antérieures, de conditions préalables, de structures plus fondamentales. Cette dépendance universelle révèle que l'univers dans son ensemble est contingent, qu'il ne porte pas en lui-même la raison de son existence, qu'il appelle une explication transcendante.

La vraie réponse à la question "Pourquoi existe-t-il quelque chose plutôt que rien ?" nécessite de sortir du cadre scientifique et d'entrer dans le domaine de la métaphysique théiste. Il existe quelque chose parce qu'un Être nécessaire, existant éternellement par la nécessité de sa propre nature, a librement choisi de créer une réalité contingente. Cet Être nécessaire possède l'existence en vertu de ce qu'il est, non en vertu d'une cause extérieure. Il constitue le fondement ultime sans lequel rien d'autre ne pourrait exister. Sa nature même est d'être, et de cette plénitude d'être il fait surgir librement l'univers contingent.

Cette réponse satisfait l'intelligence parce qu'elle arrête la régression causale à un point rationnel : un Être qui existe nécessairement et qui explique tout le reste sans avoir lui-même besoin d'explication extérieure. Elle évite à la fois la régression infinie (chaque cause dépendant d'une cause antérieure sans fin) et la circularité (A expliqué par B qui est expliqué par A). Elle reconnaît qu'il doit exister un fondement absolu qui porte en lui-même la raison de son existence et qui constitue la source de toute existence contingente.

Pourquoi les lois de la nature existent-elles et prennent-elles cette forme mathématique précise ?

La deuxième question métaphysique fondamentale concerne l'origine et la nature des lois physiques elles-mêmes. L'univers n'évolue jamais chaotiquement. Il obéit à des régularités mathématiques d'une précision et d'une élégance stupéfiantes. La gravitation s'exprime par les équations du champ d'Einstein, synthèse magistrale reliant la géométrie de l'espace-temps à la distribution de matière-énergie. L'électromagnétisme obéit aux quatre équations de Maxwell, unifiant électricité, magnétisme et lumière dans un cadre mathématique cohérent. La mécanique quantique suit l'équation de Schrödinger décrivant l'évolution temporelle de tout système quantique. La thermodynamique obéit à des lois précises régissant les transferts d'énergie et l'évolution de l'entropie.

Ces lois fonctionnent partout dans l'univers observable, depuis le Big Bang il y a 13,8 milliards d'années jusqu'à aujourd'hui, sans jamais varier. Un proton à 10 milliards d'années-lumière obéit exactement aux mêmes lois qu'un proton dans un laboratoire terrestre. Cette universalité et cette constance des lois physiques constituent l'une des découvertes les plus remarquables et les plus mystérieuses de la science moderne. Pourquoi l'univers obéit-il à des lois ? Pourquoi ces lois précises et pas d'autres ? Pourquoi prennent-elles cette forme mathématique particulière ?

La science découvre les lois, les formule mathématiquement, les teste expérimentalement, les utilise pour prédire des phénomènes. Elle accomplit cela avec une efficacité remarquable. Mais elle ne peut expliquer pourquoi ces lois existent, d'où elles viennent, pourquoi elles prennent cette forme plutôt qu'une autre. Les lois physiques ne constituent pas des entités matérielles qu'on pourrait peser, mesurer, localiser dans l'espace. Ce sont des principes d'organisation, des structures intelligibles, des régularités mathématiques. Elles décrivent comment les choses se comportent mais n'expliquent jamais leur propre existence.

Le physicien Paul Davies a formulé ce problème avec une clarté remarquable : "Même si nous avions une théorie physique du tout, une équation unique décrivant toutes les forces et toutes les particules, nous devrions encore demander : d'où vient cette équation ? Pourquoi cette équation et pas une autre ? Pourquoi existe-t-il une équation plutôt qu'aucune équation ? Les lois elles-mêmes flottent dans un vide explicatif. La science les utilise mais ne peut les fonder. Elles constituent les règles du jeu cosmique, mais d'où viennent les règles ?"

Certains physiciens tentent de répondre en invoquant un "principe anthropique" : les lois doivent être ce qu'elles sont parce que si elles étaient différentes, nous ne serions pas là pour les observer. Cette réponse confond observation et explication. Le principe anthropique explique pourquoi nous observons ces lois particulières (parce que seules ces lois permettent notre existence) mais n'explique jamais pourquoi ces lois existent objectivement. C'est comme si quelqu'un vous demandait pourquoi vous avez gagné à la loterie et que vous répondiez : "Si je n'avais pas gagné, je ne poserais pas cette question." Réponse vraie mais qui n'explique rien concernant le mécanisme qui a produit votre victoire.

D'autres invoquent le multivers : il existerait une infinité d'univers avec toutes les combinaisons possibles de lois, et nous existons simplement dans un univers dont les lois permettent la vie. Mais cette hypothèse ne résout rien. Le multivers lui-même nécessiterait un mécanisme générateur régissant la production d'univers multiples. Ce mécanisme obéirait à des méta-lois déterminant quelles combinaisons de lois sont possibles, quelles probabilités régissent leur réalisation, quels principes de sélection opèrent. D'où viennent ces méta-lois ? On a simplement déplacé le problème d'un niveau sans le résoudre, tout en multipliant gratuitement les entités hypothétiques invérifiables.

La vraie réponse nécessite de reconnaître que les lois physiques ne sont pas des nécessités brutes sans explication mais des décrets divins, des structures rationnelles par lesquelles le Créateur ordonne sa création. Dieu ne crée pas en obéissant à des lois préexistantes. Dieu crée les lois elles-mêmes en créant un univers qui obéira à ces lois. La création par la Parole (Logos) révélée en Genèse 1 et Jean 1 indique que l'univers matériel constitue l'expression d'une pensée divine, d'une rationalité transcendante s'objectivant dans l'ordre cosmique.

Cette compréhension théologique des lois physiques explique plusieurs mystères que le matérialisme ne peut résoudre. Elle explique pourquoi les lois sont mathématiques : parce qu'elles procèdent d'une Intelligence qui pense mathématiquement. Elle explique pourquoi les lois sont universelles : parce qu'elles expriment la volonté d'un Créateur unique gouvernant toute sa création. Elle explique pourquoi les lois sont constantes : parce qu'elles reflètent l'immutabilité du caractère divin. Elle explique pourquoi les lois sont compréhensibles pour l'esprit humain : parce que l'homme est créé à l'image du Logos divin et partage donc quelque chose de la rationalité divine.

Pourquoi l'univers est-il intelligible pour l'esprit humain ?

La troisième question métaphysique fondamentale concerne le mystère de l'intelligibilité cosmique. Albert Einstein exprimait son étonnement dans une formulation devenue célèbre : "La chose la plus incompréhensible concernant l'univers, c'est qu'il soit compréhensible." Pourquoi l'univers obéit-il à des lois mathématiques que l'esprit humain peut découvrir ? Pourquoi les équations formulées abstraitement dans l'esprit des mathématiciens décrivent-elles le comportement du monde physique avec une précision stupéfiante ? Pourquoi la nature parle-t-elle le langage des mathématiques ?

Eugene Wigner, Prix Nobel de physique, a consacré un article célèbre à ce qu'il appelait "l'efficacité déraisonnable des mathématiques dans les sciences naturelles". Par "déraisonnable", Wigner signalait que rien dans une vision matérialiste de la réalité ne garantit cette correspondance mystérieuse entre structures mathématiques abstraites et comportement physique concret. Les mathématiques sont inventées par l'esprit humain pour des raisons qui n'ont souvent aucun rapport avec la physique — explorations de structures logiques, généralisations de concepts algébriques, investigations de propriétés géométriques. Pourtant, ces constructions mentales abstraites se révèlent applicables au monde physique avec une précision qui défie toute explication matérialiste.

Prenez l'exemple des nombres complexes, inventés au 16ème siècle pour résoudre des équations algébriques et considérés longtemps comme de pures abstractions mathématiques sans réalité physique. Trois siècles plus tard, la mécanique quantique découvre que les nombres complexes constituent le langage naturel pour décrire les fonctions d'onde quantiques. Aucun physicien ne peut comprendre la mécanique quantique sans utiliser les nombres complexes. Comment expliquer cette coïncidence stupéfiante entre une construction mathématique purement abstraite et la structure fondamentale de la réalité physique ?

Ou considérez les géométries non-euclidiennes, développées au 19ème siècle par Riemann et d'autres comme explorations mathématiques de possibilités logiques sans application physique envisagée. Un demi-siècle plus tard, Einstein découvre que ces géométries décrivent exactement la structure de l'espace-temps courbé par la gravitation. La relativité générale serait incompréhensible sans la géométrie riemannienne. Encore une fois, comment expliquer cette harmonie préétablie entre mathématiques abstraites et réalité physique ?

Les exemples abondent. La théorie des groupes, branche abstraite de l'algèbre, s'avère essentielle pour comprendre les symétries fondamentales de la physique des particules. Les espaces de Hilbert, généralisation infinie-dimensionnelle de la géométrie euclidienne, fournissent le cadre naturel de la mécanique quantique. Les variétés de Calabi-Yau, objets mathématiques d'une complexité géométrique extraordinaire, apparaissent comme espaces de compactification des dimensions supplémentaires dans la théorie des cordes. La correspondance entre mathématiques pures et physique fondamentale ne constitue jamais un accident isolé mais un pattern universel.

Si l'univers était matière aveugle gouvernée par des processus aléatoires sans intelligence directrice, il n'y aurait aucune raison pour qu'il soit rationnel, ordonné, mathématiquement structuré, compréhensible. Le fait que nous pouvons comprendre l'univers par les mathématiques révèle quelque chose de profond sur la nature de la réalité. Il révèle que l'univers et l'esprit humain partagent une structure rationnelle commune. Il révèle que l'ordre cosmique et l'ordre mental procèdent d'une même source : le Logos divin.

La théologie biblique fournit la seule explication cohérente de cette intelligibilité cosmique. L'univers est créé par le Logos (Jean 1:1-3), la Parole divine qui est Raison créatrice. L'univers constitue donc l'expression d'une pensée divine, une rationalité transcendante s'objectivant dans l'ordre matériel. L'homme est créé à l'image de Dieu (Genèse 1:26-27), ce qui signifie entre autres choses qu'il partage quelque chose de la rationalité divine. L'esprit humain peut comprendre l'univers parce que tous deux procèdent du même Logos, participent à la même structure rationnelle, reflètent la même Intelligence créatrice.

Cette explication théologique résout le mystère que le matérialisme ne peut même pas formuler correctement. Elle explique pourquoi les mathématiques "fonctionnent" dans le monde physique : parce que l'univers est pensée divine matérialisée et que les mathématiques humaines redécouvrent partiellement les structures logiques que Dieu a pensées en créant. Elle explique pourquoi l'esprit humain peut saisir les lois cosmiques : parce que l'homme est fait à l'image du Législateur et possède donc une capacité innée de reconnaître l'ordre rationnel dans la création. Elle explique pourquoi la science est possible : parce que Dieu a créé un univers ordonné et a créé l'homme capable de comprendre cet ordre.

La limite méthodologique de la science

Ces trois questions — pourquoi quelque chose existe, pourquoi les lois existent, pourquoi l'univers est intelligible — restent hors de portée de la méthode scientifique par nécessité structurelle, non par lacune temporaire. Comprendre pourquoi révèle la nature même de l'investigation scientifique et ses limites intrinsèques.

La méthode scientifique repose sur l'observation, l'expérimentation, la mesure, la répétabilité, la falsifiabilité. Elle étudie les phénomènes naturels observables, testables, reproductibles en laboratoire ou observables systématiquement dans la nature. Elle formule des hypothèses, conçoit des expériences pour les tester, affine ses modèles en fonction des résultats, prédit de nouveaux phénomènes, vérifie ces prédictions. Cette méthode fonctionne admirablement pour comprendre comment les choses se comportent dans l'univers, quels mécanismes causaux opèrent, quelles régularités gouvernent les processus naturels.

Mais cette méthode présuppose toujours l'existence d'une nature observable régie par des lois. Elle ne peut étudier que les phénomènes qui se produisent dans le cadre de ces lois. Elle ne peut remonter en deçà de ce cadre pour expliquer pourquoi il existe un cadre, pourquoi ce cadre particulier, pourquoi ce cadre est intelligible. Ces questions précèdent logiquement toute investigation scientifique. Elles concernent les conditions de possibilité de la science elle-même plutôt que les résultats de l'investigation scientifique.

De plus, la science étudie les causes efficientes — comment une chose produit un effet selon des lois naturelles — mais ne peut étudier les causes finales — pourquoi une chose existe, quel but elle sert, quelle intention elle exprime. Cette limitation méthodologique remonte à la révolution scientifique du 17ème siècle quand la science moderne s'est délibérément restreinte aux causes efficientes mesurables, abandonnant les questions de finalité et de sens à la philosophie et à la théologie. Ce choix méthodologique a permis les progrès scientifiques extraordinaires des derniers siècles. Mais il implique aussi que la science, par sa nature même, ne peut répondre aux questions de finalité ultime, de sens, d'origine absolue.

La science ne peut étudier que les événements répétables ou du moins observables systématiquement. Or l'origine absolue de l'univers constitue par définition un événement unique, non répétable, non observable directement. Nous pouvons observer les conséquences actuelles de cet événement originel (expansion cosmique, rayonnement fossile), mais nous ne pouvons observer l'événement lui-même. Nous ne pouvons le reproduire en laboratoire pour tester différentes hypothèses. Cette limite méthodologique fondamentale signifie que la science peut étudier l'histoire de l'univers après le point initial, mais ne peut expliquer le point initial lui-même ni répondre à la question de pourquoi il existe un point initial.

Quand la science prétend répondre à ces questions, elle cesse d'être science

Le problème survient quand la science dépasse ses limites méthodologiques et prétend avoir répondu à ces questions métaphysiques. Quand un cosmologiste affirme "l'univers s'est créé lui-même à partir du vide quantique, donc Dieu n'est pas nécessaire", il ne fait plus de la physique expérimentale. Il fait de la métaphysique matérialiste. Il sort du domaine où la méthode scientifique s'applique et entre dans le domaine de l'interprétation philosophique.

Cette transgression méthodologique apparaît fréquemment dans les ouvrages de vulgarisation scientifique. Les auteurs glissent imperceptiblement de descriptions scientifiques solides vers des affirmations philosophiques indémontrables par la méthode scientifique. Ils utilisent l'autorité de la science pour promouvoir une vision matérialiste du monde qui dépasse largement ce que la science établit réellement. Cette confusion trompe le public qui suppose que ces affirmations philosophiques possèdent le même statut épistémologique que les découvertes scientifiques proprement dites.

Distinguer clairement la science opérationnelle de la philosophie matérialiste devient donc crucial. La science opérationnelle décrit admirablement comment l'univers fonctionne, comment il évolue, comment ses parties interagissent. Elle mérite le respect sans réserve dans ce domaine. La philosophie matérialiste affirme que seule la matière existe, que tout se réduit à des processus physiques, que l'univers n'a ni cause transcendante ni finalité. Cette vision philosophique dépasse ce que la méthode scientifique peut établir. Elle constitue une interprétation métaphysique parmi d'autres, sans privilège épistémologique particulier.

La complémentarité entre science et théologie

Reconnaître les limites de la science n'implique jamais la dénigrer mais la situer correctement dans l'ensemble de la connaissance humaine. La science excelle dans son domaine : comprendre les mécanismes naturels, découvrir les lois régissant les phénomènes observables, prédire les comportements futurs des systèmes physiques. La théologie excelle dans son domaine : révéler l'origine absolue, expliquer la finalité ultime, éclairer le sens de l'existence, fonder la moralité objective.

Ces deux domaines se complètent au lieu de s'opposer quand chacun respecte les limites de l'autre. La science répond aux questions "comment" : comment l'univers fonctionne, comment la vie évolue, comment les étoiles se forment. La théologie répond aux questions "pourquoi" : pourquoi l'univers existe, pourquoi les lois sont ce qu'elles sont, pourquoi l'homme est créé. Ces questions appartiennent à des ordres différents. Une réponse scientifique au "comment" ne remplace jamais une réponse théologique au "pourquoi", et vice versa.

L'histoire des sciences confirme cette complémentarité. Les fondateurs de la science moderne — Newton, Kepler, Galilée, Boyle, Faraday, Maxwell, Pasteur — étaient tous des croyants convaincus que l'univers était ordonné par Dieu et donc compréhensible rationnellement. Leur foi théiste motivait leur recherche scientifique. Ils cherchaient à "penser les pensées de Dieu après lui", à découvrir l'ordre rationnel que le Créateur avait inscrit dans sa création. La révolution scientifique ne s'est pas produite malgré la foi chrétienne mais en partie grâce à elle, parce que le christianisme affirme un univers créé rationnellement par un Dieu de raison et un homme créé à l'image de Dieu capable de comprendre cette rationalité.

Le conflit apparent entre science et foi provient d'un double dépassement de limites : quand la science prétend avoir résolu les questions métaphysiques qui la transcendent, et quand la foi interprète mal les textes sacrés comme s'ils étaient des manuels de cosmologie scientifique. Respecter les limites de chaque domaine dissout le conflit et révèle la complémentarité harmonieuse.

Conclusion du chapitre

Trois questions métaphysiques fondamentales restent absolument hors de portée de la méthode scientifique : 1) Pourquoi existe-t-il quelque chose plutôt que rien ? 2) Pourquoi les lois de la nature existent-elles et prennent-elles cette forme mathématique précise ? 3) Pourquoi l'univers est-il intelligible pour l'esprit humain ? Ces questions transcendent structurellement la science parce qu'elles concernent les conditions de possibilité de la science elle-même plutôt que les résultats de l'investigation scientifique.

La science présuppose l'existence d'une nature observable régie par des lois compréhensibles. Elle ne peut expliquer pourquoi cette nature existe, pourquoi ces lois, pourquoi cette compréhensibilité. Ces questions appellent des réponses métaphysiques et théologiques. La théologie biblique fournit ces réponses de manière cohérente : il existe quelque chose parce qu'un Être nécessaire l'a créé, les lois existent parce qu'une Intelligence les a conçues, l'univers est intelligible parce qu'il procède du Logos divin et que l'homme est créé à l'image de ce Logos.

Reconnaître cette complémentarité entre science et théologie enrichit notre compréhension de la réalité au lieu de l'appauvrir. La science révèle comment l'univers fonctionne admirablement. La théologie révèle pourquoi il existe magnifiquement. Ensemble, elles témoignent de la sagesse du Créateur qui a établi un cosmos ordonné et qui a créé des êtres capables de contempler cet ordre et d'en découvrir le sens.

Un atome n'a jamais demandé pourquoi l'univers est intelligible. Un homme, si. Cette différence change absolument tout.

CHAPITRE 6__ **UN ATOME NE POSE PAS DE QUESTIONS**

L'univers matériel fonctionne selon des lois physiques précises, implacables, universelles. Un atome d'hydrogène obéit aux équations de la mécanique quantique. Une étoile suit les lois de la gravitation et de la fusion nucléaire. Une galaxie tourbillonne selon les principes de la dynamique newtonienne et de la relativité générale. Partout dans le cosmos observable, la matière se comporte de manière prévisible, régulière, mécanique. Les atomes ne dévient jamais de leurs trajectoires déterminées par les forces qui agissent sur eux. Les molécules ne choisissent jamais librement comment réagir chimiquement. Les étoiles ne décident jamais de brûler leur combustible différemment. La matière obéit. Elle ne questionne jamais. Elle ne réfléchit jamais sur sa propre existence. Elle ne cherche jamais à comprendre pourquoi elle existe.

Puis apparaît l'homme. Et soudain, au milieu de cet univers obéissant mécaniquement à des lois aveugles, surgit un être qui fait quelque chose de radicalement, absolument, incompréhensiblement différent : il pose des questions. Il se demande d'où il vient. Il interroge le sens de son existence. Il cherche à comprendre l'origine de l'univers. Il souffre de ne pas savoir. Il construit des télescopes pour scruter les confins du cosmos. Il formule des équations pour décrire les lois fondamentales. Il écrit des livres de philosophie explorant la nature de la réalité. Il compose des poèmes exprimant sa quête existentielle. Il érige des temples pour adorer ce qu'il pressent comme source ultime de toute chose.

Cette différence entre la matière qui obéit sans questionner et l'homme qui questionne sans cesse constitue l'anomalie la plus stupéfiante, la plus inexplicable, la plus révélatrice de tout l'univers observable. Elle signale que l'homme n'est pas simplement matière arrangée différemment. Elle révèle que l'homme possède une dimension qui transcende complètement l'ordre physico-chimique. Elle prouve que la conscience humaine ne peut émerger de ce qui ne pense pas, que le spirituel ne peut naître du non-spirituel, que l'homme porte en lui l'image d'une réalité transcendante.

La matière ne pense pas, ne réfléchit pas, ne questionne pas

Commençons par établir clairement ce que la matière ne fait jamais. Un atome d'oxygène ne possède aucune conscience de lui-même. Il ne sait pas qu'il est un atome d'oxygène. Il ne se demande pas comment il s'est formé dans le cœur d'une étoile massive. Il ne questionne jamais pourquoi il possède 8 protons plutôt que 7 ou 9. Il n'a aucune intériorité, aucune vie mentale, aucune expérience subjective. Il existe, il réagit aux forces qui agissent sur lui, il forme des liaisons chimiques selon des règles électromagnétiques précises. Mais il ne pense jamais, ne ressent jamais, ne questionne jamais.

Une molécule d'ADN, malgré sa complexité stupéfiante, ne possède aucune conscience de l'information qu'elle encode. Elle ne sait pas qu'elle contient les instructions génétiques pour construire un organisme. Elle ne se demande pas comment cette information est apparue. Elle ne s'interroge jamais sur la signification de la séquence de ses nucléotides. Elle fonctionne mécaniquement : elle se réplique quand les conditions chimiques appropriées sont présentes, elle se transcrit en ARN messager, elle se répare quand des enzymes détectent des erreurs. Tout cela se produit automatiquement, selon des processus biochimiques déterminés, sans aucune conscience impliquée.

Un neurone dans le cerveau humain transmet des impulsions électrochimiques. Il possède une structure complexe avec des dendrites recevant des signaux, un axone les transmettant, des synapses les communiquant aux neurones suivants. Des neurotransmetteurs traversent les fentes synaptiques, déclenchant ou inhibant des potentiels d'action selon des mécanismes électrochimiques précis. Mais le neurone individuel ne pense pas. Il ne réfléchit pas sur ce qu'il fait. Il ne se demande pas pourquoi il transmet tel signal plutôt qu'un autre. Il fonctionne selon les lois de la neurophysiologie, point final.

Même un réseau entier de neurones interconnectés traitant de l'information — par exemple le système visuel transformant les photons captés par la rétine en représentation mentale d'un paysage — ne possède aucune conscience de ce traitement. Les signaux se propagent, s'amplifient, s'intègrent, se comparent à des patterns mémorisés, produisent des sorties vers d'autres régions cérébrales. Tout cela constitue du traitement d'information biologique sophistiqué. Mais à aucun moment dans ce processus purement physico-chimique n'émerge la conscience subjective, l'expérience vécue de voir le paysage, le "quelque chose que ça fait" d'avoir cette expérience visuelle.

La matière, quelle que soit sa complexité d'organisation, ne franchit jamais le gouffre séparant le fonctionnement mécanique de la conscience subjective. On peut augmenter indéfiniment la complexité : des atomes aux molécules, des molécules aux cellules, des cellules aux organes, des organes aux systèmes, des systèmes aux organismes entiers. À aucun point de cette progression quantitative de complexité croissante n'apparaît la propriété qualitativement différente de la conscience subjective. Plus de matière organisée différemment produit des comportements plus sophistiqués. Elle ne produit jamais l'intériorité, l'expérience vécue de l'intérieur, la conscience de soi.

L'homme manifeste une quête métaphysique universelle

L'homme, en revanche, manifeste universellement, dans toutes les cultures, à toutes les époques, une quête métaphysique qui le distingue absolument de toute autre créature observable. Cette quête ne constitue pas une caractéristique secondaire, un luxe intellectuel réservé aux philosophes. Elle habite le cœur de chaque être humain, s'exprime dans les mythes fondateurs de chaque civilisation, motive les religions de tous les peuples, anime les questions des enfants comme des vieillards.

L'homme cherche l'origine. Toutes les cultures humaines possèdent des récits cosmogoniques expliquant comment le monde est apparu. Les Grecs racontaient le Chaos primordial d'où émergèrent Gaïa et Ouranos. Les Égyptiens décrivaient Atoum surgissant des eaux primordiales du Noun. Les Hindous narrent les cycles cosmiques de création et destruction. Les peuples amérindiens transmettent des mythes de création impliquant des esprits animaux et des forces naturelles divinisées. Les Aborigènes australiens enseignent le Temps du Rêve où les Ancêtres créèrent la terre. Cette universalité révèle que chercher l'origine n'est pas une curiosité intellectuelle optionnelle mais un besoin existentiel fondamental de l'esprit humain.

L'homme cherche le sens. Il ne se contente jamais de constater que les choses existent et fonctionnent selon des lois. Il veut savoir pourquoi elles existent, quel but elles servent, quelle signification elles portent. Un animal trouve de la nourriture et la mange. L'homme trouve de la nourriture et se demande : pourquoi ai-je faim ? Pourquoi dois-je manger pour survivre ? Pourquoi la vie dépend-elle de la mort d'autres êtres vivants ? Quelle est la signification de ce cycle nutrition-survie-mort ? Cette interrogation dépasse infiniment le besoin biologique de se nourrir. Elle révèle une dimension spirituelle cherchant une compréhension totale de l'existence.

L'homme cherche Dieu. Dans toutes les cultures connues, sans exception, les êtres humains ont développé des conceptions du divin, du sacré, du transcendant. Ces conceptions varient considérablement dans leurs détails : monothéisme, polythéisme, panthéisme, animisme, cultes ancestraux. Mais leur universalité même révèle quelque chose de profond sur la nature humaine. L'homme ne se satisfait jamais du monde visible. Il pressent une réalité invisible qui fonde, explique, donne sens au monde visible. Il cherche à entrer en relation avec cette réalité transcendante par la prière, le sacrifice, le rituel, la méditation, l'adoration.

L'homme souffre de ne pas savoir. Cette souffrance existentielle face à l'ignorance des questions ultimes distingue radicalement l'homme de l'animal. Un chien ignore d'où il vient, pourquoi il existe, ce qui se passera après sa mort. Cette ignorance ne le trouble jamais. Il vit dans le présent immédiat de ses besoins et satisfactions. L'homme, lui, souffre intensément de son ignorance métaphysique. Les philosophes antiques appelaient cela la "soif de connaissance" qui tourmente l'âme humaine. Les mystiques de toutes les traditions décrivent le désir ardent de connaître Dieu qui consume le cœur humain. Les existentialistes modernes parlent de l'angoisse face à l'absurde, la détresse devant l'apparente absence de sens. Cette souffrance cognitive révèle que l'homme n'est pas fait pour l'ignorance mais pour la connaissance, qu'il possède une capacité de saisir la vérité qui, frustrée, produit une douleur psychologique réelle.

Une réalité purement matérielle ne produit jamais une quête métaphysique

Voici l'argument central, dévastateur pour le matérialisme : si l'homme était purement matériel, produit de processus physico-chimiques aveugles, façonné uniquement par l'évolution darwinienne maximisant la survie et la reproduction, il ne devrait manifester aucune quête métaphysique. Cette quête ne favorise en rien la survie biologique. Au contraire, elle détourne des ressources cognitives précieuses vers des questions sans réponse pratique immédiate. Elle produit de l'angoisse existentielle qui pourrait diminuer l'efficacité reproductive. Elle pousse parfois des individus vers l'ascétisme, le célibat religieux, le martyre pour des vérités abstraites — comportements directement opposés à la maximisation de la fitness darwinienne.

L'évolution explique remarquablement bien les adaptations augmentant la survie et la reproduction : la vision binoculaire pour mieux chasser, le langage pour coordonner les activités de groupe, la mémoire pour retenir l'emplacement des ressources, l'intelligence pratique pour résoudre des problèmes concrets, les émotions sociales pour maintenir la cohésion tribale. Mais l'évolution ne peut expliquer pourquoi l'homme se demande d'où vient l'univers, pourquoi les lois de la nature existent, quelle est sa destinée après la mort. Ces questions ne procurent aucun avantage sélectif. Elles révèlent au contraire que l'homme transcende l'ordre biologique, qu'il possède une dimension spirituelle cherchant des réponses qui dépassent infiniment la survie matérielle.

Le matérialiste répond parfois que la quête métaphysique constitue un sous-produit accidentel de l'intelligence développée pour résoudre des problèmes pratiques. Une fois que le cerveau humain a atteint un certain seuil de capacité cognitive pour des raisons adaptatives, il génère automatiquement des questions métaphysiques comme effet secondaire non sélectionné. Cette explication échoue à plusieurs niveaux. D'abord, elle ne rend pas compte de l'universalité et de l'intensité de la quête métaphysique. Si c'était un simple sous-produit, elle devrait varier considérablement entre individus et cultures, être absente chez certains, facultative chez d'autres. Or elle est universelle, obsédante, fondamentale pour l'expérience humaine. Ensuite, elle ne peut expliquer pourquoi cette quête génère une souffrance réelle quand elle est frustrée. Un sous-produit accidentel ne devrait produire ni désir ardent ni détresse profonde. Enfin, elle présuppose précisément ce qu'il faut expliquer : comment des processus matériels aveugles peuvent générer la capacité de concevoir l'immatériel, l'éternel, l'absolu, le transcendant.

La soif de sens indique une source de sens

Un principe philosophique fondamental s'applique ici avec force : un désir naturel, universel, inné révèle l'existence de ce qui peut satisfaire ce désir. La soif révèle l'existence de l'eau. Si aucun liquide n'existait dans l'univers, aucun organisme n'aurait développé la soif. La faim révèle l'existence de nourriture. Le désir sexuel révèle l'existence de la reproduction sexuelle. Ces désirs ne sont pas des illusions arbitraires mais des adaptations pointant vers des réalités correspondantes dans l'environnement.

De même, le désir de sens révèle l'existence du Sens. La soif de vérité absolue révèle l'existence de la Vérité. La quête de Dieu révèle l'existence de Dieu. Si l'univers était matière aveugle sans intelligence créatrice, sans finalité, sans signification objective, l'homme ne devrait ressentir aucun désir ardent de trouver le sens, la vérité, Dieu. Le fait que ce désir habite universellement le cœur humain, le tourmente quand il est insatisfait, le remplit de joie quand il trouve satisfaction, révèle que l'homme est fait pour une réalité transcendante. Il porte en lui l'image de cette réalité. Il est créé par elle et pour elle. Son désir n'est pas une illusion cruelle mais un indice fiable pointant vers sa véritable origine et sa véritable destinée.

Saint Augustin l'a formulé magistralement au début de ses *Confessions* : "Tu nous as faits pour toi, Seigneur, et notre cœur est sans repos tant qu'il ne repose en toi." Cette formule ne constitue pas une pieuse platitude mais une observation psychologique profonde confirmée par l'expérience universelle. L'homme cherche le repos, la paix, la plénitude dans les biens terrestres : richesse, plaisir, pouvoir, gloire, relations humaines. Ces biens procurent des satisfactions réelles mais toujours partielles, temporaires, laissant un vide persistant. Seule la relation avec l'Absolu, la communion avec le Créateur, la découverte de la Vérité ultime peut combler le cœur humain. Cette structure du désir humain révèle que l'homme n'est pas fait pour le fini mais pour l'Infini, pas pour le temporel mais pour l'Éternel, pas pour la créature mais pour le Créateur.

Révélation prophétique : Ecclésiaste 3:11 et l'éternité dans le cœur

L'Ecclésiaste 3:11 affirme une vérité d'une profondeur vertigineuse : "Il a mis dans leur cœur la pensée de l'éternité."

Plus littéralement en hébreu : "Il a mis l'éternité (olam - עוֹלָם) dans leur cœur." Cette phrase courte porte une révélation théologique majeure sur la nature humaine. Dieu a inscrit l'éternité dans le cœur de l'homme. Non pas simplement la pensée de l'éternité, comme si c'était une idée parmi d'autres. Mais l'éternité elle-même, comme dimension constitutive de l'âme humaine.

L'homme porte en lui une soif d'infini, d'absolu, d'éternité qui ne peut jamais être satisfaite par rien de fini, de relatif, de temporel. Cette soif ne constitue pas un dysfonctionnement psychologique, une névrose culturellement construite, un résidu d'évolution mal adaptée. Elle révèle la destination éternelle de l'homme. Elle prouve que l'homme n'est pas fait pour le temps seul mais pour l'éternité. Elle démontre que l'homme n'est pas simplement un corps mortel mais une âme immortelle incarnée temporairement dans un corps périssable.

Le matérialisme ne peut expliquer cette dimension éternelle du cœur humain. Si l'homme était purement matériel, produit du temps et destiné à retourner au néant, il ne devrait désirer que ce qui favorise sa survie temporelle. Il ne devrait pas souffrir de l'éphémère, aspirer à l'éternel, chercher une signification transcendant sa vie biologique limitée. Le fait qu'il le fasse universellement, compulsivement, douloureusement quand ce désir est frustré, révèle qu'il est créé pour l'éternité. Son origine est éternelle (Dieu créant ex nihilo), sa nature est partiellement éternelle (âme immortelle), sa destinée est éternelle (vie ou mort éternelles selon sa réponse à Dieu).

Cette vérité transforme radicalement la question de l'origine. L'homme ne cherche pas simplement d'où vient l'univers matériel. Il cherche d'où il vient lui-même en tant qu'être portant l'éternité dans son cœur. Et cette question ne peut recevoir de réponse matérielle. Elle appelle une réponse spirituelle : tu viens de l'Éternel, tu portes son image, tu es appelé à retourner à lui. L'origine de l'homme n'est pas le néant, pas la matière, pas le hasard évolutif. L'origine de l'homme est Dieu créant à son image une créature capable de le connaître, de l'aimer, de communier éternellement avec lui.

La différence qui change absolument tout

Un atome ne pose pas de questions sur son origine. Une molécule ne réfléchit pas sur le sens de son existence. Un neurone ne s'interroge pas sur sa destinée finale. La matière obéit aux lois physiques sans jamais les questionner. Elle fonctionne mécaniquement sans jamais aspirer à comprendre pourquoi elle fonctionne ainsi.

L'homme, lui, pose incessamment ces questions. Il ne peut s'en empêcher. Elles le hantent depuis qu'il prend conscience de lui-même. Elles traversent toutes les cultures, toutes les époques. Elles génèrent les philosophies, les religions, les arts, les littératures. Elles révèlent que l'homme possède une dimension qui transcende radicalement l'ordre matériel. Elles prouvent qu'il n'est pas un assemblage d'atomes qui aurait accidentellement développé la capacité de questionner. Elles démontrent qu'il est une créature spirituelle incarnée dans un corps matériel, portant l'image du Créateur spirituel, destinée à une relation éternelle avec lui.

Cette différence entre l'atome qui obéit sans questionner et l'homme qui questionne sans cesse change absolument tout dans notre compréhension de l'origine. Si l'homme était purement matériel, son origine pourrait théoriquement s'expliquer par des processus matériels. Mais l'homme ne l'est pas. Il possède une conscience subjective, une capacité de réflexion abstraite, une quête métaphysique universelle, une soif d'éternité inscrite dans son cœur. Ces propriétés ne peuvent émerger de la matière seule. Elles révèlent que l'homme possède une dimension spirituelle qui appelle une origine spirituelle. Elles prouvent que l'homme est créé à l'image de Dieu, non produit par des processus aveugles.

L'anomalie de la conscience humaine au milieu d'un univers matériel obéissant mécaniquement à des lois constitue la preuve la plus éclatante, la plus accessible, la plus irréfutable de l'origine spirituelle de l'homme. On peut débattre des détails cosmologiques, discuter l'interprétation des fossiles, argumenter sur les mécanismes évolutifs. On ne peut nier le fait immédiat, vécu de l'intérieur par chaque être humain, que nous possédons une conscience qui cherche, questionne, souffre de ne pas savoir, aspire à l'infini, désire l'éternité. Cette conscience ne peut venir de ce qui ne pense pas. Elle ne peut naître de ce qui ne cherche jamais. Elle ne peut émerger de ce qui n'aspire à rien au-delà de son fonctionnement mécanique.

Conclusion du chapitre

Un atome ne pose pas de questions. Il obéit aux lois quantiques sans les questionner. Un homme, si. Il interroge incessamment l'origine, le sens, la destinée. Cette différence révèle que l'homme n'est pas simplement matière organisée différemment. Il possède une dimension spirituelle qui transcende complètement l'ordre physico-chimique.

La quête métaphysique universelle de l'homme — chercher l'origine, chercher le sens, chercher Dieu, souffrir de ne pas savoir — ne peut s'expliquer par des processus matériels aveugles. Elle révèle que l'homme porte en lui l'éternité, qu'il est créé pour une réalité transcendante, qu'il possède une soif d'infini pointant vers sa véritable origine et sa véritable destinée.

Un désir naturel, universel, inné révèle l'existence de ce qui peut satisfaire ce désir. La soif révèle l'eau. La faim révèle la nourriture. Le désir de sens révèle le Sens. La quête de Dieu révèle Dieu. La soif d'éternité révèle que l'homme est fait pour l'Éternité.

Cette anomalie de la conscience humaine au milieu d'un univers matériel constitue la preuve la plus immédiate, la plus accessible, la plus irréfutable que l'homme possède une origine spirituelle. On ne peut produire le spirituel à partir du non-spirituel sans une Source spirituelle. On ne peut produire la conscience questionnante à partir de la matière obéissant mécaniquement sans un Créateur conscient. On ne peut produire l'aspiration à l'éternité à partir du temporel sans un Dieu éternel créant l'homme à son image.

Un atome n'a jamais demandé d'où il vient. Un homme, si. Cette différence change absolument tout.

CHAPITRE 7__ **LE SPIRITUEL NE NAÎT PAS DU NON-SPIRITUEL**

Le matérialisme affirme que tout ce qui existe dérive ultimement de la matière et des forces physiques qui la gouvernent. Selon cette vision, l'univers était initialement composé de particules élémentaires obéissant à des lois aveugles. Ces particules se sont combinées pour former des atomes. Les atomes se sont assemblés en molécules. Les molécules se sont organisées en structures complexes. Ces structures ont développé la capacité de se répliquer, donnant naissance à la vie. La vie a évolué vers des formes de plus en plus sophistiquées. Certains organismes ont développé des systèmes nerveux. Ces systèmes nerveux sont devenus de plus en plus complexes. Et finalement, à un certain seuil de complexité neuronale, la conscience est apparue comme propriété émergente. Le spirituel — pensée, conscience, intentionnalité, liberté, quête de sens — serait donc un produit tardif, dérivé, secondaire de processus matériels fondamentaux.

Cette vision matérialiste se heurte à une impossibilité logique insurmontable : on ne peut produire le supérieur à partir de l'inférieur, l'effet ne peut dépasser radicalement la nature de sa cause, le spirituel ne peut naître de ce qui ne possède aucune propriété spirituelle. Cette impossibilité ne constitue pas une simple difficulté technique que de futures découvertes scientifiques résoudront. Elle représente une nécessité métaphysique découlant du principe de causalité correctement compris. Si l'effet manifeste des propriétés que la cause ne possède pas, alors la cause ne peut être suffisante pour produire l'effet. Il faut chercher une cause plus profonde, plus riche, capable de rendre compte de toutes les propriétés de l'effet.

Le principe de causalité appliqué rigoureusement

Le principe de causalité, fondement de toute pensée rationnelle et de toute science, s'énonce ainsi : tout ce qui commence à exister a une cause suffisante pour le produire. Une cause suffisante doit posséder au moins autant de réalité, de perfection, de richesse ontologique que l'effet qu'elle produit. On peut comprendre comment une cause produit un effet de même nature ou de nature inférieure. On ne peut comprendre comment une cause produit un effet de nature supérieure sans postuler l'intervention d'une cause additionnelle plus élevée.

Prenons des exemples simples. Un artisan possédant l'intelligence, la compétence, les outils peut produire un vase. Le vase possède moins de perfection ontologique que l'artisan : il est inanimé, non intelligent, non libre. On comprend facilement comment le supérieur (artisan intelligent) produit l'inférieur (vase inanimé). En revanche, imaginer qu'un vase inanimé produise spontanément un artisan intelligent est absurde. Le vase ne possède aucune des propriétés nécessaires pour générer intelligence, liberté, créativité. Si un artisan apparaissait mystérieusement à côté d'un vase, personne n'affirmerait que le vase l'a produit. On chercherait nécessairement une cause plus élevée capable de produire un être intelligent.

Ce principe s'applique universellement. Le vivant ne peut naître du non-vivant sans une cause possédant au moins la capacité de produire la vie. L'intelligence ne peut émerger du non-intelligent sans une cause possédant au moins l'intelligence. La conscience ne peut surgir du non-conscient sans une cause possédant au moins la conscience. La liberté ne peut apparaître dans un univers purement déterministe sans une cause possédant la liberté. L'intentionnalité ne peut émerger de processus aveugles sans une cause possédant l'intentionnalité.

Appliquons maintenant ce principe rigoureusement à l'origine de l'homme. L'homme possède des propriétés spirituelles : conscience subjective, raison abstraite, intentionnalité, liberté, sens moral, capacité de connaître la vérité, quête métaphysique, aspiration à l'éternité. Si l'homme dérive ultimement de la matière non-consciente, non-intelligente, non-libre, obéissant aveuglément à des lois physiques, alors l'effet (homme spirituel) dépasse radicalement la nature de sa cause prétendue (matière non-spirituelle). Cette disproportion révèle que la cause matérielle seule est insuffisante. Il faut reconnaître l'intervention d'une Cause spirituelle transcendante possédant éminemment toutes les propriétés spirituelles manifestées par l'homme.

La conscience subjective ne peut émerger du non-conscient

La conscience subjective constitue la propriété la plus mystérieuse, la plus irréductible, la plus manifestement spirituelle de l'existence humaine. Avoir une conscience subjective signifie posséder une expérience vécue de l'intérieur, un "quelque chose que ça fait" d'être soi, une perspective première personne sur le monde. Quand je vois un coucher de soleil, je ne traite pas seulement de l'information visuelle sur les longueurs d'onde de la lumière. J'éprouve l'expérience qualitative de voir ces couleurs orangées se fondant dans le bleu profond du ciel. Cette expérience qualitative — ce que les philosophes appellent "qualia" — possède une réalité subjective irréductible à toute description objective de processus neuronaux.

Le matérialisme prétend que cette conscience subjective émerge de processus cérébraux purement physico-chimiques. Des neurones transmettent des signaux électriques, des neurotransmetteurs traversent des synapses, des réseaux neuronaux s'activent selon des patterns complexes. À un certain seuil de complexité et d'intégration de l'information, la conscience apparaîtrait comme propriété émergente. Cette explication rencontre un problème philosophique insurmontable appelé "le problème difficile de la conscience" (hard problem of consciousness) formulé par le philosophe David Chalmers.

Le problème se formule ainsi : même si nous comprenions parfaitement tous les mécanismes neuronaux du traitement de l'information — comment les signaux visuels sont traités, comment la mémoire fonctionne, comment les décisions sont prises — nous n'aurions toujours pas expliqué pourquoi et comment ces processus génèrent une expérience subjective. Pourquoi ne serions-nous pas simplement des zombies philosophiques, traitant l'information de manière sophistiquée mais sans rien éprouver subjectivement ? Qu'est-ce qui transforme le traitement objectif de l'information en expérience subjective vécue de l'intérieur ?

Aucun ajout de complexité ne peut franchir ce gouffre. On peut imaginer des ordinateurs de plus en plus puissants, des réseaux neuronaux artificiels de plus en plus sophistiqués, des systèmes de traitement de l'information de plus en plus intégrés. À aucun moment dans cette progression quantitative de complexité croissante n'apparaît la conscience subjective. Traiter de l'information, aussi complexement que ce soit, ne produit jamais l'expérience subjective de traiter l'information. La conscience possède une dimension qualitativement différente, irréductible au fonctionnement mécanique aussi complexe soit-il.

Le principe de causalité s'applique ici avec force : la conscience ne peut émerger de ce qui ne possède aucune conscience. Des atomes non-conscients, des molécules non-conscientes, des neurones non-conscients ne peuvent produire la conscience par simple addition et organisation. L'effet (conscience) dépasse radicalement la nature de la cause prétendue (matière non-consciente). Cette disproportion révèle que la cause matérielle seule est insuffisante. Il faut reconnaître que l'homme ne dérive pas ultimement de la matière non-consciente mais qu'il est créé par une Conscience transcendante qui lui confère une participation à la conscience en le créant à son image.

La raison abstraite ne peut dériver du non-rationnel

L'homme possède la capacité de raisonnement abstrait, de saisir des vérités universelles, de comprendre des principes logiques nécessaires, de concevoir des entités mathématiques n'ayant aucune existence matérielle. Je peux comprendre que 2+2=4 nécessairement, universellement, éternellement. Cette vérité ne dépend d'aucun cerveau particulier pour être vraie. Elle était vraie avant que tout cerveau humain n'existe. Elle restera vraie même si tous les cerveaux disparaissent. Elle est vraie dans tous les mondes possibles. Elle constitue une vérité abstraite, immatérielle, éternelle.

Le matérialisme prétend que cette capacité de saisir des vérités abstraites émerge de processus cérébraux matériels gouvernés par des lois physiques aveugles. Mais les lois physiques ne contiennent aucune normativité logique. Un neurone qui se déclenche selon des lois électrochimiques ne "connaît" aucune vérité. Il ne se demande jamais si son fonctionnement est logiquement cohérent. Il obéit aux lois physiques, point final. Comment alors un assemblage de neurones obéissant à des lois physiques aveugles peut-il saisir des vérités logiques nécessaires qui transcendent complètement l'ordre physique ?

De plus, si tous nos processus rationnels sont entièrement déterminés par des lois physiques et des conditions initiales (état antérieur du cerveau, stimuli externes), alors nous n'avons jamais accès à la vérité en tant que vérité. Nous avons seulement accès à ce que nos cerveaux, obéissant à des lois aveugles, nous font croire. Ces croyances ne sont pas choisies pour leur vérité mais produites mécaniquement par des processus causaux. Si le matérialisme est vrai, nous n'avons aucune raison de faire confiance à nos processus rationnels, car ils ne sont pas orientés vers la vérité mais déterminés par des causes physiques aveugles.

C.S. Lewis a développé cet argument avec une force dévastatrice : "Si le naturalisme est vrai, alors toutes les pensées ne sont que les effets secondaires de processus irrationnels. Nos pensées elles-mêmes ne sont rien de plus que les produits accidentels de mouvements d'atomes dans le cerveau. Mais si tel est le cas, comment pouvons-nous faire confiance à nos pensées ? Comment pouvons-nous être sûrs que la pensée 'le naturalisme est vrai' elle-même est fiable ? Le naturalisme se détruit lui-même, car il sape la validité du raisonnement par lequel on y arrive."

La capacité humaine de raisonnement abstrait, de saisie de vérités nécessaires, de reconnaissance de normes logiques transcendant l'ordre physique ne peut émerger de processus matériels aveugles. Elle révèle que l'esprit humain participe à un ordre rationnel transcendant, qu'il est créé à l'image d'un Logos divin, d'une Raison créatrice qui pense les vérités éternelles et qui donne à l'homme la capacité de les reconnaître.

L'intentionnalité ne peut surgir de processus aveugles

L'intentionnalité désigne la propriété des états mentaux d'être "au sujet de" quelque chose, de référer à quelque chose d'autre qu'eux-mêmes. Quand je pense "la neige est blanche", ma pensée vise la neige, se réfère à la neige, est au sujet de la neige. Cette propriété d'intentionnalité semble banale tant elle est familière. Mais elle est en réalité profondément mystérieuse et inexplicable matériellement.

Aucun processus physique ne possède intrinsèquement d'intentionnalité. Un état cérébral particulier — configuration neuronale, activité électrique, concentration de neurotransmetteurs — ne "vise" rien, ne "signifie" rien, n'est "au sujet de" rien. Il est simplement un état physique parmi d'autres. On peut établir une corrélation entre certains états cérébraux et certaines pensées intentionnelles. Quand je pense à Paris, certaines régions de mon cerveau s'activent. Mais cette activation neuronale ne contient intrinsèquement aucune référence à Paris. Elle ne "vise" pas Paris comme ma pensée le vise. L'intentionnalité est une propriété mentale irréductible à toute configuration physique.

Le philosophe John Searle illustre ce point par son expérience de pensée célèbre de la "chambre chinoise". Imaginez une personne enfermée dans une pièce recevant des symboles chinois par une fente, consultant un manuel d'instructions en anglais lui disant quels symboles chinois renvoyer en réponse, puis renvoyant ces symboles par une autre fente. De l'extérieur, on pourrait croire que la personne comprend le chinois car elle donne des réponses appropriées. Mais elle ne comprend rien. Elle manipule simplement des symboles selon des règles syntaxiques sans jamais saisir leur signification sémantique. De même, un ordinateur manipule des symboles selon des règles algorithmiques sans jamais avoir la moindre compréhension intentionnelle de ce que ces symboles signifient.

L'intentionnalité ne peut émerger de la manipulation syntaxique de symboles. Elle ne peut surgir de processus computationnels aussi sophistiqués soient-ils. Elle révèle une dimension de l'esprit humain qui transcende l'ordre physico-chimique et computationnel. Cette dimension ne peut dériver de la matière non-intentionnelle. Elle révèle que l'esprit humain est créé à l'image d'un Esprit transcendant possédant éminemment l'intentionnalité, capable de penser des contenus, de viser des objets, de connaître des vérités.

La liberté ne peut apparaître dans un déterminisme universel

L'homme se perçoit comme libre. Il délibère entre plusieurs options, évalue rationnellement leurs mérites, choisit selon des raisons plutôt que selon des causes mécaniques. Cette expérience de liberté imprègne toute l'existence humaine consciente. Nous jugeons moralement les actions parce que nous présupposons qu'elles auraient pu être autres, que l'agent aurait pu choisir différemment. Nous éprouvons des remords pour nos mauvais choix passés précisément parce que nous sentons que nous aurions pu choisir autrement. Nous délibérons longuement sur des décisions importantes précisément parce que nous croyons que notre choix n'est pas prédéterminé mais réellement ouvert.

Le matérialisme cohérent avec lui-même doit affirmer le déterminisme universel : tous les événements, y compris tous les processus mentaux, sont entièrement déterminés par des lois physiques et des conditions initiales. Vos pensées actuelles sont le produit nécessaire de l'état antérieur de votre cerveau combiné aux stimuli externes actuels. Cet état antérieur était lui-même le produit nécessaire d'états encore antérieurs. En remontant la chaîne causale, toutes vos pensées, tous vos choix, toutes vos actions sont ultimement déterminés par l'état de l'univers au Big Bang combiné aux lois physiques. Vous ne pouviez pas penser autrement que vous pensez. Vous ne pouviez pas choisir autrement que vous choisissez. Votre sentiment de liberté est une illusion produite par l'ignorance des causes mécaniques qui vous déterminent.

Cette conclusion détruit la possibilité de la rationalité et de la moralité. Si toutes mes croyances sont déterminées par des causes mécaniques aveugles plutôt que par une évaluation rationnelle des arguments, je n'ai aucune raison de croire que mes croyances sont vraies. La croyance que "le déterminisme est vrai" serait elle-même déterminée par des causes aveugles, non choisie pour sa vérité mais produite mécaniquement. Le déterminisme se réfute lui-même en détruisant la possibilité du raisonnement libre nécessaire pour y arriver rationnellement.

De plus, si tous mes choix sont déterminés, la moralité devient absurde. On ne peut blâmer moralement quelqu'un pour une action qu'il ne pouvait éviter. On ne peut louer quelqu'un pour une vertu qu'il ne pouvait s'empêcher de manifester. Toute notre pratique morale — jugement, responsabilité, louange, blâme, remords, amélioration — présuppose la liberté. Sans liberté réelle, la moralité s'effondre en un jeu d'illusions.

La liberté humaine ne peut apparaître dans un univers matériel entièrement déterminé par des lois aveugles. Elle révèle que l'homme possède une dimension spirituelle qui transcende l'ordre causal physique, qui participe à la liberté divine, qui est créée à l'image d'un Dieu libre choisissant de créer plutôt que de produire nécessairement selon des lois aveugles.

L'information codée ne surgit jamais sans intelligence

L'ADN contient de l'information codée — des instructions précises pour construire des protéines, organisées selon un code génétique universel. Cette information est symbolique : la séquence de nucléotides n'a aucune ressemblance chimique avec les protéines qu'elle encode. Elle est abstraite : le code génétique établit une correspondance conventionnelle entre triplets de nucléotides (codons) et acides aminés. Elle est fonctionnelle :

elle sert un but précis, la construction d'organismes vivants. Elle est exactement comme le langage humain — symbolique, abstraite, fonctionnelle.

Chaque fois que nous observons de l'information codée — dans un livre, un programme informatique, une recette, un plan architectural — elle provient toujours d'une intelligence. Toujours. Sans exception. L'information ne naît jamais spontanément du hasard et de la nécessité physico-chimique. Elle requiert une intelligence qui conçoit, encode, organise selon une intention.

Le matérialiste invoque l'évolution : des mutations aléatoires créent de nouvelles séquences génétiques, la sélection naturelle retient celles qui favorisent la survie. Mais cette explication présuppose déjà l'existence d'organismes capables de se reproduire, donc d'organismes possédant déjà de l'information génétique fonctionnelle. La sélection naturelle peut optimiser l'information existante. Elle ne peut créer l'information initiale à partir de rien. D'où vient la première molécule d'ADN capable d'auto-réplication ? Aucune explication matérialiste ne résout ce problème sans invoquer des probabilités astronomiquement improbables équivalentes à des miracles.

Le principe s'applique universellement : l'information codée requiert toujours une intelligence. L'ADN contient de l'information codée. Donc l'ADN requiert une Intelligence créatrice. Cette Intelligence ne peut être matérielle car elle précède et fonde la matière vivante. Elle doit être spirituelle, transcendante, possédant éminemment la capacité de concevoir, d'encoder, d'organiser l'information selon une intention — précisément ce que la théologie biblique appelle le Logos créateur.

Révélation prophétique : Jean 1:1-3 et la priorité absolue du Logos

Jean 1:1-3 affirme avec une clarté fulgurante la priorité ontologique absolue de l'Intelligence sur la matière : "Au commencement était la Parole (Logos), et la Parole était avec Dieu, et la Parole était Dieu. Elle était au commencement avec Dieu. Toutes choses ont été faites par elle, et rien de ce qui a été fait n'a été fait sans elle."

Le terme grec Logos signifie simultanément parole, raison, intelligence, principe ordonnateur, structure rationnelle. Jean affirme que le Logos existait au commencement absolu, avant toute création. Ce Logos n'est pas une abstraction mais une

Personne divine — "la Parole était Dieu". Ce Logos est le Créateur universel — "Toutes choses ont été faites par elle".

Cette déclaration renverse complètement la vision matérialiste. La matière n'est pas première. L'Intelligence est première. La conscience n'émerge pas de la matière. La matière émerge de la Conscience divine. L'univers physique n'est pas la réalité fondamentale dont tout dérive. L'univers physique est l'effet d'une Cause spirituelle transcendante.

Le Logos divin précède toute réalité matérielle. Cela signifie que l'Intelligence, la Conscience, la Raison, l'Intentionnalité existent primordialement, éternellement, nécessairement. La matière est créée. Le spirituel est incréé. Le supérieur (Logos divin) crée l'inférieur (univers matériel). L'inférieur ne peut jamais produire le supérieur. Le non-spirituel ne peut jamais générer le spirituel. Le non-conscient ne peut jamais produire la conscience. Le non-rationnel ne peut jamais engendrer la raison.

Cette vérité johannique confirme le principe métaphysique que nous avons établi : le spirituel ne naît jamais du non-spirituel. Il faut une Source spirituelle pour expliquer l'existence d'êtres spirituels. Cette Source est le Logos éternel, la Parole divine par laquelle toutes choses ont été faites, l'Intelligence créatrice dont l'homme porte l'image.

Conclusion du chapitre

Le principe de causalité, appliqué rigoureusement, établit qu'un effet ne peut dépasser radicalement la nature de sa cause. Le supérieur ne peut naître de l'inférieur sans l'intervention d'une cause plus élevée. Le spirituel ne peut émerger du non-spirituel sans une Source spirituelle.

L'homme possède des propriétés manifestement spirituelles : conscience subjective irréductible aux processus neuronaux, raison abstraite saisissant des vérités éternelles, intentionnalité référant à des objets au-delà d'elle-même, liberté choisissant selon des raisons plutôt que déterminée par des causes, capacité de concevoir et d'encoder de l'information. Ces propriétés ne peuvent dériver de la matière non-consciente, non-rationnelle, non-intentionnelle, déterminée, obéissant aveuglément à des lois physiques.

Le matérialisme prétend que la complexité suffit, que l'organisation sophistiquée de matière non-spirituelle produit miraculeusement le spirituel au-delà d'un certain seuil. Cette affirmation viole le principe de causalité. Aucune quantité de complexité ne transforme le non-conscient en conscient, le non-rationnel en rationnel, le non-intentionnel en intentionnel, le déterminé en libre. L'ajout quantitatif ne produit jamais un saut qualitatif vers une dimension radicalement supérieure.

La seule explication cohérente reconnaît que l'homme ne dérive pas ultimement de la matière non-spirituelle mais qu'il est créé par un Esprit transcendant possédant éminemment toutes les propriétés spirituelles. Jean 1:1-3 révèle cette vérité : au commencement était le Logos, l'Intelligence divine, la Conscience créatrice. Par ce Logos toutes choses ont été faites. L'homme, créé à l'image de ce Logos, participe à la conscience, à la raison, à l'intentionnalité, à la liberté de son Créateur.

Le spirituel ne naît jamais du non-spirituel. Cette impossibilité métaphysique révèle que l'origine de l'homme ne peut être matérielle. Elle doit être spirituelle. L'homme vient de Dieu, porte l'image de Dieu, est destiné à retourner à Dieu. Cette vérité change absolument tout.

CHAPITRE 8__ **DU BIG BANG À LA VIE — LA CHAÎNE CAUSALE QUE LE MATÉRIALISME NE PEUT ACHEVER**

Le matérialiste raconte une histoire séduisante, une narration linéaire apparemment cohérente : l'univers surgit du Big Bang il y a 13,8 milliards d'années, les étoiles se forment progressivement, produisent dans leur cœur ardent les éléments chimiques nécessaires à la vie, dispersent ces précieux ingrédients à travers le cosmos lors d'explosions cataclysmiques, ces éléments s'assemblent pour former des planètes, et sur au moins une d'entre elles — la Terre — les conditions deviennent favorables pour que la chimie organique évolue, se complexifie, et miraculeusement, la vie apparaît. Cette narration cache un secret mortel pour le matérialisme : elle s'effondre à chaque étape cruciale, laissant des gouffres béants, des impossibilités logiques, des violations flagrantes des probabilités, des contradictions insurmontables que seul **BARA** — l'acte créateur exclusif à Dieu, peut franchir. Ce chapitre retrace méthodiquement cette chaîne causale depuis le Big Bang jusqu'à la première cellule vivante, démontrant avec une clarté implacable que la science explique magnifiquement certains mécanismes mais bute irrémédiablement devant le mystère de l'origine de la vie, mystère que Genèse 1:21 résout prophétiquement d'un seul mot révélateur.

Le Big Bang — Ce qu'il produit réellement

Les premières fractions de seconde après le Big Bang révèlent un univers radicalement différent de tout ce que nous observons aujourd'hui. Entre 10^{-43} et 10^{-35} seconde après l'instant zéro — une durée si brève qu'elle défie l'imagination humaine, l'univers traverse ce que les physiciens appellent l'ère de Planck, période où énergie pure domine, où la température atteint 10^{32} Kelvin, où aucune particule stable ne peut exister, où les quatre forces fondamentales de la nature (gravitation, électromagnétisme, force nucléaire forte, force nucléaire faible) demeurent unifiées en une seule superforce. Rien qui ressemble même de loin à "vie" ne peut exister dans ces conditions apocalyptiques. À 10^{-35} seconde survient l'inflation cosmique, expansion exponentielle ultra-rapide où l'univers passe d'une taille subatomique à plusieurs mètres en 10^{-32} seconde, créant l'homogénéité cosmique que nous observons aujourd'hui dans le rayonnement fossile. Cette inflation soulève immédiatement une question irrésolue que le matérialisme laisse béante : qu'est-ce qui déclenche l'inflation ? D'où vient le champ inflaton supposé la causer ? Pourquoi ce champ possède-t-il précisément les propriétés nécessaires pour produire un univers habitable ? Le matérialisme présuppose ce qu'il devrait expliquer.

Pendant les trois premières minutes suivant le Big Bang se produit ce que les cosmologistes appellent la nucléosynthèse primordiale. La température, ayant chuté à environ un milliard de Kelvin encore inimaginablement chaude mais suffisamment pour permettre aux particules subatomiques de se combiner — permet aux protons et neutrons de fusionner pour former les premiers noyaux atomiques. Ce processus, gouverné par les lois de la physique nucléaire, produit un inventaire chimique étonnamment limité : hydrogène (H) à 75%, un proton seul, l'élément le plus simple ; hélium (He) à 25%, deux protons et deux neutrons ; et des traces infimes de lithium (Li), trois protons. C'est tout. Seulement trois éléments sur les 118 qui composent le tableau périodique moderne. Trois éléments alors que la vie biologique nécessite une chimie infiniment plus riche, plus complexe, plus diversifiée. Cette limitation révèle immédiatement que le Big Bang seul ne peut jamais produire la vie. Il manque 95% des éléments chimiques nécessaires à toute forme de vie organique.

Les éléments cruciellement absents après le Big Bang rendent impossible toute forme de vie telle que nous la connaissons. Le **carbone** (C), base absolue de toute chimie organique, capable de former quatre liaisons covalentes permettant la construction de molécules complexes, de chaînes longues, de structures tridimensionnelles sophistiquées absent. **L'oxygène** (O), composant de l'eau indispensable à toute biochimie connue, nécessaire pour la respiration cellulaire, constituant majeur de la plupart des biomolécules — absent. **L'azote** (N), composant fondamental des protéines et de l'ADN, présent dans chaque acide aminé, dans chaque base azotée — absent. **Le phosphore** (P), formant le squelette structural de l'ADN et de l'ARN, constituant de l'ATP qui transporte l'énergie cellulaire — absent. **Le soufre** (S), nécessaire pour les liaisons disulfures qui maintiennent la structure tridimensionnelle des protéines — absent. Et tous les autres éléments lourds du tableau périodique, du sodium au zinc, du fer au calcium, chacun jouant des rôles cruciaux dans la biochimie — tous absents. La conclusion s'impose avec une force implacable : le Big Bang seul ne peut jamais, en aucune circonstance, produire la vie. La narration matérialiste rencontre son premier gouffre infranchissable avant même d'avoir véritablement commencé.

Les étoiles — Forges cosmiques des éléments

La formation des premières étoiles, survenant entre 100 et 200 millions d'années après le Big Bang, marque une transition cosmique majeure. Avant leur apparition, l'univers traverse ce que les astronomes appellent "l'âge sombre cosmique", période où l'univers entier consiste en un nuage géant d'hydrogène et d'hélium, refroidi à environ 3000 Kelvin puis continuant à se refroidir avec l'expansion, plongé dans une obscurité totale car aucune étoile n'existe encore pour illuminer le cosmos. Mais la gravité, cette force fondamentale qui attire toute masse vers toute autre masse, commence son œuvre patiente et inexorable, concentrant progressivement le gaz en nuages de plus en plus denses. Quand un nuage d'hydrogène s'effondre sous sa propre gravité, la compression élève progressivement la température. À dix millions de Kelvin, un seuil critique est franchi : la fusion nucléaire démarre. Quatre noyaux d'hydrogène fusionnent pour former un noyau d'hélium, libérant une quantité colossale d'énergie selon la célèbre équation $E=mc^2$. Une étoile s'allume. La première lumière cosmique depuis le Big Bang jaillit dans les ténèbres. Les étoiles de cette première génération, appelées Population III par les astronomes, composées uniquement d'hydrogène et d'hélium primordiaux, massives, brûlant furieusement, vivant rapidement et mourant jeunes, deviennent les forges où se créeront tous les éléments nécessaires à la vie.

Dans le cœur des étoiles se déroule la nucléosynthèse stellaire, processus par lequel les éléments lourds sont créés étape par étape, chaque étape nécessitant des températures plus élevées, des pressions plus intenses, des étoiles plus massives. La première étape, la chaîne proton-proton, fusionne quatre hydrogène en un hélium, libérant l'énergie qui fait briller notre Soleil et la plupart des étoiles que nous observons dans le ciel nocturne. Cette réaction nécessite quinze millions de Kelvin, température régnant au cœur de notre étoile. Mais pour créer les éléments de la vie, il faut aller plus loin, plus chaud, plus profond dans la hiérarchie stellaire. Les étoiles plus massives, ayant épuisé leur hydrogène, se contractent sous la gravité, élevant leur température centrale jusqu'à cent millions de Kelvin, seuil où démarre la fusion de l'hélium. Trois noyaux d'hélium fusionnent pour former un noyau de carbone. Le carbone, premier élément de vie, naît dans le cœur ardent des étoiles géantes. Cette fusion continue : carbone et hélium fusionnent pour produire oxygène, carbone et carbone fusionnent pour produire néon et magnésium, la température grimpant à six cents millions de Kelvin. La troisième étape fusionne l'oxygène, produisant silicium, soufre, phosphore à des températures dépassant le milliard de Kelvin. La quatrième étape, ultime avant le point de non-retour, fusionne le silicium pour produire du fer à trois milliards de Kelvin. Le fer marque le point final car sa fusion consomme de l'énergie au lieu d'en libérer, violation fatale de l'économie énergétique stellaire.

Une étoile massive avant son explosion possède une structure en couches concentriques rappelant un oignon cosmique gigantesque. La surface brûle encore de l'hydrogène. Sous cette enveloppe externe se trouve une couche brûlant de l'hélium. Plus profondément, une couche de carbone et d'oxygène. Encore plus au centre, néon et magnésium. Puis silicium et soufre. Et tout au cœur, un noyau de fer, inerte, ne pouvant plus fusionner, s'accumulant inexorablement. Quand ce cœur de fer atteint environ 1,4 fois la masse du Soleil, la catastrophe survient. La fusion s'arrête brutalement. La pression thermique qui soutenait l'étoile contre la gravité disparaît instantanément. La gravité écrase le cœur en quelques secondes, l'effondrement le plus rapide et le plus violent de la nature. Le cœur s'effondre en une étoile à neutrons ou un trou noir. Les couches externes, privées soudainement de leur support, tombent vers le centre puis rebondissent violemment quand elles heurtent le cœur ultra-dense. Une supernova explose, pendant quelques semaines brillant plus intensément que des milliards d'étoiles combinées, visible à travers toute une galaxie. La température dans cette explosion atteint cent milliards de Kelvin, suffisante pour créer en quelques secondes tous les éléments plus lourds que le fer :

or, argent, platine, uranium, tous les éléments qui ne peuvent se former dans la fusion stellaire normale. L'étoile explose, projetant tous ces éléments précieux dans l'espace à des vitesses de dix à trente mille kilomètres par seconde. Des nuages de gaz enrichis en éléments lourds se dispersent à travers le cosmos. Ces nuages formeront la prochaine génération d'étoiles et, crucialement, les planètes qui les accompagneront.

La chronologie complète révèle l'immensité temporelle nécessaire pour préparer les conditions chimiques minimales permettant même d'envisager la vie. T=0 : Big Bang produit uniquement hydrogène, hélium, traces de lithium. T=100 à 200 millions d'années : les premières étoiles se forment et commencent la nucléosynthèse stellaire. T=200 à 500 millions d'années : les premières supernovae explosent, dispersant carbone, oxygène, azote, phosphore, soufre à travers l'espace. T=environ 9 milliards d'années : formation du Soleil, étoile de deuxième ou troisième génération née d'un nuage enrichi par les morts d'étoiles antérieures. T=environ 9,3 milliards d'années : formation de la Terre à partir du disque de matière orbitant autour du jeune Soleil. T=environ 10 milliards d'années après le Big Bang : apparition de la première vie sur Terre sous forme de microbes primitifs. Dix milliards d'années séparent le Big Bang de la possibilité même d'avoir les ingrédients chimiques nécessaires à la vie. Cette durée colossale révèle que l'univers n'était pas "programmé" pour produire la vie rapidement mais nécessitait un processus cosmique extraordinairement long, complexe, finement orchestré pour créer simplement les conditions chimiques préalables.

De la poussière d'étoiles à la Terre

La formation du système solaire il y a 4,6 milliards d'années illustre comment les résidus d'étoiles mortes deviennent les briques de construction de nouveaux mondes. Une nébuleuse solaire primitive, nuage géant de gaz et de poussière mesurant plusieurs années-lumière de diamètre, composée à 98% d'hydrogène et d'hélium hérités du Big Bang mais enrichie de ce précieux 2% d'éléments lourds légués par les supernovae antérieures, s'effondre sous sa propre gravité, probablement déclenchée par l'onde de choc d'une supernova voisine. Cet effondrement crée un disque protoplanétaire tourbillonnant, matière concentrée au centre formant notre proto-Soleil, matière du disque externe s'agrégeant progressivement par accrétion pour former les planètes. Le centre du disque, où la température et la pression deviennent suffisantes, déclenche la fusion nucléaire. Le Soleil s'allume, jeune étoile de la séquence principale destinée à briller pendant dix milliards d'années.

Dans le disque externe, la matière s'assemble grain par grain, poussière par poussière, rocher par rocher. Les planètes internes — Mercure, Vénus, Terre, Mars — se forment principalement d'éléments lourds, roches et métaux, car près du Soleil la chaleur intense vaporise les composés volatils légers. Les planètes externes — Jupiter, Saturne, Uranus, Neptune — capturent d'immenses quantités d'hydrogène et d'hélium, devenant des géantes gazeuses. Entre ces deux régimes, à distance parfaite permettant l'eau liquide, se forme une planète rocheuse de taille moyenne qui deviendra le berceau de la vie : la Terre.

La Terre primitive entre 4,5 et 4 milliards d'années révèle un monde infernal, radicalement hostile à toute forme de vie. La surface n'est qu'un océan global de lave en fusion, température dépassant 1200°C, roches liquéfiées bouillonnant et se convulsant sous un ciel empoisonné. L'atmosphère primitive, dépourvue d'oxygène, consiste en vapeur d'eau surchauffée, dioxyde de carbone, azote, méthane, ammoniac, sulfure d'hydrogène, mélange toxique et irrespirable. La jeune planète subit un bombardement météoritique intense, résidus du processus de formation planétaire, impacts gigantesques libérant des énergies colossales, l'un d'eux si massif qu'il arrache une partie substantielle de la Terre, éjectat qui s'assemblera pour former la Lune. Aucune vie ne peut exister dans ces conditions apocalyptiques. Entre 4,1 et 3,8 milliards d'années survient le Grand Bombardement Tardif, pluie diluvienne de comètes et d'astéroïdes déversant des quantités astronomiques d'eau qui formeront les océans primordiaux, apportant aussi des molécules organiques simples formées dans l'espace ou lors des impacts. La surface se refroidit progressivement, croûte solide se formant, volcans crachant des gaz qui enrichissent l'atmosphère, éclairs zébrant le ciel toxique, rayonnement ultraviolet solaire bombardant la surface sans la protection d'une couche d'ozone encore inexistante.

Vers 3,8 milliards d'années, les conditions sur Terre deviennent enfin compatibles avec la possibilité théorique de la vie. Des océans liquides couvrent une grande partie de la surface, température stabilisée entre 0 et 100°C permettant la chimie organique complexe. L'atmosphère, bien que toujours dépourvue d'oxygène, s'est stabilisée avec azote, dioxyde de carbone, vapeur d'eau. Des volcans actifs continuent de libérer des gaz et des minéraux. Des sources hydrothermales au fond des océans créent des gradients thermiques et chimiques. Des éclairs fournissent de l'énergie pour briser et recombiner des molécules. Le rayonnement ultraviolet solaire, non filtré par l'absence d'ozone, bombarde la surface avec une énergie considérable. Tous les éléments chimiques nécessaires à la vie sont présents : carbone, hydrogène, oxygène, azote, phosphore, soufre, plus des dizaines d'éléments traces. L'eau liquide, solvant universel de la biochimie, abonde. Des sources d'énergie multiples et puissantes opèrent continuellement. Des milliards d'années de temps s'étendent devant, durée apparemment illimitée pour que des processus chimiques aléatoires explorent l'espace des possibilités. Des océans entiers servent de "soupe chimique" où des trilliards de trilliards de molécules se rencontrent, réagissent, se séparent, se recombinent dans une expérimentation chimique à l'échelle planétaire. Tous les ingrédients sont là. Toutes les conditions semblent favorables. Le matérialiste affirme avec confiance que dans ces circonstances, la vie doit apparaître inévitablement, que c'est simplement une question de temps et de probabilités. Mais quelque chose manque crucialement, quelque chose que tous ces ingrédients, toutes ces conditions, tout ce temps ne peuvent fournir. Et c'est précisément là que la chaîne causale matérialiste s'arrête net, incapable de franchir le gouffre séparant la chimie de la vie.

Le gouffre infranchissable — De la chimie à la vie

La distinction entre molécules organiques et vie révèle un gouffre ontologique que le matérialisme ne peut franchir. Les molécules organiques simples se forment facilement, presque trivialmente, dans une variété de conditions. L'expérience Miller-Urey en 1953 le démontra spectaculairement : en simulant une atmosphère primitive hypothétique avec méthane, ammoniac, vapeur d'eau, en y appliquant des décharges électriques imitant les éclairs, Stanley Miller obtint en une semaine la formation d'acides aminés, briques de base des protéines. Les médias proclamèrent qu'on avait "créé la vie en laboratoire", affirmation grotesquement exagérée que Miller lui-même ne faisait pas. On a simplement produit quelques molécules organiques simples. Les acides aminés se trouvent même dans les météorites, formés par chimie abiotique dans l'espace. Les sucres se forment par réactions chimiques connues. Les bases azotées composant l'ADN peuvent se synthétiser par des voies chimiques explorées en laboratoire. Les lipides formant les membranes se produisent spontanément dans certaines conditions. Ces molécules organiques ne sont pas vie. L'analogie s'impose : avoir des briques ne signifie pas avoir une maison, avoir des lettres de l'alphabet ne signifie pas avoir un roman, avoir des notes de musique ne signifie pas avoir une symphonie. Il faut organisation spécifique, information codée, coordination fonctionnelle, architecture précise. Et tout cela doit exister simultanément, fonctionner ensemble dès le premier instant. Séparez les composants et vous n'avez que chimie morte. Assemblez-les correctement et vous avez vie. Le passage de l'un à l'autre constitue le mystère central que le matérialisme ne peut résoudre.

L'impossibilité de former des protéines fonctionnelles par hasard révèle l'ampleur mathématique du problème. Une protéine moyenne contient cent cinquante acides aminés. La vie utilise vingt types différents d'acides aminés. L'ordre dans lequel ces acides aminés s'enchaînent détermine entièrement la fonction de la protéine, exactement comme l'ordre des lettres détermine si un mot signifie quelque chose ou reste une suite aléatoire de caractères. Changez quelques acides aminés à des positions critiques et la protéine perd toute fonction, devient un polymère inutile incapable de catalyser la moindre réaction, de maintenir la moindre structure, de remplir le moindre rôle biologique. La probabilité d'obtenir par hasard pur une séquence fonctionnelle spécifique de cent cinquante acides aminés se calcule : vingt possibilités à chaque position, donc 20^150 combinaisons possibles, soit un sur 10^195. Pour contextualiser ce nombre inimaginablement grand : l'univers observable contient environ 10^80 atomes. Si chaque atome essayait une combinaison différente chaque seconde depuis le Big Bang (10^17 secondes), on obtiendrait 10^97 essais — toujours 10^98 fois insuffisant pour avoir une chance raisonnable de produire une seule protéine fonctionnelle. Et une cellule vivante même la plus simple nécessite non pas une protéine mais deux cent cinquante à quatre cents protéines différentes, chacune avec sa séquence spécifique, toutes devant fonctionner ensemble dans une coordination parfaite. Les probabilités deviennent 10^195 élevé à la puissance 250, nombre si astronomiquement grand que l'esprit humain ne peut le saisir. C'est mathématiquement impossible. Pas improbable. Pas difficile. Impossible.

Le problème circulaire de l'ADN et des protéines crée une impossibilité logique insurmontable. L'ADN stocke l'information génétique, les instructions précises pour fabriquer toutes les protéines dont l'organisme a besoin. Mais l'ADN ne peut se répliquer seul. La réplication de l'ADN nécessite des enzymes protéiques sophistiquées, notamment l'ADN polymérase, machine moléculaire qui lit le brin d'ADN existant et synthétise un nouveau brin complémentaire. Sans ces protéines, l'ADN reste une molécule inerte, incapable de se copier, incapable de transmettre son information. D'un autre côté, les protéines sont fabriquées selon les instructions codées dans l'ADN. L'information génétique est transcrite en ARN messager, l'ARN messager est traduit en protéine par les ribosomes selon le code génétique. Sans ADN fournissant les instructions, les protéines ne peuvent se former de manière spécifique et fonctionnelle. Le cercle vicieux est complet : l'ADN nécessite des protéines pour se répliquer, les protéines nécessitent l'ADN pour être fabriquées. Lequel est venu en premier ? Impossible que l'un évolue sans l'autre. Les deux doivent exister simultanément dès le début. Aucune évolution graduelle ne peut résoudre ce paradoxe. Seule une création simultanée de l'ensemble du système peut produire une cellule fonctionnelle.

L'information codée dans l'ADN révèle une propriété que la matière seule ne possède jamais. L'ADN fonctionne exactement comme un langage. Il utilise quatre "lettres" chimiques — adénine, thymine, guanine, cytosine (A, T, G, C). Ces lettres se combinent en "mots" de trois lettres appelés codons. Soixante-quatre codons possibles correspondent à vingt acides aminés selon un code universel arbitraire. La relation entre un codon et l'acide aminé qu'il code est conventionnelle, symbolique, non déterminée par les propriétés chimiques des molécules elles-mêmes, exactement comme la relation entre le son "chien" et l'animal réel est arbitraire, établie par convention linguistique. C'est précisément la définition d'un code symbolique. Dans toute notre expérience sans exception, l'information codée provient toujours d'une intelligence. Les livres ont des auteurs. Les logiciels ont des programmeurs. Les hiéroglyphes égyptiens révèlent l'existence d'Égyptiens intelligents qui les ont écrits. Les messages radio témoignent d'émetteurs intelligents. Jamais dans l'histoire de l'observation scientifique nous n'avons observé de l'information codée surgir spontanément du hasard. Jamais des lettres jetées au hasard ne forment un roman cohérent. Jamais du code informatique ne s'écrit spontanément par fluctuations aléatoires d'un disque dur. Jamais une partition de musique n'apparaît par arrangement fortuit de notes. Pourquoi l'ADN, portant une information infiniment plus complexe que n'importe quel livre humain, serait-il l'unique exception à cette règle universelle ? Le matérialiste demande un miracle qu'il refuse de nommer, une violation de tout ce que nous savons sur l'origine de l'information qu'il prétend expliquer par des processus naturels aveugles.

La complexité irréductible, concept développé rigoureusement par le biochimiste Michael Behe, désigne un système nécessitant toutes ses pièces simultanément pour fonctionner, où retirer une seule pièce détruit complètement la fonction, rendant impossible une construction graduelle par sélection naturelle car chaque étape intermédiaire serait non-fonctionnelle donc non-sélectionnable. Le flagelle bactérien illustre parfaitement ce concept : cette structure remarquable permet à certaines bactéries de nager en faisant tourner un filament hélicoïdal comme une hélice de bateau, propulsant la cellule à travers l'eau. Le flagelle nécessite environ quarante protéines différentes assemblées en une machine rotative comprenant un moteur moléculaire, un rotor, un stator, des joints universels, une hélice. Retirez une seule de ces protéines et le flagelle ne tourne plus, la bactérie ne nage plus, le système devient totalement non-fonctionnel. Comment un tel système pourrait-il évoluer graduellement ? Chaque étape intermédiaire incomplète ne fournirait aucun avantage sélectif, serait même désavantageuse en gaspillant les ressources cellulaires pour produire des protéines inutiles. La cascade de coagulation sanguine chez les mammifères nécessite environ vingt protéines agissant en séquence précise, chaque protéine activant la suivante comme des dominos tombant en série. Manquer une seule protéine et vous avez soit hémorragie mortelle (sang ne coagule pas) soit coagulation fatale (sang coagule trop facilement). Le système doit être complet dès le début pour fonctionner. Le système immunitaire des vertébrés, avec ses anticorps diversifiés, ses lymphocytes B et T, sa reconnaissance sophistiquée des antigènes, sa mémoire immunologique, représente une complexité époustouflante où chaque composant dépend de tous les autres. Partiellement formé, il ne protège pas et peut même devenir dangereux en attaquant les propres tissus de l'organisme.

La membrane cellulaire n'est pas simplement une enveloppe passive retenant le contenu cellulaire. C'est une structure sophistiquée exhibant une perméabilité sélective extraordinaire, contrôlant précisément quelles molécules entrent et sortent de la cellule. Des canaux protéiques spécifiques permettent le passage de certains ions (sodium, potassium, calcium) tout en bloquant d'autres. Des pompes protéiques utilisent l'énergie ATP pour transporter activement des substances contre leur gradient de concentration, maintenant les concentrations intracellulaires différentes de l'environnement externe. Des récepteurs membranaires détectent des signaux chimiques externes et déclenchent des réponses intracellulaires appropriées. Cette sophistication doit exister avec la cellule, pas après. Sans membrane fonctionnelle, les molécules organiques précieusement assemblées se dispersent immédiatement dans l'océan environnant, impossible de concentrer les réactifs nécessaires aux réactions biochimiques, impossible de maintenir les gradients chimiques essentiels au métabolisme, impossible de protéger les structures fragiles de l'hydrolyse destructive. Mais la formation d'une membrane fonctionnelle nécessite elle-même des protéines spécialisées intégrées dans la bicouche lipidique. Ces protéines sont codées par l'ADN. L'ADN doit être protégé dans une cellule. Le cercle vicieux se referme à nouveau.

Le métabolisme énergétique révèle une autre couche de complexité irréductible. Toute vie nécessite énergie sous forme d'ATP, adénosine triphosphate, molécule universelle transportant l'énergie dans toutes les cellules vivantes. La production d'ATP nécessite environ cent protéines coordonnées travaillant ensemble dans des voies métaboliques interconnectées : le cycle de Krebs, la chaîne de transport d'électrons, la phosphorylation oxydative. Ces processus se déroulent dans des compartiments cellulaires spécialisés (mitochondries chez les eucaryotes), nécessitent des membranes avec gradients électrochimiques précisément maintenus, dépendent de dizaines d'enzymes catalysant chacune une réaction spécifique dans une séquence ordonnée. Sans ATP, pas d'énergie pour synthétiser les protéines, pour répliquer l'ADN, pour transporter les substances à travers les membranes, pour accomplir aucune des fonctions cellulaires essentielles. La cellule meurt. Mais la production d'ATP nécessite les protéines qui ne peuvent être synthétisées sans ATP. Encore un cercle vicieux où tout doit fonctionner simultanément dès le début.

La nécessité de simultanéité complète dès le départ représente peut-être l'obstacle le plus insurmontable pour l'abiogenèse matérialiste. La cellule la plus simple connue, Mycoplasma genitalium, possède cinq cent quatre-vingts mille paires de bases d'ADN codant pour quatre cent soixante-dix gènes produisant quatre cent soixante-dix protéines différentes. Elle nécessite simultanément : l'ADN stockant toute l'information génétique, l'ARN transcrivant cette information, les ribosomes traduisant l'ARN en protéines, ces quatre cent soixante-dix protéines accomplissant chacune sa fonction spécifique dans une coordination parfaite, une membrane cellulaire maintenant l'intégrité structurelle et contrôlant les échanges, un métabolisme énergétique produisant l'ATP nécessaire à toutes ces opérations, un mécanisme de réplication copiant fidèlement tout ce système pour la reproduction. Retirez n'importe lequel de ces composants et la cellule meurt instantanément. Ajouter ces composants graduellement un par un est impossible car la cellule incomplète reste morte jusqu'à ce que tout soit en place. Le système doit exister complètement fonctionnel dès le premier instant. Aucune évolution graduelle par petites améliorations successives ne peut produire cette totalité cohérente. Seule une création simultanée de l'ensemble du système peut résulter en une cellule vivante.

70 ans d'échecs en laboratoire

Depuis 1953 quand **Stanley Miller** réalisa sa célèbre expérience produisant des acides aminés par décharges électriques dans un mélange gazeux, les scientifiques tentent avec détermination croissante de créer la vie en laboratoire. Les ressources investies sont colossales : des millions de dollars, les meilleurs laboratoires équipés des technologies les plus sophistiquées, les scientifiques les plus brillants consacrant leurs carrières entières à ce défi. Ces chercheurs possèdent des avantages inimaginables comparés aux processus naturels aveugles : tous les éléments chimiques disponibles dans des formes purifiées, pas les mélanges dilués et contaminés des océans primitifs ; contrôle total et précis de toutes les conditions expérimentales incluant température régulée au dixième de degré, pH ajusté finement, pression contrôlée, concentrations optimisées ; intelligence humaine maximale dirigeant consciemment chaque étape, concevant des stratégies, corrigeant les erreurs, explorant systématiquement les possibilités prometteuses ; équipement technologique de pointe valant des millions permettant de manipuler des molécules individuelles, de mesurer des réactions à l'échelle nanoseconde, de visualiser des structures à résolution atomique ; soixante-dix ans de tentatives continues, accumulation progressive de connaissances, collaboration mondiale partageant résultats et techniques. Si la vie pouvait émerger spontanément de la chimie par des processus naturels, ces conditions optimales devraient la produire facilement, rapidement, reproductiblement.

Le résultat après soixante-dix ans de tentatives intensives se résume brutalement : quelques acides aminés produits dans des conditions maintenant reconnues comme non-représentatives de la Terre primitive, quelques bases azotées synthétisées avec difficulté nécessitant des étapes multiples soigneusement contrôlées, quelques molécules organiques simples assemblées péniblement, des vésicules lipidiques formant des bulles rappelant vaguement des membranes mais dépourvues de toute fonctionnalité sophistiquée. Aucune cellule vivante. Jamais. Même pas proche. Même pas une "protocellule" exhibant simultanément métabolisme, reproduction et évolution. Les tentatives les plus avancées produisent au mieux des systèmes chimiques oscillants, des gouttes d'huile qui se divisent mécaniquement, des brins d'ARN courts catalysant péniblement une ou deux réactions simples dans des conditions artificielles soigneusement maintenues. Rien qui ressemble même de loin à la complexité intégrée, la robustesse, l'autonomie, l'adaptabilité d'une véritable cellule vivante capable de se reproduire fidèlement, de métaboliser des nutriments variés, de réparer ses dommages, de répondre à son environnement. L'argument implacable s'impose : si intelligence maximale combinée avec technologie sophistiquée combinée avec conditions parfaitement contrôlées combinées avec soixante-dix ans de tentatives déterminées égale échec complet, alors comment hasard aveugle combiné avec conditions chimiques chaotiques combinées avec absence totale d'intelligence combinées avec absence de toute vie préexistante pourraient-ils réussir ? La logique est inévitable. Si nous avec toutes nos capacités ne pouvons créer la vie en partant de chimie morte malgré nos efforts massifs, alors les processus naturels aveugles ne peuvent certainement pas l'accomplir. L'échec des scientifiques à créer la vie en laboratoire ne prouve pas leur incompétence mais au contraire confirme prophétiquement ce que Genèse 1:21 révélait il y a trois millénaires : la vie ne peut surgir de matière morte par processus naturels, elle nécessite BARA, création directe par Dieu, intervention transcendante introduisant une nouveauté ontologique radicale que les lois de la chimie seules ne peuvent produire.

Les hypothèses matérialistes — Toutes échouent

La "soupe primordiale" proposée dans les années 1920 par Oparin et Haldane imaginait les océans primitifs comme une solution diluée de molécules organiques se concentrant progressivement, réagissant entre elles, s'organisant spontanément en structures de plus en plus complexes jusqu'à franchir mystérieusement le seuil de la vie. L'expérience Miller-Urey en 1953 parut valider spectaculairement cette hypothèse en produisant des acides aminés par simulation d'une atmosphère primitive et application de décharges électriques. Les médias proclamèrent qu'on avait "prouvé" que la vie pouvait naître spontanément, affirmation qui persiste encore aujourd'hui dans l'imagination populaire. Mais cette hypothèse rencontre des problèmes fatals. Premièrement, l'atmosphère utilisée par Miller — méthane, ammoniac, vapeur d'eau — était réductrice, favorisant la formation de molécules organiques. Les géologues ont depuis établi que l'atmosphère primitive terrestre était probablement oxydante, composée de dioxyde de carbone et d'azote, conditions où les mêmes expériences ne produisent pas d'acides aminés. Deuxièmement, les molécules organiques formées se dégradent aussi rapidement qu'elles se forment dans ces conditions. Le rayonnement ultraviolet détruit les composés organiques. L'hydrolyse dans l'eau décompose les polymères. Aucun mécanisme ne protège ou concentre ces molécules fragiles. Troisièmement, l'expérience produit un mélange racémique, cinquante pour cent d'acides aminés lévogyres et cinquante pour cent dextrogyres, alors que la vie utilise exclusivement des acides aminés lévogyres. Ce mélange empêche la formation de protéines fonctionnelles car mélanger les deux formes détruit la structure tridimensionnelle nécessaire. Quatrièmement, même avec des acides aminés présents, aucun mécanisme connu ne peut les polymériser en protéines dans l'eau liquide car la réaction est défavorable thermodynamiquement, nécessitant énergie et catalyseurs spécifiques. Cinquièmement et plus fondamentalement, avoir des acides aminés n'explique absolument pas comment apparaît l'information codée spécifiant leur ordre précis dans les protéines fonctionnelles.

Le "monde à ARN" proposé dans les années 1980 tenta de résoudre le paradoxe ADN-protéines en postulant que l'ARN aurait précédé les deux, servant simultanément de stockage d'information comme l'ADN et de catalyseur comme les protéines, les ribozymes étant des molécules d'ARN capables de catalyser certaines réactions. Cette hypothèse ingénieuse rencontre elle aussi des obstacles insurmontables. L'ARN est chimiquement instable, se dégradant rapidement dans l'eau par hydrolyse, incapable de persister dans un océan primitif pendant les durées nécessaires. La formation spontanée d'ARN est encore plus improbable que celle des protéines. Le ribose, sucre composant l'ARN, est extrêmement difficile à synthétiser prébiotiquement et instable une fois formé. Attacher les bases azotées au ribose nécessite des conditions chimiques spécifiques difficilement réalisables naturellement. Polymériser les nucléotides en chaînes d'ARN fonctionnelles nécessite des conditions très particulières rarement rencontrées. Les ribozymes connus catalysent seulement des réactions très simples comparées à la sophistication des enzymes protéiques. Aucun ribozyme ne peut se répliquer lui-même de manière autonome et fidèle sans aide d'enzymes protéiques. L'hypothèse déplace donc le problème sans le résoudre : au lieu d'expliquer comment apparaissent ADN et protéines, elle doit expliquer comment apparaît l'ARN, problème tout aussi difficile. Et surtout, elle n'explique toujours pas comment surgit l'information codée spécifiant les séquences d'ARN fonctionnelles. L'information ne peut venir du hasard, elle nécessite intelligence.

La panspermie, hypothèse selon laquelle la vie serait arrivée sur Terre depuis l'espace via météorites ou comètes en provenance d'autres planètes ou systèmes stellaires, a séduit plusieurs scientifiques éminents incluant Fred Hoyle, astrophysicien célèbre, et remarquablement Francis Crick, co-découvreur de la structure de l'ADN et Prix Nobel. Crick proposa même la "panspermie dirigée", hypothèse audacieuse selon laquelle une intelligence extraterrestre avancée aurait intentionnellement semé la vie sur Terre. Cette proposition révèle involontairement l'échec du matérialisme : même Crick, matérialiste convaincu, trouvait l'émergence spontanée de la vie si incroyablement improbable qu'il préféra invoquer des extraterrestres intelligents. Mais la panspermie, dirigée ou non, ne résout strictement rien. Elle déplace simplement la question sans y répondre. D'accord, supposons que la vie terrestre vienne d'ailleurs dans l'univers. Cela n'explique pas comment elle est apparue ailleurs. Les mêmes problèmes d'abiogenèse s'appliquent exactement : comment la première vie est-elle apparue sur cette autre planète ? D'où viennent l'information codée, la complexité irréductible, la coordination fonctionnelle nécessaire ? Si vous invoquez une autre planète encore pour expliquer celle-ci, vous créez une régression infinie qui n'explique rien. Et si Crick invoque une intelligence extraterrestre créant la vie, il admet implicitement que la vie nécessite intelligence pour son origine, concession fatale au théisme qu'il cherchait désespérément à éviter. Car qui a créé les extraterrestres intelligents ? D'autres extraterrestres encore plus avancés ? La régression continue infiniment ou aboutit finalement à une Intelligence première incréée, non-contingente, éternelle — précisément Dieu.

Les sources hydrothermales sous-marines, hypothèse plus récente, propose que les cheminées hydrothermales au fond des océans, zones où l'eau surchauffée riche en minéraux jaillit du plancher océanique, auraient fourni l'environnement idéal pour l'origine de la vie. Ces sites offrent chaleur, minéraux divers, gradients chimiques et thermiques pouvant être exploités pour produire énergie, surfaces rocheuses pouvant catalyser des réactions. Mais cette hypothèse rencontre les mêmes problèmes fondamentaux. L'eau chaude déstabilise les molécules organiques, les décomposant plus rapidement qu'elles ne se forment. La dilution dans l'océan empêche la concentration nécessaire de réactifs. Aucune explication n'est fournie pour l'origine de l'information codée dans l'ADN. Aucune explication pour la complexité irréductible nécessitant tous les composants simultanément. Aucune démonstration expérimentale qu'une cellule vivante pourrait émerger dans ces conditions. L'hypothèse déplace l'environnement supposé de l'abiogenèse mais ne résout aucun des problèmes fondamentaux. Après des décennies de recherches sur ces sites, aucune percée n'a été réalisée vers la création de vie en laboratoire sous conditions hydrothermales. Le gouffre demeure infranchissé.

Ce que les scientifiques honnêtes admettent

Francis Crick, co-découvreur de la structure de l'ADN avec James Watson en 1953, lauréat du Prix Nobel de médecine en 1962, matérialiste athée convaincu toute sa vie, écrivit avec une honnêteté remarquable : "Un homme honnête, armé de toute la connaissance disponible aujourd'hui, ne pourrait qu'affirmer que l'origine de la vie apparaît actuellement comme étant presque un miracle, tant les conditions qu'elle aurait dû satisfaire pour apparaître sont nombreuses." Crick, qui dédia des décennies à étudier les origines de la vie, qui comprenait mieux que presque quiconque la complexité stupéfiante de la machinerie moléculaire cellulaire, qui aurait voulu désespérément expliquer la vie naturalistically, finit par admettre que l'origine de la vie ressemble à un miracle. Cette admission d'un des plus grands biologistes moléculaires du vingtième siècle possède un poids immense.

Fred Hoyle, astrophysicien brillant qui contribua significativement à notre compréhension de la nucléosynthèse stellaire, athée pendant la majeure partie de sa vie, formula l'analogie désormais célèbre : "La probabilité que la vie émerge par hasard est comparable à la probabilité qu'une tornade traversant un parc à ferraille assemble un Boeing 747 parfaitement fonctionnel." Cette comparaison saisissante capture l'ampleur du problème probabiliste. Un Boeing 747 contient des millions de pièces qui doivent être assemblées dans un ordre et arrangement précis pour que l'avion fonctionne. Personne ne croirait qu'une tornade pourrait accomplir cet assemblage même si elle passait des milliards d'années à brasser des pièces. Pourtant une cellule vivante est infiniment plus complexe qu'un 747. L'analogie, loin d'être exagérée, sous-estime probablement la difficulté.

Paul Davies, physicien théoricien respecté, auteur de nombreux livres de vulgarisation scientifique, agnostique, écrivit : "L'origine de la vie reste l'un des grands mystères de la science. Comment des substances chimiques inertes et sans but ont-elles spontanément généré des systèmes d'une complexité et d'une organisation aussi stupéfiantes ? Nous n'avons absolument aucune idée de comment cela s'est produit." Davies, après avoir examiné toutes les hypothèses proposées, conclut que nous sommes fondamentalement ignorants du processus. Cette admission est significative venant d'un scientifique qui ne rejette pas la possibilité d'une explication naturelle mais reconnaît honnêtement que nous n'en avons aucune actuellement.

Leslie Orgel, biochimiste qui consacra sa carrière à l'étude de l'origine de la vie, expert mondial reconnu dans ce domaine, déclara avec franchise : "Il est extrêmement improbable qu'on trouve jamais une origine de la vie 'plausible' basée uniquement sur la chimie. Il y a trop d'étapes nécessitant des conditions trop précises qui se contredisent mutuellement." Cette observation capture un problème fondamental rarement mentionné : les différentes étapes hypothétiques vers la vie nécessitent des conditions chimiques incompatibles. Les conditions favorisant la formation d'acides aminés détruisent les bases azotées. Les conditions permettant la polymérisation décomposent les monomères. Les pH optimaux pour différentes réactions sont contradictoires. L'origine de la vie nécessiterait une séquence de miracles chimiques se produisant successivement dans des conditions changeant opportunément à chaque étape.

Harold Urey, Prix Nobel de chimie pour sa découverte du deutérium, mentor de Stanley Miller dans la célèbre expérience Miller-Urey, réfléchissant sur l'origine de la vie écrivit : "Tous ceux d'entre nous qui étudient l'origine de la vie pensent que c'est un phénomène extrêmement rare et complexe. Nous sommes tous surpris que cela se soit produit du tout." Cette surprise, cette perplexité face à l'existence même de la vie révèle que les scientifiques spécialistes du domaine ne considèrent pas l'émergence de la vie comme un processus naturel simple et probable. Ils la voient comme un événement extraordinairement improbable, presque miraculeux.

George Wald, Prix Nobel de physiologie pour ses travaux sur les processus visuels, biologiste éminent, écrivit une phrase révélatrice exhibant la tension intellectuelle des matérialistes honnêtes : "On a seulement à concevoir la magnitude de cette tâche pour concéder que la génération spontanée d'un organisme vivant est impossible. Pourtant nous sommes ici — comme un résultat, je crois, de génération spontanée." Wald admet explicitement l'impossibilité de l'abiogenèse puis affirme immédiatement y croire quand même. Cette contradiction flagrante révèle que sa croyance en la génération spontanée n'est pas fondée sur la science ou la logique mais constitue un acte de foi matérialiste, un refus a priori de considérer l'alternative théiste quelle que soit l'évidence.

Ces citations de scientifiques éminents, spécialistes reconnus dans leurs domaines, révèlent un consensus rarement communiqué au public : l'origine de la vie reste profondément mystérieuse, les probabilités semblent astronomiquement défavorables, aucune hypothèse naturaliste n'est convaincante, le gouffre entre chimie et vie demeure infranchissable malgré soixante-dix ans de recherches intensives. La stratégie matérialiste devient alors la "promesse perpétuelle" : depuis 1960, le discours reste identique, "nous n'avons pas encore résolu l'origine de la vie mais nous progressons, dans le futur nous comprendrons certainement." An 1980 : "Nous ne comprenons pas encore mais bientôt..." An 2000 : "Nous ne comprenons pas encore mais bientôt..." An 2025 : "Nous ne comprenons pas encore mais bientôt..." À quel moment admet-on honnêtement l'échec ? À quel moment reconnaît-on que peut-être l'approche matérialiste elle-même est fondamentalement erronée ? Les scientifiques théistes observent cette impasse et suggèrent : peut-être que la vie ne peut émerger naturalistically parce qu'elle nécessite création surnaturelle, intervention d'une Intelligence transcendante, BARA divin. Cette explication, rejetée a priori par les matérialistes non pour des raisons scientifiques mais par présupposition philosophique, résout élégamment tous les problèmes : l'information codée provient d'une Intelligence, la complexité irréductible provient d'une conception simultanée, la coordination fonctionnelle provient d'un Créateur intentionnel.

Objections matérialistes réfutées

L'objection selon laquelle "les atomes bougent donc il y a continuité vers la vie" révèle une confusion catégorielle fondamentale entre mouvement physique et vie biologique. Tout dans l'univers bouge à un certain niveau. Les atomes vibrent thermiquement selon les lois de la thermodynamique. Les électrons orbitent autour des noyaux atomiques selon les lois de la mécanique quantique. Les planètes tournent autour des étoiles selon les lois de la gravitation. Les flammes montent et dansent selon les lois de la thermodynamique et de la dynamique des fluides. Les rivières coulent suivant la gravité et la topographie. Les cristaux croissent par addition progressive de molécules selon leur structure cristalline déterminée. Les tornades tourbillonnent selon les principes de la dynamique des fluides. Tout cela bouge. Rien de cela n'est vivant. Le mouvement est une propriété physique universelle. La vie est une catégorie ontologique spécifique possédant des propriétés qui transcendent complètement le simple mouvement.

Les propriétés distinctives de la vie révèlent un gouffre qualitatif infranchissable. La finalité intrinsèque caractérise toute vie : un organisme vivant est orienté vers des buts — survie, croissance, reproduction — exhibant une téléologie interne totalement absente du mouvement atomique aveugle.

Un atome qui vibre obéit à des lois physiques sans but, sans intention, sans direction. Un être vivant agit purposivement pour maintenir son existence contre l'entropie. Le métabolisme distingue absolument vie de non-vie : la vie transforme activement matière et énergie pour maintenir une organisation complexe contre la tendance naturelle vers le désordre, construisant constamment des structures ordonnées à partir de matériaux désordonnés, phénomène qui viole apparemment la seconde loi de la thermodynamique localement tout en l'obéissant globalement. L'information codée caractérise toute vie : l'ADN contient des instructions spécifiques, fonctionnelles, codées selon un système symbolique arbitraire, propriété totalement absente du mouvement atomique. Un atome ne "code" rien, ne "signifie" rien, ne transmet aucune "instruction". La reproduction distingue vie de non-vie : la vie génère de nouveaux individus semblables portant la même information génétique, capacité d'auto-réplication que les atomes inertes ne possèdent jamais. L'adaptation et la réponse coordonnée aux stimuli révèlent que même l'organisme unicellulaire le plus simple répond de manière intégrée, appropriée à son environnement, manifestant une sophistication de contrôle que le mouvement atomique aléatoire ne peut produire. L'homéostasie, capacité de réguler activement les conditions internes malgré les variations externes, maintenant température, pH, concentrations chimiques dans des plages précises nécessaires au fonctionnement, révèle une régulation active absente du mouvement physique passif.

Si "bouger égale vivant" comme l'objection le suggère, alors toute chose dans l'univers serait vivante : les électrons tournant autour des noyaux, les photons voyageant à la vitesse de la lumière, les galaxies tournant majestueusement sur des millions d'années, les atomes vibrant dans une pierre froide. Cette conclusion absurde révèle que l'argument confond des catégories radicalement différentes. Le matérialiste doit alors choisir : soit admettre que tout est vivant, position panthéiste ou animiste qui détruit complètement la distinction scientifique entre vivant et non-vivant ; soit admettre que mouvement n'égale pas vie, reconnaissant ainsi qu'il existe un saut qualitatif, ontologique entre matière inerte en mouvement et vie biologique, saut que les processus physiques seuls ne peuvent franchir. Le vrai gouffre persiste même en accordant que des molécules organiques complexes peuvent se former et "bouger" par mouvement brownien ou réactions chimiques. Des acides aminés, des sucres, des lipides peuvent se former abiotiquement et "bouger" constamment par agitation thermique. Mais ces molécules obéissent aveuglément aux lois chimiques, se combinent et décomposent selon les affinités chimiques, ne possèdent aucune finalité, aucune information codée, aucune capacité de reproduction coordonnée. Une première cellule vivante possède ADN avec trois milliards de paires de bases codant information spécifique, centaines de protéines différentes travaillant en coordination sophistiquée, membrane avec perméabilité sélective complexe, métabolisme énergétique avec réseaux de réactions régulées, capacité de reproduction copiant fidèlement toute cette complexité. Tout doit fonctionner simultanément dès le début. Le passage de molécules organiques qui bougent à cellule vivante qui vit n'est pas quantitatif mais qualitatif. Ce n'est pas plus de mouvement mais nouvelle catégorie d'être.

L'objection du clonage prétendant que "nous pouvons créer la vie en laboratoire" révèle soit ignorance profonde soit malhonnêteté délibérée. Le clonage ne crée strictement rien. Il copie une vie déjà existante en utilisant comme matériau de départ des cellules vivantes avec toute leur machinerie moléculaire fonctionnelle. Le processus de clonage prend une cellule somatique vivante contenant l'ADN complet de l'organisme à cloner, prend un ovule vivant d'un autre organisme possédant tous ses organelles, ribosomes, mitochondries, sa machinerie de réplication déjà opérationnelle, retire le noyau de cet ovule, insère le noyau de la cellule à cloner dans l'ovule énucléé, stimule électriquement ou chimiquement pour déclencher la division cellulaire, l'ovule déjà vivant commence à se diviser utilisant sa propre machinerie préexistante pour lire les instructions du nouvel ADN inséré, implante cet embryon dans l'utérus d'une mère vivante qui le porte et le nourrit pendant la gestation. À aucun moment on ne part de matière morte. À aucun moment on ne crée la vie de zéro. On utilise toujours cellule vivante, ADN vivant, machinerie cellulaire vivante, mère vivante. L'analogie s'impose : photocopier un livre n'est pas écrire un livre. Prendre un livre existant, le placer dans une photocopieuse existante, appuyer sur un bouton ne fait pas de vous l'auteur du livre. Personne ne dirait "J'ai créé un livre en le photocopiant." Pourquoi accepterions-nous cette prétention absurde pour la vie ?

Craig Venter en 2010 annonça avec fanfare avoir créé "la première cellule synthétique", affirmation répétée sans nuance par les médias enthousiastes proclamant que "les scientifiques ont créé la vie." La réalité était infiniment plus modeste. L'équipe de Venter prit la séquence complète d'ADN d'une bactérie existante bien connue, Mycoplasma mycoides, synthétisa chimiquement une copie de cet ADN génome complet, inséra cet ADN synthétique dans une cellule bactérienne vivante d'une espèce différente dont ils avaient préalablement retiré l'ADN original. La cellule vivante hôte, avec toute sa machinerie cellulaire préexistante — ribosomes, membranes, métabolisme — prit l'ADN synthétique inséré et commença à l'exprimer, se transformant progressivement en clone de l'espèce dont l'ADN provenait. Qu'est-ce qui a été "créé" exactement ? Ils ont copié un ADN existant, l'ont inséré dans une cellule vivante qui a fait tout le travail difficile. L'analogie s'impose à nouveau : prendre un ordinateur fonctionnel, retirer le disque dur, insérer un nouveau disque dur contenant une copie d'un système d'exploitation existant, l'ordinateur démarre. Prétendre avoir "créé un ordinateur" serait absurde. Venter a utilisé une cellule vivante entière comme "ordinateur", copié un "système d'exploitation" biologique existant, inséré la copie, la cellule a fonctionné. Rien n'a été créé de novo. Toute la complexité préexistait soit dans l'ADN copié soit dans la cellule hôte utilisée.

L'échec même du clonage malgré intelligence humaine maximale renforce l'argument contre l'abiogenèse par hasard. Pour cloner Dolly la brebis en 1996, l'équipe écossaise nécessita deux cent soixante-dix-sept tentatives obtenant un seul succès, taux de réussite de 0,36%. Pour cloner avec intelligence humaine dirigeant consciemment chaque étape, technologie sophistiquée de plusieurs millions de dollars, conditions de laboratoire parfaitement contrôlées, utilisation de cellules vivantes fournissant toute la machinerie biologique complexe, le taux de réussite reste inférieur à un pour cent. Comment alors le hasard aveugle sans intelligence, sans technologie, sans conditions contrôlées, sans vie préexistante à exploiter, aurait-il pu accomplir ce que nos meilleurs scientifiques réussissent à peine dans moins d'un pour cent des cas ? L'argument se retourne complètement contre les matérialistes. Le clonage, loin de prouver que la vie peut être créée facilement, prouve que même copier la vie existante avec intelligence maximale reste extraordinairement difficile. Créer la vie de zéro à partir de chimie morte serait infiniment plus difficile encore, si difficile que soixante-dix ans de tentatives n'ont produit aucun résultat même marginal.

L'objection des asticots apparaissant dans la viande pourrie comme "preuve de génération spontanée" révèle une ignorance sidérante de trois cent cinquante ans de science. Cette croyance — que la vie surgit spontanément de matière en décomposition — a été définitivement réfutée il y a trois siècles et demi par Francesco Redi en 1668, puis confirmée magistralement par Louis Pasteur en 1862. Invoquer cette objection aujourd'hui équivaut à invoquer la Terre plate comme preuve que le Soleil tourne autour de nous. Francesco Redi, médecin italien, réalisa une expérience d'une simplicité dévastatrice. Il plaça de la viande fraîche dans deux bocaux identiques : le premier ouvert, accessible aux mouches ; le second couvert d'une gaze fine empêchant les mouches d'atteindre la viande tout en permettant à l'air de circuler. Après plusieurs jours de décomposition identique dans les deux bocaux, le bocal ouvert grouillait d'asticots alors que le bocal couvert n'en contenait aucun malgré la putréfaction avancée de la viande. Plus révélateur encore, les mouches attirées par l'odeur de la viande couverte, incapables de l'atteindre, pondirent leurs œufs directement sur la gaze. Ces œufs devinrent des asticots sur la gaze, pas dans la viande. Cette observation prouva définitivement que les asticots ne surgissent pas spontanément de la viande pourrie mais proviennent d'œufs pondus par des mouches vivantes. Omne vivum ex vivo — tout vivant provient du vivant.

Deux siècles plus tard, des matérialistes persistaient à croire que les micro-organismes au moins surgissaient spontanément des bouillons nutritifs. Louis Pasteur détruisit cette dernière illusion avec son expérience célèbre des flacons à col de cygne. Il créa des flacons avec un col en forme de S permettant à l'air de passer librement mais piégeant les poussières et microbes de l'air dans la courbure du col. Le bouillon nutritif à l'intérieur, bien qu'exposé à l'air, resta stérile indéfiniment — certains de ces flacons originaux conservés au musée Pasteur à Paris sont toujours stériles aujourd'hui, cent soixante ans plus tard. Mais dès qu'on cassait le col, permettant aux microbes de l'air d'atteindre directement le bouillon, la contamination apparaissait en vingt-quatre heures. Pasteur prouva ainsi magistralement que même les micro-organismes ne surgissent jamais spontanément mais proviennent toujours de micro-organismes préexistants transportés par l'air, les poussières, les surfaces. Devant l'Académie des Sciences française en 1864, Pasteur déclara avec autorité : "La génération spontanée est une chimère. Jamais la matière morte n'a produit de vie. Cette doctrine, qui remonte à Aristote, est morte. Je lui ai porté le coup fatal."

Ce qui se produit réellement quand des asticots "apparaissent" dans la viande pourrie démontre exactement le contraire de la génération spontanée. La viande en décomposition libère des molécules chimiques odorantes — cadavérine, putrescine, indole, scatole, ammoniac, sulfure d'hydrogène — détectables par les mouches à plusieurs kilomètres de distance grâce à leurs récepteurs olfactifs extraordinairement sensibles. Ces odeurs déclenchent l'instinct de reproduction des mouches femelles qui volent vers la source et pondent leurs œufs, minuscules, mesurant environ un demi-millimètre, pratiquement invisibles à l'œil nu, sur ou près de la viande. Ces œufs ne sont pas "matière morte" attendant de devenir vie. Ce sont des structures vivantes contenant l'embryon complet de la larve avec son ADN, sa machinerie cellulaire, ses réserves nutritives, simplement en dormance exactement comme une graine de plante paraît inerte mais contient un embryon vivant qui germera dans les bonnes conditions. En huit à vingt-quatre heures selon la température ambiante, ces œufs éclosent, les larves émergent, commencent immédiatement à se nourrir de la viande en décomposition, grandissent rapidement car elles sont machines à manger optimisées par des millions d'années d'évolution pour cette fonction spécifique. Rien de spontané. Rien de mystérieux. Tout suit un cycle de vie parfaitement déterminé, programmé génétiquement, reproduisant exactement la séquence que la mouche-mère a elle-même suivie quand elle était larve issue d'un œuf pondu par sa propre mère. Vie vient toujours de vie. Jamais de matière morte.

L'ironie dévastatrice mérite d'être soulignée. La mouche elle-même, avec son cycle de vie complexe traversant quatre stades métamorphiques distincts — œuf, larve, pupe, adulte — son comportement de ponte programmé génétiquement détectant chimiquement les substrats de décomposition appropriés, ses récepteurs olfactifs capables de distinguer des centaines de molécules odorantes différentes et de localiser leur source à des kilomètres, sa capacité de vol sophistiquée nécessitant une coordination musculaire et sensorielle extraordinaire impliquant des centaines de muscles travaillant en synchronisation parfaite, son système nerveux intégrant des informations visuelles, olfactives, tactiles en temps réel pour naviguer dans l'espace tridimensionnel... témoigne précisément de l'impossibilité de la génération spontanée. Une telle complexité organisée, une telle information codée dans son génome, une telle coordination fonctionnelle à tous les niveaux de son organisation ne peuvent surgir du hasard. Elles révèlent conception intelligente, programmation génétique sophistiquée, création intentionnelle. Les asticots ne prouvent pas que la vie surgit spontanément de matière morte. Ils prouvent exactement l'inverse : même dans les conditions de décomposition organique chimiquement les plus favorables, même avec tous les éléments nécessaires présents en abondance, même avec énergie et catalyseurs disponibles, la vie ne surgit jamais spontanément. Elle provient toujours, sans exception jamais observée en trois siècles et demi d'observation scientifique rigoureuse, de vie préexistante. Si après 3,8 milliards d'années de vie sur Terre, après des trilliards de cadavres en décomposition, après des conditions chimiques optimales reproduites naturellement des milliards de milliards de fois, la vie ne surgit jamais spontanément de matière morte, c'est parce que c'est impossible. C'est parce que la vie nécessite création directe. C'est parce que Genèse 1:21 révèle prophétiquement la vérité que trois siècles de science confirment : BARA, Dieu créa la vie.

Les microbes — Premiers vivants, même BARA nécessaire

Les microbes, bien qu'invisibles à l'œil nu et longtemps insoupçonnés, sont indubitablement des êtres vivants à part entière. Bactéries, archées, certains champignons unicellulaires, protozoaires possèdent toutes les propriétés définissant la vie : organisation cellulaire complète avec membrane, cytoplasme, matériel génétique ; métabolisme transformant matière et énergie selon des voies biochimiques complexes ; croissance augmentant leur masse par synthèse de nouveaux composants ; reproduction par division cellulaire ou conjugaison créant de nouveaux individus génétiquement identiques ou recombinés ; réponse aux stimuli environnementaux par chimiotaxie se déplaçant vers nutriments ou loin de toxines ; homéostasie régulant leur milieu interne ; information génétique codée dans l'ADN dirigeant toutes ces opérations. Leur invisibilité ne signifie nullement simplicité. Un microbe unicellulaire constitue une usine nanométrique d'une sophistication stupéfiante, plus complexe que n'importe quelle technologie humaine à échelle comparable.

Les premiers fossiles de vie terrestre, datés à environ 3,8 milliards d'années, révèlent des stromatolithes, structures lamellaires formées par des communautés de cyanobactéries. Ces micro-organismes anciens possédaient déjà une complexité extraordinaire : ADN complet avec plusieurs millions de paires de bases codant pour des centaines de gènes, machinerie complète de réplication copiant fidèlement cet ADN, ribosomes synthétisant les protéines selon les instructions génétiques, membrane cellulaire sophistiquée contrôlant les échanges avec l'environnement, métabolisme énergétique complet incluant remarquablement la photosynthèse transformant lumière solaire en énergie chimique. Aucune forme "pré-vie" ou "proto-cellule" intermédiaire n'a jamais été découverte dans les archives fossiles. Les plus anciennes traces de vie montrent des bactéries déjà complètes, pleinement fonctionnelles, possédant toute la machinerie moléculaire nécessaire pour métaboliser, croître, se reproduire. Cette apparition soudaine de vie complètement formée dans les archives géologiques constitue un mystère majeur pour le gradualisme darwinien mais correspond exactement à ce que la création par BARA prédirait.

Le gouffre séparant chimie organique de microbe vivant demeure identique à celui séparant chimie de toute vie. Même la bactérie la plus simple connue, Mycoplasma genitalium, génome minimal parmi les organismes vivants autonomes, possède cinq cent quatre-vingts mille paires de bases d'ADN codant pour quatre cent soixante-dix gènes produisant quatre cent soixante-dix protéines différentes. La probabilité de former par hasard pur une seule séquence d'ADN fonctionnelle de cette longueur atteint 4^580000 possibilités (quatre bases nucléotidiques possibles à chaque position) égalant 10^350000, nombre si colossalement grand qu'il transcende toute possibilité physique dans notre univers contenant "seulement" 10^80 atomes. Même ce génome "minimal" nécessite simultanément ADN stockant information, ARN polymérase transcrivant cette information, ribosomes traduisant ARN en protéines, ces quatre cent soixante-dix protéines accomplissant chacune sa fonction spécifique dans une coordination orchestrée, membrane cellulaire maintenant intégrité et contrôlant échanges, métabolisme énergétique produisant ATP nécessaire à toutes ces opérations. Retirer n'importe lequel de ces composants et la bactérie meurt instantanément. Le système doit exister complètement fonctionnel dès le début. Aucune construction graduelle pièce par pièce n'est possible car la cellule incomplète reste morte jusqu'à ce que tout soit en place simultanément.

Genèse 1 révèle prophétiquement cette nécessité de création directe pour toute vie. Le verset 21 déclare : "Dieu créa (BARA) les grands animaux marins et tous les êtres vivants (nephesh) qui se meuvent, que les eaux produisirent abondamment selon leur espèce." L'expression "tous les êtres vivants" possède potentiellement une portée universelle incluant toute vie biologique, des microbes les plus primitifs aux organismes les plus complexes. Les premières formes de vie sur Terre furent effectivement des microbes marins, exactement ce que le texte biblique mentionne en premier. Le terme hébreu nephesh, traduit "âme vivante" ou "être vivant", désigne principalement la vie animale consciente possédant sensation et mouvement volontaire, niveau ontologique supérieur à la simple vie végétative des plantes. Les microbes ne possèdent pas nephesh au sens strict car ils manquent de système nerveux, de sensation subjective, d'émotion, de mouvement véritablement volontaire. Leur chimiotaxie constitue une réaction chimique automatique, non un choix intentionnel. Ils appartiennent au niveau de vie végétative comme les plantes : métabolisme, croissance, reproduction, mais sans conscience. Néanmoins, même ce niveau de vie, bien qu'ontologiquement inférieur à la vie consciente, nécessite BARA car le passage de chimie morte à vie métabolisante demeure impossible par processus naturels seuls.

La position théologique la plus cohérente affirme que tous les niveaux de vie biologique — microbes et plantes (vie végétative), animaux (vie consciente/nephesh), homme (vie spirituelle/image de Dieu) — nécessitent création directe par Dieu car tous transcendent ce que la chimie seule peut produire. Genèse 1:21 marque le premier BARA biologique, création initiale de toute vie, avec emphase particulière sur nephesh car cette rupture ontologique (matière inerte vers conscience sentiente) constitue le saut le plus manifeste et significatif. Mais ce premier BARA biologique englobe aussi implicitement la création de toute vie, incluant les formes de vie végétative nécessaires comme fondement. L'analogie s'impose : Genèse 1:1 déclare "Dieu créa les cieux et la terre" sans répéter BARA pour chaque étoile, planète, galaxie individuellement ; ce BARA initial couvre toute réalité physique. De même, Genèse 1:21 "Dieu créa les êtres vivants" constitue le BARA initial couvrant toute réalité biologique. Les plantes mentionnées au jour 3 sans BARA explicite, les microbes non mentionnés explicitement mais logiquement premiers chronologiquement, sont inclus dans ce BARA biologique fondamental car tous partagent la propriété essentielle nécessitant création surnaturelle : ils possèdent vie, métabolisme actif contre entropie, information codée spécifiant leur organisation, capacité de reproduction fidèle. Ces propriétés ne peuvent émerger de chimie aveugle. Elles nécessitent BARA.

L'existence même des microbes avec leur complexité moléculaire stupéfiante malgré leur taille microscopique témoigne puissamment contre l'abiogenèse matérialiste et pour la création intelligente. Si l'intelligence humaine maximale combinée avec technologie sophistiquée ne peut créer même le microbe le plus simple en partant de chimie pure après soixante-dix ans de tentatives déterminées, alors les processus naturels aveugles ne peuvent certainement pas l'accomplir. Les microbes ne sont pas "simples" parce qu'invisibles. Leur invisibilité cache une complexité comparable à celle d'organismes multicellulaires beaucoup plus grands. Une bactérie typique contient des millions de protéines coordonnées, des milliers d'enzymes catalysant des réactions spécifiques, un génome complet avec des millions de paires de bases d'information codée, une membrane avec des centaines de canaux et pompes protéiques régulant précisément les échanges, un métabolisme avec des dizaines de voies biochimiques interconnectées. Cette sophistication révèle conception, programmation, création intentionnelle. Elle pointe inévitablement vers un Créateur intelligent, confirmant prophétiquement ce que Genèse 1:21 révélait il y a trois millénaires : la vie, à tous ses niveaux depuis les microbes les plus petits jusqu'aux baleines les plus grandes, procède de BARA, création directe par Dieu transcendant les possibilités de la chimie seule.

Genèse révèle prophétiquement les trois BARA

Pourquoi Genèse utilise-t-elle le verbe BARA seulement trois fois dans tout le récit de la création alors que Dieu accomplit de nombreux actes créateurs ? Cette sélectivité possède une signification théologique profonde révélant la structure ontologique de la réalité. BARA en hébreu biblique désigne exclusivement l'acte créateur divin, faire surgir l'être du néant absolu, introduire une nouveauté ontologique radicale que les processus naturels seuls ne peuvent produire. Ce verbe n'a qu'un seul sujet possible dans toute la Bible hébraïque : Elohim, Dieu. Jamais un humain ne BARA, jamais un ange ne BARA, jamais aucune créature quelle qu'elle soit ne BARA. Cette exclusivité grammaticale absolue signale une vérité ontologique : la puissance créatrice ex nihilo distingue absolument le Créateur de toute créature. Entre les trois occurrences de BARA, Genèse utilise d'autres verbes hébreux pour décrire l'action divine : ASAH signifiant faire, fabriquer, transformer quelque chose en autre chose ; YATSAR signifiant former, façonner à partir d'une matière existante comme un potier façonne l'argile. Ces verbes peuvent avoir des sujets humains car ils décrivent des opérations sur du matériel préexistant. Mais tirer l'être du néant absolu, créer la matière elle-même sans matériau, introduire une rupture ontologique radicale entre deux niveaux d'être, cela c'est BARA et seul Dieu peut BARA.

Le premier BARA apparaît au verset 1 : "Au commencement, Dieu créa (BARA) les cieux et la terre." Ce BARA inaugural marque la création de toute réalité physique — espace, temps, matière, énergie, lois physiques. Avant cet acte, rien de créé n'existait. Après, l'univers entier existe. C'est le passage absolu du néant à l'être, création ex nihilo au sens le plus strict. La science moderne confirme remarquablement cette vérité biblique révélée prophétiquement il y a trois millénaires : le Big Bang établit que l'univers a commencé à exister il y a un temps fini, que rien de physique n'existait "avant" car le temps lui-même commence avec l'univers. La cosmologie décrit magnifiquement comment l'univers évolue après ce commencement initial — expansion, refroidissement, formation des structures — mais elle ne peut expliquer pourquoi ce commencement se produit, pourquoi quelque chose commence à exister plutôt que le néant persiste éternellement. Seul BARA répond à cette question ultime : Dieu crée, volontairement, librement, intentionnellement, faisant surgir du néant absolu toute réalité physique par sa parole toute-puissante.

Le deuxième BARA apparaît au verset 21 : "Dieu créa (BARA) les grands animaux marins et tous les êtres vivants qui se meuvent (nephesh hayah), que les eaux produisirent abondamment selon leur espèce, et tout oiseau ailé selon son espèce." Ce BARA marque la création de la vie consciente, animale, sentiente. Le terme crucial nephesh (נֶפֶשׁ) désigne l'âme vivante consciente, la vie possédant sensation, émotion, perception subjective, mouvement volontaire. Les plantes mentionnées au jour 3 ne reçoivent pas ce terme ; Dieu dit simplement "Que la terre produise de la verdure." Les plantes possèdent vie biologique mais pas nephesh, pas conscience. Elles métabolisent, croissent, se reproduisent selon des processus biologiques sophistiqués mais ne sentent rien subjectivement, n'éprouvent aucune expérience vécue de l'intérieur. Les animaux aquatiques et oiseaux créés au jour 5 reçoivent nephesh. Ils possèdent vie biologique plus conscience sentiente. Ils voient, entendent, goûtent, ressentent la douleur et le plaisir, désirent, évitent, mémorisent, anticipent. Cette rupture ontologique — passage de matière inerte ou de vie végétative non-consciente vers vie animale consciente — nécessite BARA car elle introduit une dimension nouvelle que les processus naturels seuls ne peuvent produire. Les soixante-dix ans d'échecs scientifiques à créer la vie en laboratoire, les impossibilités probabilistes, l'information codée nécessitant intelligence, la complexité irréductible nécessitant conception simultanée, tout confirme que ce saut nécessite création surnaturelle directe.

Le troisième BARA apparaît au verset 27 : "Dieu créa (BARA) l'homme à son image, il le créa à l'image de Dieu, il créa (BARA, répété trois fois dans ce verset pour emphase) l'homme et la femme." Ce BARA final marque la création de l'esprit humain, de la conscience réflexive, de la dimension spirituelle distinguant radicalement l'homme de tous les animaux. L'homme possède tout ce que les animaux possèdent — vie biologique, nephesh, conscience sentiente — plus une dimension supplémentaire que Genèse désigne "image de Dieu." Cette image divine se manifeste dans des capacités exclusivement humaines : conscience réflexive permettant le "je sais que je sais", retour de la conscience sur elle-même dans une récursivité infinie ; raison abstraite saisissant vérités universelles, éternelles, nécessaires transcendant l'expérience immédiate ; langage symbolique créatif avec productivité infinie permettant expression de pensées jamais exprimées auparavant ; liberté choisissant rationnellement entre alternatives selon des raisons plutôt que déterminé mécaniquement par causes ; conscience morale reconnaissant bien et mal objectifs transcendant préférences personnelles ; quête métaphysique cherchant origine, sens, finalité, Dieu ; capacité de relation personnelle avec le Créateur adorant, obéissant, communiant volontairement. Aucune évolution graduelle depuis la vie animale ne peut produire ces capacités. Les chapitres 9 à 13 de ce livre l'ont démontré exhaustivement. Cette rupture ontologique nécessite BARA, création directe par Dieu conférant son image à l'homme.

La structure révélatrice émerge : trois BARA marquent trois ruptures ontologiques majeures où des niveaux d'être radicalement nouveaux sont introduits, niveaux que les processus naturels opérant sur le niveau précédent ne peuvent produire. Néant vers matière nécessite BARA car le néant ne possède aucune propriété, aucun pouvoir, aucune capacité de se transformer en quelque chose. Seul Dieu créateur peut faire surgir l'être du non-être absolu. Matière inerte vers vie consciente nécessite BARA car la matière obéissant à des lois physico-chimiques aveugles ne peut produire spontanément métabolisme actif contre entropie, information codée nécessitant intelligence, complexité irréductible nécessitant conception simultanée, coordination fonctionnelle nécessitant programmation. Vie animale consciente vers esprit humain spirituel nécessite BARA car la conscience animale sentiente opérant dans le présent immédiat de perceptions et désirs ne peut produire conscience réflexive transcendant le temps, raison abstraite saisissant vérités éternelles, liberté choisissant rationnellement contre instincts, conscience morale reconnaissant bien absolu, quête métaphysique cherchant l'Infini. Ces trois sauts transcendent les possibilités des processus naturels seuls. Ils nécessitent intervention créatrice directe, introduction surnaturelle de nouveautés ontologiques, BARA exclusif à Dieu.

Conclusion — La chaîne causale complète

La science explique magnifiquement ce qui se produit après que les conditions initiales sont établies. La cosmologie décrit le Big Bang produisant hydrogène et hélium dans les trois premières minutes, modèle confirmé spectaculairement par l'observation du rayonnement fossile micro-ondes, de l'abondance des éléments légers, de l'expansion cosmique. L'astrophysique décrit la formation des premières étoiles par effondrement gravitationnel de nuages d'hydrogène, processus compris dans ses grandes lignes bien que les détails restent étudiés. La physique nucléaire explique la nucléosynthèse stellaire créant les éléments lourds par fusion dans le cœur des étoiles massives, processus validé par spectroscopie stellaire révélant les éléments présents dans les atmosphères stellaires. L'astrophysique des supernovae décrit comment les étoiles géantes explosent en dispersant ces éléments à travers l'espace, phénomènes observés régulièrement et étudiés intensivement. La planétologie explique la formation du système solaire et de la Terre par accrétion de matière dans un disque protoplanétaire, scénario soutenu par l'observation de systèmes planétaires en formation autour d'autres étoiles. La chimie organique démontre que des molécules organiques simples peuvent se former par des processus abiotiques, fait confirmé par leur découverte dans les météorites et dans les simulations de laboratoire. Tous ces accomplissements scientifiques méritent admiration et révèlent magnifiquement la sagesse divine inscrite dans les lois naturelles. La science décrit comment la création fonctionne, comment les mécanismes ordonnés par Dieu opèrent, comment les lois qu'il a établies régissent les processus cosmiques.

Mais la science ne peut expliquer et n'expliquera jamais pourquoi le Big Bang se produit, pourquoi quelque chose existe plutôt que rien, question métaphysique transcendant structurellement la méthode scientifique qui présuppose l'existence de la nature observable. La science ne peut expliquer d'où viennent les lois physiques elles-mêmes, pourquoi ces lois particulières plutôt que d'autres ou plutôt qu'aucune loi, pourquoi ces constantes cosmiques possèdent précisément les valeurs nécessaires pour un univers habitable. Ces questions concernent le fondement même de la réalité, les conditions de possibilité de la science elle-même. Demander à la science de les résoudre équivaut à demander à un joueur d'échecs d'utiliser les règles des échecs pour expliquer d'où viennent les règles des échecs. Les règles ne peuvent expliquer leur propre origine. Crucialement, la science ne peut expliquer le passage de molécules organiques à la première cellule vivante. Soixante-dix ans d'échecs en laboratoire, impossibilités mathématiques révélées par l'analyse probabiliste, information codée nécessitant intelligence dans toute notre expérience, complexité irréductible nécessitant conception simultanée, tous ces obstacles convergent démontrant que ce passage transcende les possibilités de la chimie seule. Également, la science ne peut expliquer comment la vie animale produit la conscience humaine réflexive, le langage symbolique créatif, la raison abstraite, la liberté, la conscience morale objective, la quête métaphysique. Ces propriétés révèlent une dimension spirituelle transcendant complètement l'ordre biologique.

La révélation biblique répond précisément là où la science bute, non en contredisant la science mais en la complétant, en fournissant les fondements métaphysiques que la science présuppose sans pouvoir établir. À la question "Pourquoi l'univers existe-t-il ?", Genèse 1:1 répond : BARA, Dieu créa les cieux et la terre, faisant surgir du néant absolu toute réalité physique par sa volonté libre et sa parole toute-puissante. À la question "Comment la vie émerge-t-elle de la matière ?", Genèse 1:21 répond : BARA, Dieu créa les êtres vivants directement, introduction surnaturelle d'une nouveauté ontologique que les processus chimiques seuls ne peuvent produire. À la question "Comment l'homme transcende-t-il les animaux ?", Genèse 1:27 répond : BARA, Dieu créa l'homme à son image, conférant une dimension spirituelle participant à la nature divine qui élève l'homme infiniment au-dessus de l'ordre biologique. Ces trois BARA ne sont pas des "dieux bouche-trous" comblant temporairement notre ignorance scientifique. Ce sont des réponses à des questions métaphysiques qui transcendent structurellement la méthode scientifique, des vérités révélées sur les fondements ultimes de la réalité que la raison naturelle peut entrevoir mais que seule la révélation divine peut établir avec certitude.

La complémentarité parfaite entre science et foi biblique révèle qu'elles n'entrent jamais véritablement en conflit quand correctement comprises. La science décrit comment la création fonctionne — mécanismes, processus, lois naturelles. La foi biblique révèle qui l'a créée — Dieu personnel, intelligent, tout-puissant ; pourquoi il l'a créée — manifester sa gloire, établir une relation avec des créatures à son image ; pour qui — l'homme créé à l'image divine destiné à connaître, aimer, glorifier son Créateur éternellement. Ces domaines se complètent harmonieusement. Le conflit apparent provient non d'une incompatibilité entre science authentique et foi biblique mais d'une collision entre matérialisme philosophique (affirmant a priori que seule la matière existe, que tout s'explique par processus physiques aveugles, que Dieu n'existe pas et ne doit jamais être invoqué) et foi biblique (affirmant que Dieu créateur transcendant existe, crée intentionnellement, intervient dans sa création). Ce n'est pas science contre foi mais matérialisme contre théisme, deux visions du monde mutuellement exclusives dont une seule peut être vraie. La science opérationnelle reste neutre et compatible avec les deux. Mais les découvertes scientifiques — univers commençant plutôt qu'éternel, réglage fin stupéfiant des constantes cosmiques, information codée dans l'ADN, impossibilité démontrée de l'abiogenèse, complexité irréductible dans les systèmes biologiques — pointent massivement vers le théisme plutôt que le matérialisme.

L'argument final demeure implacable et incontournable. Le matérialisme affirme que hasard aveugle combiné avec temps illimité combiné avec lois naturelles aveugles égale univers ordonné plus vie métabolisante plus conscience sentiente plus esprit humain rationnel. Mais le hasard ne produit jamais information codée spécifique, jamais coordination fonctionnelle sophistiquée, jamais finalité téléologique. Le temps ne transforme pas l'impossible en probable ; il multiplie simplement les occasions d'échec. Les lois naturelles aveugles décrivent comment les choses se comportent quand elles existent mais ne peuvent expliquer pourquoi elles existent ou d'où viennent les lois elles-mêmes. La foi biblique affirme que Dieu créateur intelligent combiné avec volonté libre combiné avec parole toute-puissante égale univers rationnel obéissant à des lois mathématiques plus vie métabolisante avec information codée plus conscience sentiente avec perception subjective plus esprit humain à l'image divine capable de connaître son Créateur. Cette explication satisfait l'esprit, correspond aux observations scientifiques, résout les mystères que soix ante-dix ans de recherches matérialistes n'ont pu percer, fonde la rationalité humaine, établit la dignité absolue de la personne, donne sens transcendant à l'existence.

Ce que soixante-dix ans de recherches scientifiques ont prouvé par leur échec même constitue une confirmation involontaire mais puissante de la vérité biblique. Intelligence maximale combinée avec technologie sophistiquée combinée avec conditions de laboratoire parfaitement contrôlées combinée avec utilisation de vie préexistante égale échec complet à créer la vie de zéro. Cette équation dévastatrice révèle ce que le bon sens aurait dû nous dire depuis le début : si nos meilleurs scientifiques avec toutes leurs capacités ne peuvent créer la vie, alors les processus naturels aveugles sans intelligence, sans technologie, sans conditions contrôlées, sans vie préexistante à exploiter, ne peuvent certainement pas l'accomplir. L'échec humain ne prouve pas notre incompétence mais au contraire confirme prophétiquement ce que Genèse 1:21 révélait il y a trois millénaires : la vie nécessite BARA, création directe par Dieu, intervention transcendante introduisant une nouveauté ontologique radicale que les lois de la chimie seules ne peuvent jamais produire.

Du Big Bang jaillit hydrogène et hélium, premiers éléments simples dans un univers nouveau-né. Des étoiles naissent par effondrement gravitationnel, forges cosmiques où se créent carbone et oxygène dans leur cœur incandescent. Des supernovae explosent majestueusement, dispersant azote, phosphore, soufre à travers l'espace interstellaire. La Terre se forme à partir de cette poussière d'étoiles enrichie, planète rocheuse à distance parfaite du Soleil permettant l'eau liquide. Tous les ingrédients chimiques nécessaires sont présents, tous les éléments du tableau périodique indispensables à la biochimie. Des océans entiers servent de laboratoire naturel à l'échelle planétaire. Des milliards d'années défilent, temps apparemment illimité pour que le hasard explore toutes les combinaisons possibles. Des sources d'énergie multiples opèrent continuellement : éclairs, volcans, rayonnement ultraviolet, sources hydrothermales. Les conditions semblent optimales, les circonstances favorables au maximum.

Mais la vie ne surgit pas spontanément. Parce que la vie n'est pas chimie complexe devenue très sophistiquée par accumulation graduelle. La vie est rupture ontologique, saut qualitatif vers un nouveau niveau d'être. La vie est information codée dans l'ADN nécessitant Intelligence conceptrice pour spécifier les séquences fonctionnelles parmi les possibilités astronomiques. La vie est complexité irréductible où tous les composants doivent fonctionner simultanément dès le début, où chaque pièce dépend de toutes les autres, où aucune construction graduelle n'est possible car les intermédiaires non-complets restent morts. La vie est coordination fonctionnelle sophistiquée révélant programmation, conception, création intentionnelle. La vie est finalité téléologique orientée vers survie et reproduction, manifestant dessein et but absents de la chimie aveugle obéissant mécaniquement aux lois physiques.

La science décrit magnifiquement le chemin de la poussière d'étoiles dispersée par les supernovae aux éléments chimiques concentrés sur les planètes rocheuses. Elle trace méticuleusement la séquence temporelle de formation des étoiles, leur évolution, leur mort, l'enrichissement progressif du milieu interstellaire en éléments lourds, la formation de systèmes planétaires de deuxième et troisième génération contenant enfin les ingrédients nécessaires. Mais elle bute irrémédiablement devant le gouffre infranchissable séparant matière morte organisée chimiquement de vie métabolisant activement. Ce gouffre ne se franchit pas par plus de temps, par plus de hasard, par plus de complexité chimique accumulée graduellement. Ce gouffre nécessite intervention transcendante, création surnaturelle, introduction d'une nouveauté ontologique que les processus immanents à la nature ne possèdent pas le pouvoir de produire.

Genèse 1:21 franchit ce gouffre d'un mot prophétique révélé il y a plus de trois mille ans, mot que trois siècles et demi de science rigoureuse depuis Francesco Redi jusqu'aux laboratoires modernes les plus sophistiqués ont involontairement mais puissamment confirmé : BARA. Dieu créa les êtres vivants. Pas graduellement par accumulation chimique hasardeuse. Pas par processus aveugles explorant aléatoirement l'espace des possibilités pendant des milliards d'années jusqu'à tomber miraculeusement sur la bonne combinaison. Pas par auto-organisation spontanée de la matière complexe franchissant mystérieusement le seuil de la vie. Création directe, intentionnelle, immédiate, surnaturelle. Acte transcendant d'un Créateur intelligent conférant vie à ce qui était mort, information codée à ce qui était chimie aveugle, finalité téléologique à ce qui était processus mécaniques, coordination fonctionnelle à ce qui était molécules dispersées, métabolisme actif contre entropie à ce qui obéissait passivement à la dégradation thermodynamique.

Soixante-dix ans d'échecs scientifiques les plus déterminés, les mieux financés, les plus intelligemment conçus confirment ce qu'un berger hébreu écrivait sous inspiration divine il y a trois millénaires sans microscopes, sans connaissance de l'ADN, sans compréhension de la biochimie moléculaire : seul Dieu crée la vie. La matière morte ne devient jamais vivante spontanément. Omne vivum ex vivo — tout vivant provient du vivant — loi universelle sans exception observée depuis que l'humanité observe rigoureusement la nature. Et cette régression de vivant en vivant en vivant doit nécessairement aboutir à un Premier Vivant qui n'est pas lui-même produit par un vivant antérieur mais existe éternellement comme source de toute vie. Ce Premier Vivant, cette Vie en elle-même, cette Source éternelle de laquelle toute vie biologique temporelle dérive, c'est précisément Celui que Jésus-Christ s'identifie : "Je suis le chemin, la vérité et la VIE" (Jean 14:6). "En lui était la vie, et la vie était la lumière des hommes" (Jean 1:4). Dieu n'a pas simplement créé la vie comme un artisan fabrique un objet distinct de lui-même. Dieu est la Vie, possède la vie en lui-même essentiellement, éternellement, et confère participation à cette vie aux créatures qu'il crée et maintient dans l'être à chaque instant.

La chaîne causale matérialiste s'effondre précisément là où la révélation biblique répond définitivement. La science trace admirablement le chemin du Big Bang aux éléments chimiques. La Bible révèle qui a déclenché le Big Bang, pourquoi il se produit, d'où viennent les lois physiques qu'il obéit. La science décrit les processus stellaires créant les éléments de la vie. La Bible révèle qui a conçu ces processus, qui a établi les lois de fusion nucléaire, qui a orchestré cette préparation cosmique des conditions chimiques. La science accumule des molécules organiques dans les océans primitifs. La Bible révèle que ces molécules ne deviendront jamais vivantes sans intervention créatrice directe. La science bute devant le mystère de l'origine de la vie après soixante-dix ans d'efforts massifs. La Bible résout ce mystère d'un mot : BARA. Dieu créa.

Cette vérité révélée prophétiquement il y a trois millénaires, confirmée involontairement par trois siècles et demi de science depuis Redi jusqu'aux échecs répétés de l'abiogenèse moderne, validée par l'analyse philosophique des impossibilités probabilistes et de la complexité irréductible, soutenue par la reconnaissance honnête des plus grands scientifiques admettant que l'origine de la vie "apparaît comme presque un miracle", demeure éternellement vraie et transforme absolument tout pour quiconque la reçoit humblement. L'univers n'est pas un accident cosmique surgissant du néant par fluctuation quantique aléatoire. L'univers procède d'un Créateur intelligent, personnel, tout-puissant qui crée intentionnellement, rationnellement, librement. La vie n'est pas chimie complexe ayant franchi fortuitement un seuil mystérieux. La vie procède directement de Celui qui est la Vie elle-même, qui confère vie par création surnaturelle transcendant les possibilités de la matière seule. L'homme n'est pas un animal légèrement modifié par mutations aléatoires. L'homme est créature à part, faite à l'image du Créateur, portant une dimension spirituelle qui l'élève infiniment au-dessus de l'ordre biologique, destinée à connaître, aimer, glorifier Dieu éternellement.

Du Big Bang à la vie, du néant primordial à l'homme conscient s'interrogeant sur ses origines, la chaîne causale révèle à chaque étape majeure l'insuffisance radicale du matérialisme et la nécessité absolue du théisme créateur. Le matérialisme présuppose ce qu'il devrait expliquer, invoque le hasard quand les probabilités deviennent astronomiquement impossibles, affirme dogmatiquement que "la science expliquera un jour" malgré soixante-dix ans d'échecs accumulés, refuse a priori de considérer l'hypothèse théiste non pour des raisons scientifiques mais par présupposition philosophique anti-surnaturaliste. Le théisme biblique répond cohéremment à toutes les questions fondamentales, satisfait l'esprit cherchant la vérité, correspond aux observations scientifiques correctement interprétées, résout les mystères que le matérialisme laisse béants, fonde la rationalité humaine, établit la dignité absolue de la personne, donne sens transcendant à l'existence.

La vérité demeure inchangée, inébranlable, éternellement valide : "Au commencement, Dieu créa les cieux et la terre" (Genèse 1:1). "Dieu créa les êtres vivants" (Genèse 1:21). "Dieu créa l'homme à son image" (Genèse 1:27). Ces trois BARA — création de la matière, création de la vie, création de l'esprit humain — marquent les trois ruptures ontologiques majeures où l'intervention créatrice directe devient absolument nécessaire parce que les processus naturels seuls ne peuvent franchir ces gouffres qualitatifs. La science peut étudier comment la création fonctionne après que ces conditions initiales sont établies. Mais seule la révélation divine peut nous dire qui a établi ces conditions, pourquoi elles existent, quelle est leur finalité ultime. La science et la foi biblique, correctement comprises, ne s'opposent jamais mais se complètent harmonieusement, révélant ensemble la vérité sur la réalité que Dieu a créée et que nous sommes appelés à connaître, comprendre, admirer, et à travers laquelle nous sommes appelés à connaître, aimer, glorifier le Créateur lui-même.

De la poussière d'étoiles viennent nos corps physiques, vérité confirmée par l'astrophysique moderne révélant que chaque atome de carbone, d'oxygène, de calcium dans nos os a été forgé dans le cœur d'étoiles mortes depuis longtemps. Mais de Dieu vient notre vie, notre conscience, notre esprit, vérité révélée prophétiquement dans la Genèse et confirmée par l'échec du matérialisme à expliquer l'origine de ces réalités transcendant la chimie. Nous sommes simultanément créatures cosmiques — composés d'éléments stellaires, produits de treize milliards d'années d'évolution cosmique — et créatures spirituelles — portant l'image du Créateur éternel, destinées à une relation personnelle avec lui qui transcende infiniment notre existence biologique temporelle. Cette double vérité sur notre nature révèle la profondeur stupéfiante du plan créateur divin : Dieu crée un univers matériel obéissant à des lois physiques produisant par des processus naturels les conditions chimiques nécessaires, puis intervient directement par BARA pour créer la vie que ces conditions seules ne peuvent produire, puis intervient à nouveau par BARA pour créer l'homme à son image que l'évolution biologique seule ne peut produire. La création naturelle et la création surnaturelle collaborent harmonieusement dans le plan divin unifié, révélant un Créateur qui respecte l'ordre qu'il a établi tout en le transcendant quand nécessaire pour accomplir ses desseins éternels.

Cette vérité change absolument tout dans notre compréhension de qui nous sommes, d'où nous venons, pourquoi nous existons, quelle est notre destinée. Nous ne sommes pas accidents cosmiques dénués de sens attendant le néant final. Nous sommes créatures intentionnellement conçues, aimées par le Créateur qui nous a faits pour le connaître, portant son image pour refléter sa gloire, appelées à une relation éternelle avec lui qui commence maintenant et culmine dans la vie éternelle. Du Big Bang à la vie, de la première cellule à l'homme conscient, de la matière inerte à l'esprit contemplant son Créateur, chaque étape révèle non le hasard aveugle mais la sagesse infinie, non l'accident fortuit mais le dessein intentionnel, non les processus mécaniques aveugles mais la création aimante d'un Dieu personnel qui nous cherche, nous appelle, désire nous connaître et être connu de nous.

"Par la foi, nous comprenons que l'univers a été formé par la parole de Dieu, de sorte que ce qu'on voit n'a pas été fait de choses visibles" (Hébreux 11:3). Cette affirmation scripturaire capture magnifiquement la vérité sur la création : l'univers visible procède non de causes matérielles visibles mais de la Parole invisible de Dieu créant ex nihilo. Ce que nous voyons — galaxies, étoiles, planètes, vie, humanité — n'a pas été fait de choses préexistantes matérielles mais de la volonté créatrice divine s'exprimant par la parole toute-puissante. "Dieu dit... et cela fut" — formule répétée dix fois dans Genèse 1, révélant que la Parole divine possède pouvoir créateur absolu, transformant instantanément intention divine en réalité matérielle, franchissant le gouffre entre pensée immatérielle et existence physique, entre volonté spirituelle et manifestation cosmique.

La science moderne, découvrant que l'univers obéit à des structures mathématiques, que les lois physiques s'expriment en équations élégantes, que la nature possède une rationalité profonde accessible à l'esprit humain, confirme involontairement cette vérité biblique : l'univers procède du Logos, de la Raison divine, de la Parole créatrice. Jean 1:1-3 révèle explicitement : "Au commencement était la Parole, et la Parole était avec Dieu, et la Parole était Dieu... Toutes choses ont été faites par elle, et rien de ce qui a été fait n'a été fait sans elle." Le Logos divin par qui tout a été créé n'est pas une force impersonnelle abstraite mais une Personne divine, le Fils de Dieu, qui s'incarnera en Jésus-Christ pour accomplir la Rédemption. La création et la rédemption procèdent du même Logos, révélant l'unité profonde du plan divin : Dieu crée pour établir une relation avec des créatures à son image, relation brisée par le péché, restaurée par l'Incarnation rédemptrice du Logos lui-même qui entre dans sa création pour racheter ce qu'il a créé.

Du Big Bang au Calvaire, de la création cosmique initiale à la recréation spirituelle par la croix, toute l'histoire révèle le même Dieu créateur et rédempteur accomplissant son dessein éternel. Celui qui dit "Que la lumière soit" au commencement de la création (Genèse 1:3) s'identifie comme "la lumière du monde" (Jean 8:12) venu illuminer les ténèbres spirituelles de l'humanité déchue. Celui qui crée l'homme à son image (Genèse 1:27) s'incarne pour restaurer cette image défigurée par le péché (2 Corinthiens 3:18, Colossiens 3:10). Celui qui insuffle le souffle de vie dans les narines d'Adam (Genèse 2:7) souffle sur ses disciples pour leur communiquer l'Esprit Saint (Jean 20:22). La création initiale anticipe prophétiquement la nouvelle création accomplie par Christ, révélant que le dessein divin dès le commencement incluait non seulement la création mais aussi la rédemption, non seulement l'origine mais aussi la destination finale, non seulement le commencement temporel mais aussi l'accomplissement éternel.

Cette vision unifiée transforme radicalement notre compréhension de la création et notre relation au Créateur. Étudier l'origine de l'univers et de la vie n'est pas simple curiosité scientifique ou exercice intellectuel abstrait. C'est exploration du plan divin, découverte de la sagesse créatrice, reconnaissance des traces du Créateur dans sa création, prélude à la rencontre personnelle avec lui. Comprendre que nous sommes créés intentionnellement, aimés personnellement, destinés éternellement change absolument tout dans notre perception de nous-mêmes et notre réponse appropriée. La gratitude remplace l'arrogance, l'adoration remplace l'indifférence, la soumission reconnaissante remplace la rébellion autonome. Nous réalisons que notre existence n'est pas notre propriété mais don gracieux, que notre vie possède un sens objectif transcendant nos projets subjectifs, que notre destinée ne se limite pas aux quelques décennies d'existence terrestre mais s'étend dans l'éternité où nous connaîtrons pleinement Celui que nous connaissons maintenant partiellement à travers sa création et sa révélation.

La chaîne causale du Big Bang à la vie, correctement comprise, devient ainsi chemin de foi menant du créé au Créateur, de l'effet à la Cause, de l'œuvre à l'Artiste, de la création à Dieu. Chaque découverte scientifique révélant la sophistication stupéfiante de l'univers, la complexité inimaginable de la vie, la coordination fonctionnelle des systèmes biologiques, l'information codée dans l'ADN, devient théophanie — révélation de Dieu à travers ses œuvres. "Les cieux racontent la gloire de Dieu, et l'étendue manifeste l'œuvre de ses mains" (Psaume 19:2). Cette louange cosmique silencieuse mais éloquente appelle une réponse humaine consciente, articulée, volontaire. Nous seuls parmi toutes les créatures terrestres pouvons contempler la création, remonter intellectuellement de l'effet à la Cause, reconnaître la signature du Créateur, répondre par adoration consciente. Cette capacité et cette responsabilité révèlent notre vocation unique : être prêtres de la création, voix consciente de l'univers adorant son Créateur, médiateurs entre création muette et Créateur parlant, interprètes reconnaissant et articulant la gloire divine manifestée dans chaque atome, chaque étoile, chaque cellule vivante.

Du Big Bang à la vie se déploie l'histoire cosmique préparant le théâtre où se jouera le drame central : la relation entre Dieu et l'humanité. Les treize milliards d'années d'évolution cosmique produisant les conditions chimiques nécessaires, les quatre milliards d'années de préparation géologique sur Terre, l'apparition de la vie il y a 3,8 milliards d'années, l'évolution biologique préparant l'écosystème terrestre, culminent dans la création de l'homme il y a quelques dizaines de milliers d'années seulement. Cette disproportion temporelle stupéfiante révèle quelque chose de profond : toute cette préparation cosmique immense vise un but — créer les conditions permettant l'existence de créatures rationnelles, libres, capables de connaître Dieu et de répondre librement à son amour. L'univers entier existe pour l'homme au sens que l'homme constitue le sommet de la création terrestre, la créature pour laquelle tout le reste est préparé. Et l'homme existe pour Dieu au sens que sa finalité ultime transcende infiniment sa survie biologique — il est créé pour connaître, aimer, glorifier Dieu éternellement.

Cette vérité change absolument tout. L'origine n'est pas hasard mais intention. La vie n'est pas accident mais création. L'homme n'est pas animal mais image de Dieu. L'existence n'est pas absurde mais porteuse de sens. La mort n'est pas fin mais transition. L'histoire n'est pas cycle vain mais chemin orienté vers accomplissement final. L'univers n'est pas machine aveugle mais création aimée d'un Créateur personnel. Et nous-mêmes ne sommes pas accidents cosmiques dénués de valeur mais enfants du Créateur, portant son image, appelés à le connaître, destinés à vivre éternellement en sa présence glorieuse.

"Au commencement, Dieu créa." Ces mots ouvrant la Bible ouvrent aussi la voie vers la vérité ultime sur nos origines, notre nature, notre destinée. Du Big Bang jusqu'à la vie consciente interrogeant ses origines, chaque étape témoigne non du hasard mais de la Providence, non de l'accident mais de la Sagesse, non des processus aveugles mais du Dessein divin. La science révèle comment. La Bible révèle qui et pourquoi. Ensemble, correctement comprises, elles conduisent à la même conclusion inévitable : nous sommes créés par Dieu, pour Dieu, destinés à Dieu.

Cette vérité change absolument tout.

CHAPITRE 9__ **MATÉRIEL VS IMMATÉRIEL — QUI PRÉCÈDE L'AUTRE ?**

La question de savoir si le matériel précède l'immatériel ou si l'immatériel précède le matériel constitue le débat métaphysique fondamental qui détermine toute vision du monde. Cette question ne relève pas de la spéculation abstraite sans conséquences pratiques. Elle détermine votre compréhension de la réalité, de la conscience, de l'homme, du sens, de la moralité, de la destinée. Deux visions s'affrontent avec une opposition absolue, mutuellement exclusive, inconciliable.

Le matérialisme affirme : la matière est première, originelle, fondamentale. Tout ce qui existe dérive ultimement de processus matériels. La conscience, la pensée, l'esprit sont des produits tardifs, des émergences accidentelles de configurations complexes de matière. Au commencement était la matière inerte, puis par des processus aveugles est apparue la vie, puis la conscience, puis l'esprit. L'immatériel (pensée, conscience, raison) émerge du matériel (neurones, synapses, chimie cérébrale).

Le théisme biblique affirme exactement l'inverse : l'Esprit est premier, originel, fondamental. La matière est créée, dérivée, seconde. Au commencement était l'Esprit divin, puis par un acte de volonté créatrice est apparue la matière. La Conscience divine précède toute réalité physique. L'Intelligence transcendante ordonne le cosmos. Le matériel (univers, espace, temps, énergie) émerge de l'immatériel (volonté créatrice de Dieu).

Ces deux positions s'excluent mutuellement. Une seule peut être vraie. Laquelle est rationnellement défendable ? Laquelle correspond aux observations ? Laquelle résout les problèmes philosophiques sans créer des impossibilités logiques ?

L'argument décisif : la matière ne produit jamais spontanément l'immatériel

Voici l'argument central, implacable, que le matérialisme ne peut réfuter : aucune quantité de matière, aussi complexement organisée soit-elle, ne produit spontanément les propriétés immatérielles que nous observons universellement chez l'homme.

La conscience subjective — l'expérience qualitative vécue de l'intérieur — ne peut émerger de processus purement matériels. Un neurone transmet des impulsions électrochimiques selon des lois physiques précises. Des milliards de neurones interconnectés traitent de l'information selon des mécanismes neurophysiologiques déterminés. Mais nulle part dans ce processus physique objectivement observable n'apparaît la conscience subjective, l'expérience vécue de l'intérieur, le "quelque chose que ça fait" d'être conscient. Vous pouvez cartographier chaque synapse, mesurer chaque potentiel d'action, tracer chaque circuit neuronal. Vous n'expliquerez jamais pourquoi et comment cela génère l'expérience subjective d'exister, de voir, de penser, de ressentir.

La raison abstraite — la capacité de saisir des vérités mathématiques éternelles, des principes logiques universels, des concepts métaphysiques — transcende complètement l'ordre physique. Le théorème de Pythagore était vrai avant que tout cerveau humain n'existe pour le concevoir. Il sera vrai même si tous les cerveaux disparaissent. Les vérités mathématiques ne dépendent d'aucun substrat matériel. Elles existent dans un ordre immatériel, intelligible, accessible à l'esprit mais non réductible à la matière. Comment des processus physico-chimiques aveugles dans un cerveau matériel peuvent-ils saisir des vérités immatérielles, éternelles, nécessaires ? Le matérialisme n'a aucune réponse cohérente.

L'intentionnalité — la capacité des pensées de référer à quelque chose d'autre qu'elles-mêmes — demeure inexplicable matériellement. Quand vous pensez "Paris", votre pensée vise Paris, se réfère à Paris, est au sujet de Paris. Mais aucun processus physique ne possède intrinsèquement cette propriété d'intentionnalité. Un état cérébral particulier (configuration neuronale, activité électrique) ne contient intrinsèquement aucune référence à Paris. Il ne "vise" rien, ne "signifie" rien. L'intentionnalité est une propriété mentale immatérielle irréductible à toute configuration physique matérielle.

La liberté — la capacité de délibérer rationnellement entre plusieurs options et de choisir selon des raisons plutôt que selon des causes mécaniques — contredit le déterminisme matériel. Si tous vos processus mentaux sont entièrement déterminés par des lois physiques et des conditions initiales, alors vous n'êtes jamais vraiment libre. Vos "décisions" sont des illusions produites par des mécanismes aveugles. Mais si c'est le cas, alors votre croyance même dans le matérialisme est elle-même déterminée par des processus aveugles, non choisie par une évaluation rationnelle des arguments. Le matérialisme se détruit lui-même en détruisant la possibilité de la raison libre.

Le matérialisme ne peut expliquer l'émergence : Le matérialiste répond habituellement : "La conscience, la raison, l'intentionnalité émergent de la complexité. Quand la matière s'organise d'une certaine manière suffisamment complexe, ces propriétés nouvelles apparaissent." Cette réponse constitue une esquive rhétorique, non une explication scientifique ou philosophique.

Qu'est-ce que "l'émergence" exactement ? Si cela signifie que des propriétés totalement nouvelles, sans aucun précédent dans les composants matériels, surgissent miraculeusement au-delà d'un certain seuil de complexité, alors c'est admettre la magie. C'est dire : "Nous ne savons pas comment ni pourquoi, mais à un certain point, la matière qui ne pense pas produit la pensée, la matière qui n'a pas de conscience produit la conscience, la matière qui n'a pas d'intentionnalité produit l'intentionnalité." Ce n'est pas une explication, c'est un aveu d'ignorance déguisé en théorie.

Dans tous les cas scientifiquement compris d'émergence, les propriétés émergentes restent entièrement réductibles aux propriétés des composants et à leurs interactions. L'eau est liquide alors que les molécules H_2O individuelles ne le sont pas. Mais cette "liquidité émergente" s'explique complètement par les propriétés des molécules (liaisons hydrogène, mouvements thermiques, interactions électromagnétiques). Aucune propriété vraiment nouvelle n'apparaît. La liquidité est simplement le comportement collectif de molécules obéissant aux lois électromagnétiques.

En revanche, la conscience subjective, la raison abstraite, l'intentionnalité ne sont absolument pas réductibles aux propriétés des neurones et de leurs interactions électrochimiques. Ce sont des propriétés d'un ordre radicalement différent, qualitativement distinct, appartenant à un niveau ontologique supérieur. Aucune quantité de complexité matérielle ne transforme le non-conscient en conscient, le non-rationnel en rationnel, le non-intentionnel en intentionnel. Le saut est ontologique, non quantitatif.

L'information ne naît jamais spontanément de la matière

Un argument complémentaire puissant : l'information codée ne surgit jamais spontanément de processus purement physico-chimiques aveugles. L'ADN contient de l'information codée — des instructions précises pour construire des protéines, organisées selon un code génétique universel. Cette information est symbolique (la relation entre codon et acide aminé est arbitraire), abstraite (le code établit une correspondance conventionnelle), fonctionnelle (elle sert un but précis).

Chaque fois que nous observons de l'information codée — dans un livre, un programme informatique, une recette, un plan architectural, un message morse — elle provient toujours d'une intelligence. Toujours. Sans exception. Aucun processus physique aveugle ne génère spontanément de l'information codée fonctionnelle. La nature peut produire des patterns réguliers (cristaux, vagues), des structures complexes (flocons de neige, fractures), mais jamais de l'information spécifique, fonctionnelle, encodée selon un système symbolique.

L'information requiert une intelligence qui conçoit, encode, organise selon une intention. L'ADN contient de l'information codée. Donc l'ADN requiert une Intelligence créatrice. Cette Intelligence ne peut être matérielle car elle précède et fonde la matière vivante. Elle doit être immatérielle, spirituelle, transcendante — précisément ce que la Bible révèle comme le Logos créateur.

L'argument biblique : "Au commencement était la Parole"

Jean 1:1-3 déclare avec une clarté prophétique stupéfiante : "Au commencement était la Parole (Logos), et la Parole était avec

Dieu, et la Parole était Dieu. Elle était au commencement avec Dieu. Toutes choses ont été faites par elle, et rien de ce qui a été fait n'a été fait sans elle."

Cette déclaration affirme la priorité ontologique absolue du Logos sur toute réalité créée. Avant toute matière, avant tout espace, avant tout temps, existait le Logos. Ce Logos n'est pas une abstraction impersonnelle mais une Personne divine — "la Parole était Dieu". Ce Logos est le Créateur universel — "Toutes choses ont été faites par elle". Aucune réalité créée n'existe indépendamment de ce Logos — "rien de ce qui a été fait n'a été fait sans elle".

Le terme Logos signifie simultanément parole, raison, intelligence, principe ordonnateur, structure rationnelle. Cette richesse sémantique révèle que l'univers matériel procède d'une Intelligence qui pense, parle, ordonne rationnellement. Le cosmos n'est pas matière aveugle qui aurait accidentellement développé l'ordre. Le cosmos est l'expression d'une Pensée divine, d'une Rationalité transcendante qui s'objective dans l'ordre matériel. Les lois physiques ne sont pas des nécessités brutes inexplicables mais des décrets du Logos, des structures rationnelles par lesquelles le Créateur ordonne sa création.

Cette révélation johannique renverse complètement la vision matérialiste. La matière n'est pas première. L'Intelligence est première. La conscience n'émerge pas de la matière. La matière émerge de la Conscience divine. L'univers physique n'est pas la réalité fondamentale dont tout dérive. L'univers physique est l'effet d'une Cause spirituelle transcendante qui le crée, le soutient, l'ordonne continuellement.

Genèse 1 : la création par la Parole confirme la priorité de l'immatériel

Le récit de Genèse 1 confirme cette priorité de l'immatériel révélée par Jean 1. Comment Dieu crée-t-il ? "Dieu dit... et cela fut." Dix fois dans Genèse 1, cette formule se répète. La création s'accomplit par la parole divine. La parole est immatérielle — ce sont des mots, des concepts, des intentions exprimées. Pourtant cette parole immatérielle possède une efficacité causale absolue. Elle fait surgir la réalité matérielle du néant absolu.

Cette description n'est jamais primitive ou naïve. Elle révèle une vérité métaphysique profonde : l'ordre matériel dépend d'un ordre spirituel et intellectuel qui le précède et le fonde. L'univers n'est pas un chaos aveugle qui aurait accidentellement produit l'ordre. L'univers est un cosmos ordonné parce qu'il procède d'une Intelligence qui conçoit, d'une Parole qui ordonne, d'une Volonté qui réalise.

La séquence est implacable : Dieu conçoit (pensée immatérielle) → Dieu parle (parole immatérielle) → la réalité matérielle apparaît. L'immatériel précède absolument le matériel. Non temporellement (car le temps lui-même est créé) mais logiquement, ontologiquement, causalement. La pensée précède la chose pensée. L'intelligence précède l'ordre intelligent. La volonté précède la réalisation voulue.

Colossiens 1:16-17 : toutes choses subsistent en Christ

Colossiens 1:16-17 approfondit cette révélation : "Car en lui ont été créées toutes les choses qui sont dans les cieux et sur la terre, les visibles et les invisibles... Tout a été créé par lui et pour lui. Il est avant toutes choses, et toutes choses subsistent en lui."

Le Christ (le Logos incarné) précède toute création : "Il est avant toutes choses." Toute réalité, visible et invisible, matérielle et immatérielle, temporelle et éternelle, a été créée par lui : "Toutes choses ont été créées par lui." Toute réalité existe pour lui, orientée vers lui, trouvant en lui sa finalité ultime : "Tout a été créé pour lui."

Mais le verset suivant révèle quelque chose de plus profond encore : "Toutes choses subsistent en lui." Le verbe grec sunesteken signifie littéralement "tenir ensemble", "être maintenu en cohésion", "continuer d'exister". Toute réalité créée ne subsiste pas par elle-même. Elle est maintenue dans l'être à chaque instant par la volonté divine. Si Christ cessait de vouloir l'existence de l'univers ne serait-ce qu'une nanoseconde, l'univers s'effondrerait instantanément dans le néant absolu d'où il ne cesse jamais d'être tiré.

Cette vérité révèle que la priorité de l'immatériel sur le matériel n'est pas seulement chronologique (au commencement) mais permanente, continuelle, actuelle. À chaque instant présent, l'univers matériel dépend absolument de la Volonté immatérielle divine qui le maintient dans l'être. La matière ne possède jamais l'existence par elle-même. Elle reçoit continuellement l'existence de l'Esprit créateur. L'immatériel fonde le matériel non seulement à l'origine mais à chaque instant du temps créé.

Les conséquences pratiques de cette priorité

La question de savoir si le matériel ou l'immatériel précède n'est jamais une spéculation abstraite sans conséquences. Elle détermine votre vision de la dignité humaine, de la moralité, du sens, de la destinée.

Si le matériel précède, alors tout se réduit ultimement à la matière. Vos pensées ne sont que configurations neuronales. Vos émotions ne sont que réactions chimiques. Votre sens moral n'est qu'un mécanisme adaptatif forgé par l'évolution. Votre quête de sens n'est qu'une illusion produite par votre cerveau pour favoriser votre survie. Vous n'êtes qu'une machine biologique complexe, un assemblage temporaire d'atomes qui se dissoudra à la mort sans transcendance. Cette vision détruit la dignité humaine (valeur purement fonctionnelle), la moralité objective (conventions sociales relatives), le sens de l'existence (projection subjective sur un cosmos absurde).

Si l'immatériel précède, alors vos pensées participent à un ordre intelligible transcendant. Votre conscience reflète la Conscience créatrice. Votre raison accède à des vérités éternelles parce que ces vérités existent dans l'Esprit divin avant d'être découvertes par l'esprit humain. Vous n'êtes pas une machine mais une âme incarnée, créée à l'image de Dieu, destinée à l'éternité. Cette vision fonde la dignité humaine sur une base inébranlable (image divine), la moralité objective (reflet du caractère divin), le sens de l'existence (relation avec le Créateur, vocation divine, destinée éternelle).

Révélation prophétique : la création par la Parole révèle pourquoi l'univers est mathématique

Pourquoi Dieu crée-t-il par la parole ? Cette modalité de création n'est jamais arbitraire. Elle révèle la structure ontologique de la réalité. La parole est le pont entre la pensée immatérielle et la réalité matérielle. Quand vous parlez, vous extériorisez une pensée intérieure, vous la rendez objective, vous lui donnez une forme dans le monde. La parole est médiation entre esprit et matière.

Dieu crée par la parole parce que l'univers matériel constitue l'expression d'une pensée divine. L'univers est le Logos divin externalisé, objectivé, réalisé dans la matière. C'est pourquoi l'univers obéit à des lois mathématiques — parce qu'il procède d'une Raison (Logos) qui pense mathématiquement. C'est pourquoi les mathématiques inventées abstraitement par l'esprit humain décrivent le monde physique avec une précision stupéfiante — parce que l'univers et l'esprit humain partagent la même source : le Logos divin.

Cette vérité résout le mystère de "l'efficacité déraisonnable des mathématiques" (Eugene Wigner). Les mathématiques fonctionnent dans le monde physique parce que l'univers est pensée divine matérialisée et que les mathématiques humaines redécouvrent partiellement les structures logiques que Dieu a pensées en créant. L'esprit humain peut saisir les lois cosmiques parce que l'homme est fait à l'image du Logos et possède donc une capacité innée de reconnaître l'ordre rationnel dans la création.

La priorité de l'immatériel sur le matériel explique donc pourquoi la science est possible. Sans un Créateur intelligent pensant mathématiquement et créant l'homme à son image capable de penser mathématiquement, il n'y aurait aucune garantie que l'univers soit intelligible ni que l'esprit humain puisse le comprendre. Le matérialisme présuppose ce qu'il ne peut fonder : l'ordre rationnel du cosmos. La foi biblique fournit le fondement métaphysique que la science utilise sans le reconnaître.

L'argument de la rationalité : si le matérialisme est vrai, la raison est impossible

C.S. Lewis a développé un argument dévastateur : si le matérialisme est vrai, nous n'avons aucune raison de croire que nos processus rationnels produisent des croyances vraies. Selon le matérialisme, tous nos processus mentaux sont entièrement déterminés par des lois physiques et des conditions initiales. Votre croyance que 2+2=4 résulte de configurations neuronales causées par votre génétique, votre environnement, votre histoire causale. Vous croyez que 2+2=4 non parce que vous avez saisi une vérité mathématique abstraite, mais parce que votre cerveau, obéissant à des lois physiques aveugles, produit cet état mental particulier.

Mais si c'est le cas, pourquoi devriez-vous faire confiance à cette croyance ? Votre cerveau a été façonné par l'évolution non pour produire des croyances vraies mais pour produire des croyances favorisant la survie. Si croire 2+2=5 avait favorisé la survie de vos ancêtres, votre cerveau vous ferait croire que 2+2=5. La vérité n'est jamais le critère de sélection naturelle, la survie l'est.

Par conséquent, si le matérialisme est vrai, vous n'avez aucune raison rationnelle de faire confiance à vos processus rationnels. Cela inclut votre raisonnement qui vous a conduit au matérialisme. Si le matérialisme détruit la fiabilité de la raison, alors la croyance dans le matérialisme elle-même est sapée. Le matérialisme se réfute lui-même.

En revanche, si vos processus mentaux participent à un ordre rationnel transcendant créé par une Intelligence divine, si votre raison est conçue pour saisir la vérité parce qu'elle reflète la

Raison créatrice, alors vous avez une justification pour faire confiance à votre raison. Le théisme fonde la possibilité même de la connaissance rationnelle. Le matérialisme la détruit.

Conclusion du chapitre

La question "Qui précède : matériel ou immatériel ?" ne peut avoir qu'une seule réponse cohérente : l'immatériel précède nécessairement. La matière ne peut précéder l'immatériel car elle ne produit jamais spontanément les propriétés immatérielles observables : conscience subjective, raison abstraite, intentionnalité, liberté, information codée. Le matérialisme invoque une "émergence" miraculeuse sans explication. Il ne peut fonder la rationalité sans la détruire. Il réduit tout à la matière et détruit ainsi la dignité, la moralité, le sens.

L'immatériel précède le matériel parce que seule une Intelligence transcendante peut expliquer l'existence d'un univers ordonné, intelligible, régi par des lois, contenant de l'information, produisant des êtres conscients capables de comprendre la vérité. La Bible l'affirme avec clarté prophétique : "Au commencement était la Parole." Le Logos divin précède toute réalité matérielle. Tout est créé par lui, tout subsiste en lui.

Cette priorité de l'immatériel fonde la dignité humaine (image divine), la moralité objective (reflet du caractère divin), le sens de l'existence (relation avec le Créateur), la possibilité même de la connaissance rationnelle (participation au Logos divin). Elle rend la science possible en garantissant que l'univers est rationnel et que l'esprit humain peut saisir cette rationalité.

Au commencement était l'Esprit, non la matière. Au commencement était la Pensée, non le chaos. Au commencement était Dieu, et tout ce qui existe procède de sa volonté créatrice. Cette vérité change absolument tout.

CHAPITRE 10__ **QUI VALORISE L'HUMAIN ? SCIENCE OU BIBLE ?**

La manière dont on définit l'homme détermine la valeur qu'on lui attribue. Cette définition n'est jamais neutre, jamais sans conséquences pratiques, jamais simplement académique. Elle fonde ou détruit la dignité humaine, justifie ou condamne les droits universels, élève ou abaisse la personne. Deux définitions s'affrontent aujourd'hui avec des implications diamétralement opposées. La science matérialiste définit l'homme comme un animal de l'espèce *Homo sapiens*, produit du hasard évolutif. La Bible définit l'homme comme une créature faite à l'image de Dieu, créée intentionnellement pour refléter le Créateur. Ces deux définitions ne peuvent coexister. Elles produisent des anthropologies radicalement incompatibles. Laquelle valorise véritablement l'humain ? Laquelle fonde une dignité inaliénable ? Laquelle justifie les droits universels ?

La définition scientifique matérialiste

La science matérialiste dominante affirme sans ambiguïté : l'homme est un animal de l'espèce *Homo sapiens*, mammifère de l'ordre des primates, famille des hominidés, genre *Homo*, apparu il y a environ 300000 ans par des processus évolutifs aveugles. Cette classification zoologique entraîne des conséquences logiques inévitables qui réduisent systématiquement la dignité humaine à un phénomène biologique temporaire et contingent.

L'homme est un produit du hasard. Si l'homme résulte de mutations aléatoires filtrées par la sélection naturelle, alors son existence est accidentelle. Les mutations génétiques qui ont conduit à *Homo sapiens* auraient pu ne pas se produire. L'évolution aurait pu prendre une direction différente. L'homme n'était pas inévitable, pas prévu, pas voulu. Il constitue un accident cosmique, une possibilité parmi des milliards réalisée par hasard. Cette contingence radicale dissout toute idée de finalité, de dessein, d'intention dans l'existence humaine.

La conscience est un accident. Si la conscience émerge accidentellement de la complexité neuronale au-delà d'un certain seuil évolutif, alors elle ne possède aucune signification transcendante. Elle constitue un sous-produit de l'évolution cérébrale, un épiphénomène de processus matériels, une propriété émergente sans fondement métaphysique. La conscience n'a pas de valeur intrinsèque, pas de dignité essentielle. Elle est simplement un fait biologique comme la photosynthèse ou la digestion, ni plus ni moins remarquable ontologiquement.

La valeur est fonctionnelle. Si l'homme est un animal, sa valeur devient nécessairement fonctionnelle, utilitaire, relative. Un animal vaut ce qu'il produit, ce qu'il contribue, ce qu'il peut faire. Un cheval de course vaut ses performances. Un chien de berger vaut son utilité. Un animal malade, vieux, improductif perd sa valeur. De même, si l'homme est un animal, sa valeur dépend de ses capacités cognitives, de sa productivité économique, de sa contribution sociale, de son utilité pour la collectivité. Les malades, les handicapés mentaux sévères, les vieillards séniles, les nouveau-nés avec déficiences graves perdent leur valeur en proportion de leur diminution fonctionnelle. Cette logique est implacable et conduit inévitablement à l'eugénisme, à l'euthanasie utilitariste, à la hiérarchisation des vies humaines selon des critères de fonctionnalité.

Aucune finalité transcendante. Si l'homme résulte de processus aveugles sans but, alors il n'a aucune finalité transcendante, aucun telos, aucune raison d'être au-delà de la survie et de la reproduction. Il existe parce que ses ancêtres ont survécu et se sont reproduits. C'est tout. Il n'y a pas de sens objectif à découvrir, pas de vocation divine à accomplir, pas de destinée éternelle à réaliser. L'homme peut s'inventer des buts subjectifs pour donner une illusion de sens à son existence, mais ces buts restent des projections arbitraires sur un cosmos fondamentalement absurde.

Aucune dignité absolue. Si l'homme est un animal évolué, il n'a pas plus de dignité intrinsèque qu'un autre animal. Toute tentative d'attribuer une dignité spéciale à l'espèce humaine devient arbitraire, un vestige sentimental d'une époque pré-scientifique, un spécisme injustifiable. Le philosophe Peter Singer, matérialiste cohérent avec ses présupposés, affirme explicitement qu'un chimpanzé en bonne santé possède plus de valeur qu'un nouveau-né humain avec déficience mentale sévère, car le chimpanzé manifeste des capacités cognitives supérieures. Cette conclusion choque, mais elle découle logiquement de la prémisse matérialiste : si seules les capacités cognitives déterminent la valeur, alors la hiérarchie se fonde sur ces capacités, non sur l'appartenance à une espèce.

La définition biblique

La Bible propose une anthropologie radicalement différente, fondée non sur une classification zoologique mais sur une révélation de l'intention créatrice. Genèse 1:26-27 déclare : "Puis Dieu dit : Faisons l'homme à notre image, selon notre ressemblance... Dieu créa l'homme à son image, il le créa à l'image de Dieu." Cette définition porte en elle des conséquences qui élèvent l'homme au lieu de le réduire.

L'homme possède une dignité intrinsèque. Être créé à l'image de Dieu confère une dignité qui ne dépend ni des capacités intellectuelles, ni de la productivité, ni de l'utilité sociale, ni d'aucune performance mesurable. Cette dignité découle de l'origine divine, non de l'accomplissement humain. Elle est inaliénable parce qu'elle ne peut être retirée sans détruire l'essence même de ce qu'est l'homme. Le nouveau-né, le handicapé mental sévère, le vieillard sénile, le malade en phase terminale possèdent la même dignité absolue parce qu'ils portent tous l'image du Créateur. Cette dignité ne fluctue jamais selon les circonstances, ne diminue jamais avec l'âge ou la maladie, ne dépend jamais de critères fonctionnels.

La valeur ne dépend pas de la performance. Puisque la dignité provient de l'image divine, la valeur humaine ne se mesure jamais par ce que l'homme fait mais par ce qu'il est. L'homme vaut infiniment non parce qu'il produit, contribue, performe, mais parce qu'il porte l'image de l'Infini. Cette vérité transforme radicalement l'éthique : on ne peut jamais traiter un être humain comme simple moyen en vue d'une fin, jamais le réduire à son utilité, jamais calculer sa valeur selon des critères économiques ou sociaux. Chaque personne humaine possède une valeur absolue qui commande le respect inconditionnel.

L'homme est porteur de sens. Être créé à l'image de Dieu signifie être créé par un Être qui agit avec intention, qui parle, qui révèle, qui établit une alliance. L'homme n'est pas un accident cosmique mais le fruit d'une décision divine. Il existe parce que Dieu a voulu qu'il existe. Il possède une vocation divine : refléter le Créateur, dominer la création dans la justice, entrer en relation avec Dieu, glorifier son Créateur par toute son existence. Cette vocation donne un sens objectif, transcendant, éternel à l'existence humaine. L'homme n'invente pas son sens subjectivement, il découvre le sens que le Créateur a inscrit dans sa nature même.

L'homme est appelé à gouverner, pas simplement à survivre. Genèse 1:26 poursuit : "Qu'ils dominent sur les poissons de la mer, sur les oiseaux du ciel, sur le bétail, sur toute la terre, et sur tous les reptiles qui rampent sur la terre." L'homme reçoit une autorité de gouvernance sur la création. Cette domination n'est jamais tyrannique mais sacerdotale : l'homme agit comme représentant de Dieu, gérant de la création, médiateur entre le Créateur et le cosmos. Cette vocation de gouvernance élève l'homme infiniment au-dessus de l'animal qui survit simplement selon ses instincts. L'homme gouverne, nomme, ordonne, cultive, transforme selon des principes rationnels et moraux.

Responsabilité morale absolue. Si l'homme est créé à l'image de Dieu, il possède une conscience morale objective, non un simple mécanisme adaptatif. Le bien et le mal ne sont pas des conventions sociales relatives mais des réalités fondées dans le caractère divin. L'homme est responsable devant Dieu de ses choix, de ses actions, de l'exercice de sa domination sur la création. Cette responsabilité morale suppose la liberté réelle (pas le déterminisme matériel), la connaissance du bien (pas l'ignorance morale), le jugement final (pas l'impunité cosmique).

La Bible valorise l'homme, la science matérialiste le limite

La conclusion s'impose avec une clarté implacable : la Bible valorise l'homme en lui conférant une dignité ontologique absolue fondée sur l'image divine. La science matérialiste le limite en le réduisant à un phénomène biologique contingent sans signification transcendante. L'une élève, l'autre abaisse. L'une révèle une finalité divine, l'autre dissout toute finalité dans le hasard évolutif. L'une fonde une valeur absolue, l'autre ne peut justifier qu'une valeur fonctionnelle relative.

Cette différence n'est jamais théorique. Elle produit des conséquences pratiques massives dans l'éthique, le droit, la politique, la médecine. Si l'homme porte l'image de Dieu, alors l'avortement, l'euthanasie involontaire, l'eugénisme, l'expérimentation humaine sans consentement, l'esclavage, le génocide constituent des violations absolues de la dignité humaine, des crimes contre l'image divine, des atteintes à Dieu lui-même à travers ses créatures. Si l'homme est un animal, alors ces pratiques peuvent se justifier selon des calculs utilitaristes de souffrance minimisée ou de bien-être collectif maximisé. La logique est inévitable.

Les droits humains universels proclamés dans la Déclaration universelle de 1948 affirment : "Tous les êtres humains naissent libres et égaux en dignité et en droits." Sur quelle base ? Si l'homme est un animal évolué, pourquoi posséderait-il des droits que les autres animaux ne possèdent pas ? Pourquoi cette égalité en dignité alors que les capacités varient énormément entre individus ? La déclaration ne peut se fonder rationnellement que sur une anthropologie théiste : tous les humains possèdent une dignité égale parce que tous portent également l'image de Dieu, indépendamment de leurs capacités variables. Retirer le fondement théiste laisse les droits humains suspendus dans le vide, affirmations sentimentales sans justification rationnelle.

Révélation prophétique : "Faisons l'homme à notre image" — rupture ontologique

Genèse 1:26 marque une rupture décisive dans le récit de la création : "Puis Dieu dit : Faisons l'homme à notre image, selon notre ressemblance." Cette formulation unique ne s'applique à aucune autre créature. Les animaux sont créés "selon leur espèce" (versets 21, 24, 25) — classification horizontale selon des catégories naturelles. L'homme seul est créé "selon l'image de Dieu" — classification verticale selon une ressemblance au Créateur transcendant.

Dieu ne dit jamais "Faisons un animal plus complexe." Il dit "Faisons l'homme à notre image." L'homme n'est pas le prolongement d'une espèce animale perfectionnée. Il constitue une nouvelle catégorie d'être, introduite dans la création comme pivot entre le Créateur et le cosmos. Il n'est pas créé selon son espèce (classification zoologique) mais selon l'image divine (participation à la nature transcendante).

Cette rupture ontologique se manifeste grammaticalement : pour toutes les créatures précédentes, Dieu dit "Que la terre produise..." (verset 11), "Que les eaux produisent..." (verset 20), "Que la terre produise des animaux vivants..." (verset 24). La terre et les eaux produisent selon leur capacité naturelle. Pour l'homme, Dieu dit "Faisons l'homme" — intervention directe, créatrice, personnelle. Dieu ne délègue pas la création de l'homme aux processus naturels. Il crée directement, façonnant l'homme à son image.

Le pluriel "Faisons" (consultation trinitaire selon l'interprétation chrétienne classique) souligne la solennité de cet acte créateur unique. Créer l'homme à l'image de Dieu représente le sommet de la création, l'œuvre la plus élevée, nécessitant la délibération divine. L'homme n'est jamais un produit secondaire, un accident tardif, un animal amélioré. L'homme est le but de la création, celui pour qui le cosmos est préparé, celui qui sera le représentant de Dieu dans la création.

L'image de Dieu : qu'est-ce que cela signifie concrètement ?

Être créé à l'image de Dieu ne signifie évidemment pas ressembler physiquement à Dieu, puisque Dieu est esprit (Jean 4:24), sans corps matériel. L'image se manifeste dans les capacités spirituelles qui distinguent radicalement l'homme de l'animal :

Conscience morale. L'homme seul parmi les créatures terrestres possède une conscience du bien et du mal, une capacité de jugement moral, une responsabilité éthique. Il reconnaît des normes morales objectives qui transcendent ses désirs personnels. Il éprouve culpabilité, remords, honte quand il viole ces normes. Il admire la vertu, condamne le vice, aspire à la justice. Cette conscience morale reflète le caractère saint de Dieu, sa nature moralement parfaite.

Capacité de parole signifiante. L'homme parle non seulement pour communiquer des besoins immédiats mais pour transmettre des vérités abstraites, raconter des histoires, formuler des lois, exprimer des émotions complexes, créer de la poésie, révéler son intériorité. Cette capacité de langage symbolique abstrait reflète le Logos divin, la Parole créatrice par laquelle Dieu crée et se révèle.

Intelligence symbolique. L'homme seul crée des systèmes symboliques complexes : mathématiques, logique, musique, art, rituels religieux. Il pense abstraitement, conceptualise l'invisible, raisonne sur le possible et le nécessaire. Cette intelligence symbolique reflète la Sagesse divine qui conçoit et ordonne la création selon des principes rationnels.

Autorité spirituelle. L'homme reçoit l'autorité de dominer la création (Genèse 1:26-28), de nommer les animaux (Genèse 2:19-20), de cultiver et garder le jardin (Genèse 2:15). Cette autorité n'est jamais arbitraire mais représentative : l'homme agit comme vice-régent de Dieu, exerçant l'autorité divine sur la création terrestre. Cette domination reflète la souveraineté divine sur toute la création.

Capacité de relation avec l'invisible. L'homme seul cherche Dieu, prie, adore, entre en dialogue avec le transcendant. Universellement, dans toutes les cultures, l'homme développe des conceptions du divin et des pratiques religieuses. Cette quête du sacré reflète l'origine divine de l'homme : il vient de Dieu, porte son image, est fait pour retourner à lui.

Créativité. L'homme crée de la nouveauté : inventions technologiques, œuvres artistiques, systèmes philosophiques, théories scientifiques. Il ne se contente jamais de répéter les patterns instinctifs de son espèce. Il innove, transforme, transcende. Cette créativité reflète la créativité divine qui crée ex nihilo, introduit la nouveauté absolue dans l'être.

Conclusion du chapitre

Deux définitions de l'homme s'affrontent avec des conséquences diamétralement opposées. La science matérialiste définit l'homme comme animal de l'espèce *Homo sapiens*, produit du hasard, sans finalité transcendante, sans dignité absolue, avec une valeur purement fonctionnelle. La Bible définit l'homme comme créature faite à l'image de Dieu, créée intentionnellement, possédant une dignité intrinsèque inaliénable, une vocation divine, une responsabilité morale, une destinée éternelle.

La Bible valorise l'homme en lui conférant une dignité ontologique absolue. La science matérialiste le limite en le réduisant à un phénomène biologique contingent. La différence n'est jamais théorique. Elle détermine si l'homme possède des droits inaliénables ou seulement des privilèges révocables, si la dignité humaine se fonde objectivement ou s'invente subjectivement, si la vie humaine possède une valeur absolue ou seulement une valeur relative calculable.

"Faisons l'homme à notre image" — cette déclaration divine élève l'homme infiniment au-dessus de toute classification zoologique. Elle révèle que l'homme n'est pas un animal amélioré mais une créature à part, créée selon l'image divine, introduite dans la création comme médiateur entre Dieu et le cosmos, appelée à refléter le Créateur et à gouverner justement la création.

Cette vérité change absolument tout dans notre compréhension de qui nous sommes, d'où nous venons, quelle est notre valeur, quelle est notre destinée. Un animal n'a jamais demandé pourquoi il possède une dignité. Un homme, si. Cette différence change absolument tout.

CHAPITRE 11 __ **L'HOMME N'EST PAS UN ANIMAL — DÉMONSTRATION ONTOLOGIQUE**

L'affirmation que "l'homme n'est pas un animal" provoque immédiatement une objection scientifique : biologiquement, l'homme est classé comme mammifère, primate, hominidé. Cette classification zoologique est exacte au niveau descriptif. Mais elle confond deux ordres de réalité radicalement différents. L'homme possède effectivement un corps biologique qui fonctionne selon les mêmes lois physiologiques que les autres mammifères. Personne ne le conteste. La question décisive ne porte pas sur la similitude corporelle mais sur la nature ontologique : l'homme appartient-il à la même catégorie d'être que les animaux, ou constitue-t-il une catégorie radicalement distincte ? Une différence de degré ou une différence de nature ? Une évolution quantitative ou un saut ontologique ?

La démonstration qui suit établira que l'homme manifeste des propriétés qui ne peuvent s'expliquer par une simple augmentation quantitative de capacités animales. Ces propriétés révèlent une rupture ontologique, une différence de nature, un niveau d'être radicalement supérieur. L'homme n'est pas un animal très intelligent. L'homme est une créature qui transcende complètement l'ordre biologique par sa dimension spirituelle. Cette différence n'est jamais graduelle mais absolue, pas accidentelle mais essentielle, pas superficielle mais fondamentale.

La conscience réflexive : "Je sais que je sais"

L'animal possède une conscience immédiate de son environnement. Il perçoit des stimuli sensoriels, réagit aux dangers, cherche la nourriture, évite la souffrance. Cette conscience sentiente permet la navigation dans le monde, la satisfaction des besoins, la survie de l'individu et de l'espèce. Mais l'animal ne possède jamais la conscience réflexive, la capacité de se poser soi-même comme objet de sa propre conscience, le retour de la conscience sur elle-même.

L'homme seul peut dire : "Je sais que je sais." Il ne se contente pas de savoir, il sait qu'il sait. Il peut penser ses propres pensées, examiner ses propres processus mentaux, évaluer ses propres croyances, juger ses propres jugements. Cette récursivité infinie de la conscience humaine — je sais que je sais que je sais, ad infinitum — révèle une dimension qui transcende complètement la conscience animale.

Un lion chasse une gazelle. Il perçoit la proie, calcule instinctivement la trajectoire, bondit au moment opportun. Toute cette séquence manifeste de l'intelligence pratique, de la coordination sensori-motrice sophistiquée, une forme de conscience perceptive. Mais le lion ne se demande jamais : "Pourquoi est-ce que je chasse ? Quelle est la signification de mon existence de prédateur ? Est-ce moralement justifiable de tuer pour survivre ? Que se passera-t-il après ma mort ?" Ces questions présupposent la conscience réflexive que seul l'homme possède.

Cette capacité exclusive à l'homme ne résulte jamais d'une augmentation quantitative de neurones. Aucun seuil de complexité neuronale ne transforme la conscience immédiate en conscience réflexive. Le saut est qualitatif, ontologique. Si l'homme était simplement un animal évolué avec un cerveau plus gros, cette capacité devrait exister au moins partiellement chez d'autres espèces avec des cerveaux complexes. Or elle n'existe nulle part dans le règne animal. Elle apparaît exclusivement chez l'homme, pleinement développée, sans précédent évolutif observable.

Le langage symbolique : communication animale versus parole humaine

L'objection surgit immédiatement : "Les animaux communiquent aussi ! Les abeilles dansent pour indiquer l'emplacement des fleurs. Les dauphins émettent des sifflements complexes. Les singes utilisent des cris d'alarme différenciés." Cette objection confond communication et langage. Tous les animaux sociaux communiquent. Seul l'homme parle.

La communication animale reste toujours liée au présent immédiat, aux besoins biologiques concrets, aux stimuli environnementaux actuels. L'abeille danse pour indiquer où se trouve la nourriture maintenant. Le dauphin siffle pour coordonner la chasse en cours. Le singe crie pour avertir d'un danger présent. Cette communication, aussi sophistiquée soit-elle, ne dépasse jamais le contexte immédiat. Elle sert des fonctions adaptatives directes : survie, reproduction, coordination sociale.

Le langage humain transcende complètement ces limitations. L'homme parle du passé lointain, raconte l'histoire de ses ancêtres il y a mille ans. Il parle du futur hypothétique, planifie des projets qui s'accompliront après sa mort. Il parle de l'invisible, du possible, du nécessaire, de l'éternel. Il formule des abstractions : justice, beauté, vérité, Dieu. Il crée des mondes fictifs : mythes, romans, poésie. Il énonce des lois universelles : théorèmes mathématiques, principes logiques, normes morales.

Cette différence n'est pas quantitative mais qualitative. Le langage humain possède des propriétés absentes de toute communication animale :

Symbolique. Les mots humains sont des symboles arbitraires. La relation entre le son "chien" et l'animal réel est conventionnelle, établie par usage social, variable selon les langues. En français "chien", en anglais "dog", en arabe "kalb". Cette arbitrarité révèle que le langage humain opère dans un ordre symbolique abstrait, non dans un ordre de signaux instinctifs biologiquement déterminés.

Abstrait. L'homme peut parler de concepts n'ayant aucune existence matérielle : nombres, relations logiques, catégories métaphysiques. Quand je dis "la justice doit prévaloir", je ne réfère à aucun objet observable mais à un principe moral abstrait. Aucune communication animale n'atteint jamais ce niveau d'abstraction.

Productif. Le langage humain permet de créer un nombre infini de phrases nouvelles jamais prononcées auparavant. Cette productivité infinie découle de la structure grammaticale récursive : on peut enchâsser des propositions à l'infini ("Je pense que tu crois que Marie sait que Pierre espère que..."). Aucun système de communication animale ne manifeste cette productivité infinie.

Transmissible culturellement. L'homme apprend sa langue par immersion sociale, non par instinct génétique. Un enfant français adopté par une famille chinoise parlera chinois, non français. Cette transmission culturelle révèle que le langage humain transcende la programmation biologique. Les vocalisations animales, en revanche, sont largement instinctives. Un oiseau isolé dès la naissance produira quand même le chant caractéristique de son espèce, avec des variations mineures.

Créatif. L'homme crée constamment de nouveaux mots, de nouvelles expressions, de nouvelles métaphores. Le langage évolue culturellement à une vitesse qui dépasse infiniment l'évolution biologique. Les argots, les jargons techniques, les néologismes prolifèrent continuellement. Aucune communication animale ne manifeste cette créativité linguistique.

Cumulatif. Le langage humain permet l'accumulation transgénérationnelle de connaissances. Chaque génération transmet à la suivante non seulement des gènes mais des savoirs, des techniques, des philosophies, des découvertes scientifiques. Cette transmission cumulative crée une évolution culturelle qui dépasse infiniment l'évolution biologique. Les animaux transmettent des comportements par imitation, mais chaque génération repart pratiquement à zéro sans accumulation significative.

L'argument décisif : pourquoi l'homme peut apprendre n'importe quelle langue humaine mais aucun animal ne peut apprendre la langue d'une autre espèce ?

Cet argument simple possède une force démonstrative dévastatrice. Un enfant humain, quelle que soit son origine génétique, peut apprendre n'importe quelle langue humaine avec une facilité remarquable. Un enfant européen apprendra le chinois mandarin aussi naturellement qu'un enfant chinois si exposé dès la petite enfance. Un enfant africain apprendra le japonais, l'arabe, le russe, le swahili selon son environnement linguistique. Cette universalité révèle que le langage humain repose sur une capacité cognitive universelle, une faculté du langage commune à tous les humains, indépendante de la diversité génétique.

En revanche, aucun animal ne peut apprendre la langue d'une autre espèce. Un chien élevé avec des chats n'apprendra jamais à miauler de manière signifiante. Un chat élevé avec des chiens n'apprendra jamais à aboyer pour communiquer. Un chimpanzé exposé pendant des années au langage humain parlé, immergé quotidiennement dans un environnement linguistique riche, ne développera jamais la capacité de parler, même avec un entraînement intensif.

Pourquoi cette asymétrie radicale ? Parce que les vocalisations animales résultent de programmes instinctifs biologiquement déterminés, spécifiques à chaque espèce. Le miaulement du chat, l'aboiement du chien, le rugissement du lion sont encodés génétiquement. Même isolé dès la naissance, l'animal produira les vocalisations caractéristiques de son espèce quand les déclencheurs hormonaux et développementaux appropriés surviennent.

Le langage humain, en revanche, repose sur une faculté cognitive abstraite qui transcende la programmation génétique. Cette faculté permet d'acquérir n'importe quel système linguistique conventionnel. Le langage n'est pas dans l'organe vocal mais dans l'esprit. Un enfant sourd apprendra parfaitement la langue des signes s'il y est exposé, manifestant toutes les propriétés du langage humain (symbolisme, abstraction, productivité, créativité) sans utiliser la voix. Cela prouve que le langage réside dans une capacité mentale abstraite, non dans un mécanisme biologique particulier.

Cette différence révèle que l'homme n'est pas un animal avec un système de communication plus complexe. L'homme possède une dimension cognitive qui transcende complètement l'ordre biologique, une capacité d'opérer dans un ordre symbolique abstrait qui n'existe nulle part dans le règne animal. Cette capacité ne peut résulter d'une évolution graduelle car elle n'existe sous aucune forme intermédiaire chez aucune espèce. Elle apparaît exclusivement chez l'homme, pleinement développée, témoignant d'un saut ontologique.

Le cas du perroquet : imitation indiscriminée versus parole signifiante

L'objection surgit : "Mais les perroquets imitent la parole humaine !" Cette objection révèle une confusion entre imiter des sons et parler de manière signifiante. Le perroquet possède effectivement une capacité d'imitation vocale remarquable. Il peut reproduire fidèlement des mots humains, des phrases entières, même des intonations émotionnelles. Cette capacité impressionne et peut donner l'illusion que le perroquet "parle".

Mais examinons attentivement ce que le perroquet fait réellement. Il imite indistinctement tous les sons qu'il entend fréquemment : paroles humaines, miaulement de chat, sonnerie de téléphone, klaxon de voiture, musique, rires, toux. Cette indiscrimination révèle que le perroquet ne distingue pas la parole humaine signifiante des autres sons environnementaux. Pour lui, tout est simplement bruit à reproduire mécaniquement.

Le perroquet ne comprend jamais le sens des mots qu'il prononce. Quand il dit "Bonjour", il n'accomplit pas l'acte social de saluer. Il émet un son appris par conditionnement, déclenché par certains stimuli (arrivée d'une personne, moment de la journée), renforcé par des récompenses alimentaires. Si on entraîne un perroquet à dire "J'ai faim" quand on lui présente de la nourriture, puis qu'on lui retire la nourriture en présence d'eau, il continuera à répéter "J'ai faim" au lieu d'apprendre à dire "J'ai soif". Parce qu'il n'a aucune compréhension sémantique, aucune intentionnalité communicative réelle.

Les expériences scientifiques avec des perroquets gris africains (notamment Alex, étudié par Irene Pepperberg) montrent que les perroquets peuvent apprendre à associer des mots à des objets, des couleurs, des formes, des nombres jusqu'à environ six. Cela démontre une capacité d'association stimulus-réponse sophistiquée. Mais même dans les meilleurs cas, le perroquet ne dépasse jamais le niveau d'un enfant humain de 2 ans. Il ne développe jamais de grammaire, ne crée jamais de phrases nouvelles respectant une structure syntaxique, ne pose jamais de questions métaphysiques, ne raconte jamais d'histoires, ne formule jamais d'abstractions.

La différence cruciale : l'homme sait qu'il parle. Il possède une conscience métalinguistique. Il peut parler du langage lui-même, analyser la grammaire, étudier l'étymologie, créer consciemment des néologismes, jouer avec les mots par l'humour, la poésie, les calembours. Le perroquet ne sait jamais qu'il produit des sons. Il imite compulsivement, automatiquement, sans aucune conscience réflexive de l'acte d'imitation.

L'argument de l'élevage : l'environnement ne change pas l'essence

Un argument complémentaire renforce la démonstration : même élevé dans un environnement radicalement différent de son environnement naturel, un animal ne change jamais de nature linguistique. Un loup élevé dès sa naissance par des humains, choyé, entraîné, socialisé intensivement ne développera jamais le langage humain. Il apprendra à répondre à des commandes, à reconnaître des mots associés à des actions, à manifester des comportements conditionnés. Mais il ne parlera jamais, ne posera jamais de questions, ne racontera jamais d'histoires.

En revanche, les cas tragiques d'enfants humains gravement négligés, privés de contact linguistique pendant leurs premières années (comme Genie, découverte en 1970 à l'âge de 13 ans après avoir été isolée depuis l'enfance), révèlent que même dans ces conditions extrêmes, l'enfant possède la faculté du langage. Bien que Genie n'ait jamais développé une grammaire normale à cause de la privation pendant la période critique, elle a néanmoins acquis un vocabulaire substantiel et manifesté une compréhension linguistique impossible pour un animal. Elle posait des questions, utilisait des symboles abstraits, tentait de communiquer des pensées complexes malgré ses limitations grammaticales.

Cette différence révèle que le langage humain repose sur une capacité innée, une structure cognitive préexistante qui s'active quand exposée à un environnement linguistique. **Chomsky** appelle cela la "grammaire universelle", une faculté du langage biologiquement fondée mais transcendant la biologie dans ses manifestations. L'animal n'a jamais cette faculté. Aucun entraînement, aucun conditionnement, aucune immersion environnementale ne peut la créer artificiellement parce qu'elle relève d'une dimension ontologique que l'animal ne possède pas.

Révélation prophétique : Genèse 2:19-20 — l'homme nomme les animaux

Genèse 2:19-20 relate un événement d'une portée théologique profonde souvent sous-estimé : "L'Éternel Dieu forma de la terre tous les animaux des champs et tous les oiseaux du ciel, et il les fit venir vers l'homme, pour voir comment il les appellerait... Et l'homme donna des noms à tout le bétail, aux oiseaux du ciel et à tous les animaux des champs."

Dieu amène les animaux à Adam "pour voir comment il les appellerait". Cette formulation révèle que Dieu confère à l'homme l'autorité de nommer, de définir, de catégoriser la création. Nommer n'est jamais un acte passif de simple étiquetage. Nommer est un acte de domination intellectuelle, de compréhension conceptuelle, d'autorité classificatrice. En nommant les animaux, Adam exerce son autorité spirituelle sur la création, manifeste sa capacité de penser abstraitement, démontre qu'il transcende l'ordre animal qu'il nomme.

L'asymétrie est révélatrice : Adam nomme les animaux. Aucun animal ne nomme jamais Adam. Aucun animal ne nomme jamais les autres animaux. Aucun animal ne nomme jamais quoi que ce soit. Nommer requiert la capacité de langage symbolique abstrait, la conscience réflexive qui permet de poser un concept sur une réalité, l'autorité intellectuelle qui classe et définit. Ces capacités appartiennent exclusivement à l'homme créé à l'image de Dieu.

De plus, Adam nomme les animaux et découvre qu'aucun n'est "une aide semblable à lui" (verset 20). Cette découverte révèle qu'Adam reconnaît la différence ontologique. Parmi tous les animaux, aucun ne correspond à sa nature, aucun ne peut être son partenaire intellectuel et spirituel, aucun n'est "semblable à lui". Cette reconnaissance présuppose qu'Adam comprend qu'il n'appartient pas à la même catégorie d'être que les animaux. Il les nomme, les classe, les domine intellectuellement, mais ne se reconnaît pas en eux.

La création d'Ève résout cette solitude ontologique. Dieu crée une aide "semblable à lui" (littéralement en hébreu : "kenegdo" — "comme en face de lui", "correspondant à lui"). Ève seule parmi toutes les créatures partage la nature humaine, porte l'image de Dieu, possède le langage, la conscience réflexive, la capacité de communion intellectuelle et spirituelle. Adam reconnaît immédiatement cette ressemblance ontologique : "Voici cette fois celle qui est os de mes os et chair de ma chair" (verset 23). Cette reconnaissance mutuelle révèle que l'homme reconnaît l'homme comme catégorie distincte, que la conscience humaine se reconnaît elle-même dans l'autre humain d'une manière impossible avec les animaux.

Conclusion du chapitre

L'homme n'est pas un animal au sens ontologique. Cette affirmation ne nie pas les similitudes corporelles évidentes au niveau physiologique. Elle affirme que l'homme possède des propriétés qui révèlent une rupture ontologique, une différence de nature, non de degré.

La conscience réflexive — "je sais que je sais" — est exclusive à l'homme, sans précédent dans le règne animal, impossible à produire par simple augmentation de complexité neuronale. Le langage symbolique abstrait transcende complètement la communication animale par ses propriétés (symbolisme, abstraction, productivité, créativité, transmission culturelle, accumulation cumulative). L'asymétrie linguistique est dévastatrice : l'homme peut apprendre n'importe quelle langue humaine, aucun animal ne peut apprendre la langue d'une autre espèce. Le perroquet imite mécaniquement sans comprendre. L'environnement ne transforme jamais l'essence animale en essence humaine.

Genèse 2:19-20 révèle cette distinction ontologique prophétiquement : l'homme nomme les animaux, manifestant son autorité intellectuelle et spirituelle, reconnaissant qu'aucun animal n'est "semblable à lui". Cette asymétrie — l'homme nomme les animaux mais les animaux ne nomment rien — révèle la différence absolue.

L'homme appartient à une catégorie ontologique radicalement distincte. Il n'est pas un animal évolué mais une créature à part, créée à l'image de Dieu, possédant des capacités spirituelles qui transcendent complètement l'ordre biologique. Cette vérité change absolument tout dans notre compréhension de qui nous sommes et d'où nous venons.

Lucy (l'australopithèque) est un animal. L'homme est une créature à part. Cette distinction change absolument tout.

CHAPITRE 12__ L'HOMME IMITE L'ANIMAL, L'ANIMAL N'IMITE PAS L'HOMME

Voici un argument d'une simplicité désarmante mais d'une force démonstrative implacable : l'homme peut imiter volontairement les vocalisations de dizaines d'espèces animales différentes. Un homme peut aboyer comme un chien, miauler comme un chat, rugir comme un lion, hennir comme un cheval, bêler comme un mouton, meugler comme une vache, croasser comme un corbeau, hululer comme une chouette, siffler comme un oiseau. Cette capacité d'imitation transcende les frontières d'espèces avec une facilité remarquable. Un acteur talentueux peut reproduire fidèlement des dizaines de cris animaux différents, passant de l'un à l'autre instantanément, modulant consciemment chaque vocalisation.

En revanche, aucun animal (à l'exception notable du perroquet que nous traiterons séparément) ne peut imiter volontairement les vocalisations d'une autre espèce, encore moins les sons humains de manière signifiante. Un chien élevé depuis sa naissance avec des chats n'apprendra jamais à miauler. Un chat élevé avec des chiens n'apprendra jamais à aboyer. Un chimpanzé, notre plus proche parent génétique, exposé pendant des années au langage humain parlé dans un environnement riche et stimulant, ne développera jamais la capacité de prononcer des mots humains, même avec un entraînement intensif utilisant les méthodes de conditionnement les plus sophistiquées.

Cette asymétrie radicale révèle quelque chose de fondamental sur la nature humaine : l'homme possède une flexibilité cognitive et un contrôle volontaire de son appareil phonatoire qui transcendent complètement les capacités animales. Cette transcendance ne résulte pas d'une simple différence quantitative (cerveau plus gros, larynx mieux positionné) mais révèle une différence qualitative, ontologique, signalant que l'homme n'est pas un animal amélioré mais une créature d'un ordre radicalement distinct.

L'homme peut imiter consciemment toutes les espèces

La capacité humaine d'imitation vocale transcende les frontières biologiques d'espèces avec une aisance stupéfiante. Un enfant de trois ans peut déjà imiter le chien, le chat, la vache, le coq. Un adulte avec un peu de pratique peut reproduire les vocalisations de dizaines d'espèces : mammifères terrestres, oiseaux, amphibiens, même certains sons d'insectes. Cette imitation ne se limite jamais aux vocalisations. L'homme imite aussi les postures animales, les démarches, les comportements caractéristiques. Un acteur mime peut incarner un singe, un ours, un oiseau avec une précision telle que l'animal mimé devient immédiatement reconnaissable.

Cette capacité révèle plusieurs propriétés cognitives exclusivement humaines :

Analyse acoustique consciente. Pour imiter un son, il faut d'abord l'analyser consciemment : décomposer sa structure acoustique, identifier ses composantes fréquentielles, reconnaître ses patterns rythmiques, saisir ses modulations tonales. L'homme peut écouter le miaulement d'un chat et analyser mentalement : "C'est un son aigu qui commence par une montée fréquentielle puis se stabilise sur une note haute avant de redescendre légèrement." Cette analyse consciente présuppose une distance cognitive, une capacité métalinguistique de penser le son comme objet d'étude.

Reconfiguration volontaire de l'appareil phonatoire. Après avoir analysé le son cible, l'homme reconfigure volontairement son larynx, sa langue, ses lèvres, son souffle pour reproduire ce son. Cette reconfiguration consciente, intentionnelle, contrôlée volontairement révèle un contrôle moteur fin qui dépasse infiniment les capacités animales. L'homme peut tester différentes configurations, ajuster progressivement, affiner l'imitation jusqu'à obtenir une approximation satisfaisante.

Capacité de transcendance. L'homme peut franchir volontairement la frontière de son espèce, adopter temporairement les vocalisations d'autres espèces, puis revenir immédiatement à la parole humaine. Cette fluidité entre différents systèmes de vocalisation révèle que l'homme n'est pas enfermé dans un répertoire vocal génétiquement déterminé mais possède une flexibilité cognitive qui lui permet de transcender sa programmation biologique.

Conscience méta-cognitive de l'imitation. L'homme sait qu'il imite. Il peut expliquer verbalement ce qu'il fait : "Je suis en train d'imiter le cri d'un corbeau." Il peut évaluer la qualité de son imitation, la comparer au modèle original, identifier ce qui doit être amélioré. Cette conscience réflexive de l'acte d'imitation révèle une dimension cognitive qui transcende complètement la simple reproduction automatique de sons.

Les professions qui exploitent cette capacité

Cette capacité humaine d'imitation transcendante s'exploite professionnellement dans plusieurs domaines, démontrant qu'elle constitue une caractéristique stable, universelle, perfectible de la nature humaine :

Les imitateurs professionnels reproduisent non seulement les cris animaux mais aussi les voix humaines, les accents régionaux, les intonations émotionnelles, les timbres vocaux de célébrités. Cette virtuosité imitative révèle le contrôle volontaire extraordinaire que l'homme exerce sur son appareil phonatoire, sa capacité d'analyse acoustique fine, sa mémoire auditive précise.

Les bruiteurs de cinéma créent des effets sonores en imitant vocalement des sons complexes : moteurs de voiture, explosions, bruits de pas, craquements, sifflements du vent. Cette créativité imitative révèle que l'homme ne se limite jamais aux vocalisations animales mais peut reproduire pratiquement n'importe quel son environnemental par contrôle conscient de son appareil phonatoire.

Les chasseurs traditionnels utilisent des appeaux vocaux pour imiter les cris des animaux qu'ils chassent, attirant ainsi leurs proies. Cette application pratique de la capacité d'imitation révèle qu'elle constitue un avantage adaptatif réel, développé culturellement dans de nombreuses sociétés de chasseurs-cueilleurs.

Les comédiens et mimes incarnent des animaux sur scène, reproduisant leurs vocalisations, leurs postures, leurs mouvements caractéristiques avec une précision telle que le public reconnaît immédiatement l'animal représenté. Cette tradition théâtrale millénaire révèle l'universalité transculturelle de la capacité humaine d'imitation.

L'animal ne peut jamais imiter une autre espèce

En contraste radical avec cette flexibilité humaine, l'animal reste enfermé dans son répertoire vocal spécifique à son espèce. Les vocalisations animales résultent de programmes instinctifs biologiquement déterminés, génétiquement encodés, déclenchés par des stimuli spécifiques (hormonaux, environnementaux, sociaux) selon des mécanismes neurophysiologiques rigides.

Un chien élevé avec des chats n'apprendra jamais à miauler. Même si un chiot est séparé de sa mère dès la naissance et élevé exclusivement par des chats, exposé quotidiennement aux miaulements, sans jamais entendre un autre chien aboyer, il aboiera quand il atteindra la maturité vocale. L'aboiement n'est pas appris par imitation sociale mais génétiquement programmé. L'environnement peut moduler légèrement les vocalisations (fréquence, intensité, contextes d'émission) mais ne peut transformer l'essence vocale déterminée génétiquement.

Un chat élevé avec des chiens n'apprendra jamais à aboyer. De même, un chaton élevé par des chiens produira les miaulements caractéristiques de son espèce féline quand il commencera à vocaliser. Il peut développer des comportements sociaux canins (jouer comme un chien, remuer la queue différemment que les autres chats), mais ses vocalisations resteront félines, déterminées par sa programmation génétique.

Les chimpanzés ne peuvent pas reproduire les phonèmes humains. Malgré les efforts intensifs de chercheurs pendant des décennies pour enseigner le langage parlé à des chimpanzés, tous ces projets ont échoué. Les chimpanzés Viki et Washoe, élevés comme des enfants humains, immergés dans des environnements linguistiques riches, entraînés quotidiennement pendant des années, n'ont jamais réussi à produire plus que quelques sons approximatifs ressemblant vaguement à des mots humains, prononcés avec une difficulté extrême et sans la fluidité naturelle du langage.

Cette incapacité ne résulte pas simplement d'une différence anatomique du larynx. Des études ont montré que l'appareil vocal des chimpanzés pourrait théoriquement produire une gamme de sons suffisante pour parler. Le problème réside dans le contrôle neurologique : les chimpanzés ne possèdent pas le contrôle volontaire fin de leur appareil phonatoire que possèdent les humains. Leurs vocalisations sont largement involontaires, émotionnelles, automatiques. Ils ne peuvent pas reconfigurer volontairement leur larynx pour produire intentionnellement des sons choisis consciemment.

L'exception apparente : le perroquet

L'objection surgit immédiatement : "Mais les perroquets imitent les sons humains !" Cette exception apparente mérite un examen attentif car elle révèle, par contraste, la différence cruciale entre imitation mécanique et imitation intentionnelle.

Le perroquet possède effectivement une capacité d'imitation vocale remarquable. Il peut reproduire fidèlement des mots humains, des phrases entières, des intonations émotionnelles, des rires, des toux, des sonneries de téléphone, des miaulements de chat, des aboiements de chien. Cette capacité impressionne et peut créer l'illusion que le perroquet "parle" ou "imite consciemment".

Mais examinons attentivement ce que le perroquet fait réellement. Il imite **indistinctement, compulsivement,**

automatiquement tous les sons fréquents de son environnement. Il ne distingue pas la parole humaine signifiante des autres bruits environnementaux. Pour le perroquet, un mot humain, un miaulement de chat, une sonnerie de téléphone, un klaxon de voiture sont tous simplement des sons à reproduire mécaniquement selon le même processus neurologique.

Le perroquet ne sait jamais qu'il imite. Il reproduit compulsivement les sons sans aucune conscience réflexive de l'acte d'imitation. Il ne peut expliquer ce qu'il fait, évaluer la qualité de son imitation, choisir consciemment de perfectionner tel ou tel son. Son imitation est automatique, déclenchée par des stimuli environnementaux ou des états internes, non dirigée consciemment vers un but choisi.

Le perroquet n'analyse pas acoustiquement les sons. Il les reproduit globalement, sans décomposition analytique consciente. Il ne pense jamais : "Ce son contient une consonne plosive suivie d'une voyelle ouverte." Il enregistre neurologiquement un pattern acoustique complet et le rejoue mécaniquement.

Le perroquet ne choisit pas ce qu'il imite. Il reproduit les sons les plus fréquents, les plus saillants, les plus émotionnellement marqués de son environnement. Cette sélection est automatique, non consciente. Le perroquet ne décide jamais : "Je vais apprendre à imiter spécifiquement le rire humain parce que je trouve ce son intéressant."

Le perroquet ne peut transcender son imitation. Une fois qu'il a développé un répertoire vocal, il le répète compulsivement sans pouvoir l'analyser, le modifier intentionnellement, le combiner créativement. Il ne peut générer volontairement de nouvelles imitations en appliquant consciemment les principes qu'il aurait extraits de ses imitations précédentes.

La différence cruciale entre l'imitation humaine et l'imitation du perroquet est donc l'intentionnalité consciente. L'homme sait qu'il imite, choisit ce qu'il imite, analyse comment imiter, évalue son imitation, la perfectionne consciemment. Le perroquet imite automatiquement, compulsivement, sans aucune conscience réflexive de ce qu'il fait.

Cette différence révèle que l'imitation humaine opère à un niveau cognitif radicalement supérieur, impliquant la conscience réflexive, l'intentionnalité, le contrôle volontaire, la capacité méta-cognitive. L'imitation du perroquet reste un mécanisme neurologique sophistiqué mais automatique, comparable à un enregistreur audio biologique.

Pourquoi cette asymétrie révèle que l'homme n'est pas un animal

L'asymétrie imitative — l'homme imite toutes les espèces, les animaux (sauf le perroquet mécaniquement) n'imitent jamais d'autres espèces — révèle une vérité ontologique fondamentale : l'homme transcende les limites biologiques qui enferment les animaux dans leur nature spécifique.

L'animal est enfermé dans son essence spécifique. Chaque espèce possède un répertoire vocal génétiquement déterminé qu'elle ne peut dépasser. Le chien aboie, le chat miaule, le lion rugit selon des programmes instinctifs rigides. Aucun entraînement, aucune immersion environnementale, aucun conditionnement ne peut transformer ce répertoire fondamental parce qu'il est encodé génétiquement, déterminé biologiquement, constitutif de l'essence de l'espèce.

L'homme transcende sa programmation biologique. Il possède effectivement un répertoire vocal naturel (la parole articulée) mais il n'y est pas limité. Il peut franchir volontairement les frontières d'espèces, adopter temporairement les vocalisations d'autres créatures, puis revenir immédiatement à son mode naturel. Cette capacité de transcendance révèle que l'homme ne possède pas une nature biologique rigide qui l'enfermerait dans un répertoire vocal fixe. Il possède une flexibilité cognitive qui lui permet de dépasser constamment ses limites apparentes.

Cette transcendance révèle la dimension spirituelle de l'homme. La capacité de franchir volontairement les frontières d'espèces, de se mettre mentalement à la place d'une autre créature, d'adopter temporairement sa manière de vocaliser révèle une capacité d'abstraction, d'imagination, de conscience réflexive qui transcende complètement l'ordre biologique. L'homme peut se décentrer, sortir mentalement de sa perspective immédiate, adopter le point de vue d'un autre être. Cette capacité de décentration cognitive présuppose une dimension spirituelle qui dépasse infiniment les mécanismes neurophysiologiques.

L'asymétrie révèle l'autorité humaine. L'homme peut imiter tous les animaux mais aucun animal ne peut imiter l'homme (sauf mécaniquement le perroquet). Cette asymétrie reflète la structure ontologique révélée en Genèse : l'homme nomme les animaux, domine sur eux, possède une autorité intellectuelle et spirituelle qui le place au-dessus de l'ordre animal. Il peut descendre symboliquement vers les animaux en imitant leurs vocalisations, manifestant ainsi sa compréhension de leur nature. Mais les animaux ne peuvent jamais s'élever vers l'homme parce qu'ils ne possèdent pas la dimension cognitive nécessaire pour saisir et reproduire intentionnellement la parole humaine signifiante.

Révélation prophétique : l'homme gouverne par la compréhension

Cette capacité humaine d'imiter toutes les espèces révèle quelque chose de profond sur la nature de la domination humaine sur la création. Genèse 1:28 commande : "Dominez sur les poissons de la mer, sur les oiseaux du ciel, et sur tout animal qui se meut sur la terre." Cette domination n'est jamais tyrannique, brutale, ignorante. Elle est intellectuelle, spirituelle, fondée sur la compréhension.

Pour imiter un animal, il faut d'abord l'observer attentivement, comprendre son comportement, saisir les principes qui régissent ses vocalisations. L'homme qui imite le lion doit avoir étudié le lion, analysé son rugissement, compris dans quels contextes il rugit, saisi la structure acoustique de son cri. Cette compréhension révèle que la domination humaine sur les animaux repose sur l'intelligence, sur la capacité de comprendre les créatures inférieures, de saisir leur nature, de pénétrer intellectuellement leurs comportements.

L'animal ne comprend jamais l'homme de cette manière. Le chien obéit à son maître humain par conditionnement, par association stimulus-réponse, par attachement émotionnel. Mais il ne comprend jamais véritablement ce que son maître pense, ce qu'il projette, pourquoi il agit de telle manière. Le chien ne peut se mettre à la place de l'homme, adopter sa perspective mentale, saisir ses intentions abstraites. Cette impossibilité révèle que l'animal ne peut jamais accéder intellectuellement à l'homme comme l'homme accède intellectuellement à l'animal.

Cette asymétrie cognitive confirme la hiérarchie ontologique révélée bibliquement : l'homme est placé au-dessus des animaux non par force brute mais par supériorité intellectuelle et spirituelle. Il comprend les animaux. Les animaux ne comprennent jamais l'homme véritablement. Cette asymétrie de compréhension reflète l'asymétrie ontologique : l'homme transcende l'ordre animal par sa dimension spirituelle qui lui permet de saisir, comprendre, dominer intellectuellement les créatures inférieures.

Conclusion du chapitre : L'homme peut imiter volontairement les vocalisations de dizaines d'espèces animales différentes. Cette capacité révèle un contrôle conscient de l'appareil phonatoire, une analyse acoustique fine, une flexibilité cognitive permettant de franchir les frontières d'espèces, une conscience réflexive de l'acte d'imitation.

Aucun animal (sauf le perroquet mécaniquement, compulsivement, sans conscience réflexive) ne peut imiter les vocalisations d'une autre espèce. Un chien élevé avec des chats n'apprendra jamais à miauler. Un chimpanzé exposé pendant des années au langage humain ne développera jamais la capacité de parler. Les animaux restent enfermés dans leur répertoire vocal génétiquement déterminé, ne pouvant jamais transcender leur programmation biologique.

Cette asymétrie radicale révèle que l'homme n'est pas un animal avec des capacités légèrement supérieures. L'homme possède une dimension cognitive et spirituelle qui lui permet de transcender constamment ses limites biologiques apparentes, de franchir volontairement les frontières d'espèces, de se décentrer mentalement, de comprendre intellectuellement les créatures qu'il domine.

L'homme imite tous les animaux. Les animaux ne peuvent imiter l'homme. Cette asymétrie reflète la hiérarchie ontologique : l'homme transcende l'ordre animal, possède une autorité intellectuelle et spirituelle sur la création, comprend les créatures inférieures qui ne peuvent jamais le comprendre véritablement.

L'homme n'est pas un animal amélioré. L'homme est une créature à part, créée à l'image de Dieu, possédant des capacités spirituelles qui transcendent complètement l'ordre biologique. Cette vérité change absolument tout.

CHAPITRE 13_ **LES TROIS NIVEAUX DE VIE**

La création biblique révèle une structure hiérarchique de la vie que l'observation confirme et que la biologie moderne redécouvre sous d'autres termes. Tous les êtres vivants ne possèdent pas le même niveau d'existence, la même richesse ontologique, la même profondeur de vie. Trois niveaux distincts se manifestent avec une clarté qui interdit toute confusion : la vie végétative qui obéit sans conscience, la vie animale qui sent sans réflexion, la vie humaine qui pense, réfléchit, transcende. Ces trois niveaux ne constituent pas des variations quantitatives d'un même phénomène mais des ruptures qualitatives, des sauts ontologiques, des niveaux d'être radicalement distincts.

Cette distinction tripartite n'est jamais arbitraire, jamais culturellement construite, jamais simplement conventionnelle. Elle s'inscrit dans la réalité elle-même, dans la nature des choses, dans l'ordre créé. Genèse 1 la révèle prophétiquement. L'expérience humaine universelle la confirme immédiatement. La philosophie classique l'a toujours reconnue. Seul le matérialisme moderne tente de l'effacer en réduisant tous les niveaux au plus bas, en prétendant que la vie humaine n'est qu'une vie animale légèrement modifiée, que la vie animale n'est qu'une vie végétative sophistiquée, que la vie végétative n'est qu'une chimie organique complexe. Cette réduction détruit la vérité pour imposer un dogme idéologique.

Premier niveau : la vie végétative — croissance sans conscience

Les plantes vivent. Elles naissent d'une graine, croissent, se développent, se reproduisent, meurent. Elles manifestent des propriétés qui les distinguent radicalement de la matière inerte : métabolisme (transformation de matière et d'énergie), croissance (augmentation organisée de masse), reproduction (génération de nouveaux individus semblables), adaptation (réponse aux conditions environnementales). Ces propriétés révèlent que les plantes possèdent une forme de vie, un dynamisme interne, une finalité organique orientée vers la survie et la reproduction.

Mais cette vie végétative ne franchit jamais le seuil de la conscience. La plante réagit aux stimuli environnementaux selon des mécanismes biochimiques sophistiqués : phototropisme (orientation vers la lumière), géotropisme (orientation selon la gravité), fermeture des stomates en réponse à la sécheresse, production de substances défensives en réponse aux attaques d'insectes. Ces réactions révèlent une forme de sensibilité biologique, une capacité de réponse adaptative. Mais elles ne présupposent jamais la conscience subjective, l'expérience vécue de l'intérieur, la sensation qualitative.

Quand une plante se tourne vers la lumière, elle ne voit jamais la lumière, ne ressent jamais sa chaleur subjectivement, ne désire jamais consciemment s'en rapprocher. Elle obéit à des mécanismes biochimiques déclenchés automatiquement par la détection de photons : l'auxine (hormone de croissance) se redistribue du côté ombragé, provoquant une croissance différentielle qui oriente la tige vers la source lumineuse. Tout ce processus se déroule mécaniquement, sans aucune conscience impliquée.

La vie végétative possède donc une finalité interne (croître, se reproduire, survivre) mais ne possède jamais de conscience, de sensation, d'intériorité subjective. Elle obéit aux lois biologiques sans les connaître, manifeste une téléologie sans intention consciente, réalise des fonctions adaptatives sans jamais les choisir librement.

Genèse 1:11-12 révèle ce premier niveau : "Puis Dieu dit : Que la terre produise de la verdure, de l'herbe portant de la semence, des arbres fruitiers donnant du fruit selon leur espèce et ayant en eux leur semence sur la terre. Et cela fut ainsi." La plante "produit" selon son espèce, "porte" sa semence, "donne" son fruit. Toutes ces actions révèlent un dynamisme vital, une capacité de génération, une fécondité intrinsèque. Mais jamais Genèse n'attribue à la plante la nephesh (âme vivante consciente) que Dieu crée pour les animaux au verset 21.

Deuxième niveau : la vie animale — sensation sans réflexion

Les animaux vivent à un niveau ontologique supérieur aux plantes. Ils possèdent toutes les propriétés de la vie végétative (métabolisme, croissance, reproduction) mais y ajoutent une dimension radicalement nouvelle : la conscience sentiente. L'animal sent, perçoit, éprouve des sensations qualitatives, possède une expérience subjective vécue de l'intérieur. Quand un chien voit un os, il ne réagit pas simplement mécaniquement comme une plante réagit à la lumière. Il voit l'os subjectivement, éprouve le désir de le manger, anticipe le plaisir de le ronger, éprouve de la frustration si on l'en éloigne.

Cette conscience sentiente implique plusieurs capacités absentes de la vie végétative :

Perception sensorielle qualitative. L'animal ne détecte pas simplement des stimuli comme des signaux chimiques ou électriques. Il éprouve des qualia : la rougeur du rouge, la douceur du sucre, la chaleur de la flamme, la douleur de la blessure. Ces expériences qualitatives possèdent une dimension subjective irréductible à toute description objective de processus neuronaux.

Désir et aversion. L'animal désire ce qui lui procure du plaisir, évite ce qui lui cause de la souffrance. Ces orientations affectives révèlent une intériorité subjective, un vécu émotionnel, une perspective première personne sur le monde. La plante réagit aux stimuli nuisibles par des mécanismes biochimiques automatiques. L'animal fuit activement la souffrance parce qu'il l'éprouve subjectivement comme désagréable.

Mémoire et anticipation. L'animal se souvient d'expériences passées, reconnaît des lieux déjà visités, anticipe des événements futurs basés sur des régularités observées. Un chien se souvient où son maître cache les friandises, anticipe la promenade quand il voit la laisse, reconnaît les personnes familières après une longue absence. Cette temporalité vécue (passé mémorisé, futur anticipé) révèle une forme de conscience qui dépasse infiniment la pure réactivité végétative.

Locomotion volontaire. L'animal se déplace activement dans l'espace selon ses besoins et désirs. Il chasse une proie, fuit un prédateur, cherche un abri, explore un territoire. Cette mobilité volontaire révèle une agentivité, une capacité d'action dirigée vers des buts, une intentionnalité pratique. La plante reste immobile, subissant passivement son environnement. L'animal agit activement pour transformer son environnement ou sa position dans celui-ci.

Communication sociale. Les animaux sociaux communiquent entre eux : cris d'alarme avertissant du danger, vocalisations de cour pour attirer un partenaire, signaux de soumission ou de dominance régulant les hiérarchies sociales. Cette communication révèle une forme de vie sociale, de coordination comportementale, d'interaction consciente entre individus.

Mais malgré toutes ces capacités remarquables, l'animal ne franchit jamais le seuil de la conscience réflexive. Il sent mais ne sait jamais qu'il sent. Il perçoit mais ne réfléchit jamais sur sa perception. Il agit selon des désirs mais ne questionne jamais pourquoi il désire ce qu'il désire. Il vit dans le présent étendu de ses perceptions et anticipations immédiates sans jamais concevoir abstraitement le temps, l'éternité, l'origine, la finalité ultime. L'animal possède une conscience sentiente mais jamais une conscience réflexive, pensante, questionnante.

Genèse 1:20-21 révèle ce deuxième niveau : "Dieu dit : Que les eaux produisent en abondance des animaux vivants, et que des oiseaux volent sur la terre vers l'étendue du ciel. Dieu créa les grands poissons et tous les animaux vivants qui se meuvent, et que les eaux produisirent en abondance selon leur espèce." Le terme hébreu crucial ici est nephesh (נֶפֶשׁ) traduit par "animaux vivants". Nephesh désigne l'âme animale, le principe vital conscient, la vie sentiente. Les plantes possèdent la vie biologique mais jamais la nephesh. Seuls les animaux reçoivent la nephesh, cette dimension de conscience sentiente qui les élève au-dessus du niveau végétatif.

Troisième niveau : la vie humaine — conscience réflexive à l'image de Dieu

L'homme possède toutes les propriétés des deux niveaux inférieurs. Il a un corps qui métabolise, croît, se reproduit comme les plantes. Il a des sens qui perçoivent, des émotions qui le motivent, des désirs qui l'orientent comme les animaux. Mais il possède en plus une dimension radicalement nouvelle qui le place infiniment au-dessus de l'ordre animal : la conscience réflexive, la raison abstraite, la quête métaphysique, la capacité de connaître Dieu.

Cette dimension spirituelle se manifeste dans des capacités exclusivement humaines :

"Je sais que je sais" — conscience réflexive. L'homme seul peut se poser lui-même comme objet de sa propre conscience. Il ne se contente pas de penser, il pense qu'il pense. Il ne se contente pas de savoir, il sait qu'il sait. Cette récursivité infinie de la conscience humaine révèle une dimension qui transcende complètement la conscience animale sentiente.

Raison abstraite. L'homme saisit des vérités universelles, nécessaires, éternelles. Il comprend que 2+2=4 non seulement dans cette situation particulière mais nécessairement, universellement, en tous temps et en tous lieux. Il conçoit des concepts abstraits sans référent matériel : justice, beauté, vérité, infini, éternité. Cette capacité d'abstraction révèle que l'esprit humain opère dans un ordre intelligible qui transcende l'ordre sensible.

Langage symbolique créatif. L'homme parle, raconte des histoires, transmet des connaissances cumulativement à travers les générations, crée de la poésie, formule des théories abstraites.

Ce langage symbolique dépasse infiniment la communication animale par ses propriétés (symbolisme arbitraire, productivité infinie, créativité constante, transmission culturelle).

Liberté. L'homme délibère rationnellement entre plusieurs options, évalue leurs mérites selon des critères moraux, choisit selon des raisons plutôt que déterminé mécaniquement par des causes. Cette liberté présuppose la capacité de se distancier de ses désirs immédiats, de les évaluer rationnellement, de les accepter ou de les refuser selon des normes transcendantes.

Conscience morale. L'homme seul reconnaît le bien et le mal comme réalités objectives transcendant ses préférences personnelles. Il éprouve culpabilité quand il viole ces normes, admire la vertu, condamne le vice, aspire à la justice. Cette conscience morale révèle que l'homme participe à un ordre moral objectif qui reflète le caractère saint de Dieu.

Quête métaphysique. L'homme cherche l'origine, questionne le sens, aspire à l'éternité, souffre de ne pas savoir, construit des philosophies et des religions pour répondre aux questions ultimes. Cette quête révèle que l'homme porte en lui une dimension qui transcende le temporel et aspire à l'Éternel.

Capacité de relation avec Dieu. L'homme seul parmi toutes les créatures terrestres peut connaître Dieu, entrer en dialogue avec lui, l'adorer, lui obéir ou lui désobéir. Cette capacité révèle que l'homme est créé pour une relation personnelle avec le Créateur, qu'il possède une dimension spirituelle qui le rend capable de communion avec l'Esprit divin.

Genèse 1:26-27 révèle ce troisième niveau : "Puis Dieu dit : Faisons l'homme à notre image, selon notre ressemblance, et qu'il domine sur les poissons de la mer, sur les oiseaux du ciel, sur le bétail, sur toute la terre, et sur tous les reptiles qui rampent sur la terre. Dieu créa l'homme à son image, il le créa à l'image de Dieu." L'homme seul est créé "à l'image de Dieu" — formulation unique qui ne s'applique à aucune autre créature. Cette image divine constitue précisément cette dimension spirituelle qui élève l'homme infiniment au-dessus de l'ordre animal : conscience réflexive, raison abstraite, liberté, conscience morale, capacité de connaître Dieu.

Les trois niveaux révèlent une hiérarchie ontologique

Ces trois niveaux de vie ne constituent pas des variations arbitraires sur un même thème mais une hiérarchie ontologique objective, inscrite dans la réalité elle-même. Chaque niveau supérieur transcende et inclut les niveaux inférieurs sans s'y réduire.

L'animal transcende et inclut la vie végétative. L'animal possède toutes les propriétés de la plante (métabolisme, croissance, reproduction) mais y ajoute une dimension radicalement nouvelle : la conscience sentiente. Il ne se réduit jamais à une plante mobile sophistiquée. Il appartient à un ordre ontologique supérieur.

L'homme transcende et inclut la vie animale. L'homme possède toutes les propriétés de l'animal (perception sensorielle, désir, mémoire, locomotion) mais y ajoute une dimension radicalement nouvelle : la conscience réflexive, la raison abstraite, la liberté, la conscience morale, la capacité de connaître Dieu. Il ne se réduit jamais à un animal très intelligent. Il appartient à un ordre ontologique supérieur.

Cette hiérarchie ontologique fonde une hiérarchie de valeur objective. L'homme vaut plus que l'animal. L'animal vaut plus que la plante. Cette hiérarchie n'est jamais arbitraire, jamais culturellement construite, jamais simplement conventionnelle. Elle découle de la richesse ontologique respective de chaque niveau. Plus un être possède de propriétés, de capacités, de perfections, plus il vaut. L'homme, possédant toutes les perfections des niveaux inférieurs plus la dimension spirituelle unique de l'image divine, vaut plus que toute autre créature terrestre.

Cette vérité fonde la distinction éthique fondamentale : sacrifier une plante pour nourrir un animal est moralement neutre. Sacrifier un animal pour nourrir un homme est moralement permissible (Genèse 9:3). Sacrifier un homme est toujours moralement interdit (Genèse 9:6) car l'homme seul porte l'image de Dieu, possède une dignité absolue, une valeur infinie qui commande le respect inconditionnel.

Révélation prophétique : "Que toute âme vivante craigne devant l'Éternel" (Psaume 33:8)

Le Psaume 33:8 déclare : "Que toute la terre craigne l'Éternel ! Que tous les habitants du monde le redoutent !" Cette injonction révèle une vérité stupéfiante : seul l'homme est appelé à "craindre" Dieu au sens de le révérer, l'adorer, lui obéir consciemment. Les plantes ne craignent jamais Dieu. Les animaux ne craignent jamais Dieu au sens de révérence consciente, d'adoration volontaire, d'obéissance morale.

Seul l'homme possède la capacité de relation personnelle avec Dieu qui implique la responsabilité morale. Seul l'homme peut choisir de révérer Dieu ou de le rejeter, de lui obéir ou de se rebeller, d'entrer en alliance avec lui ou de rompre cette alliance. Cette capacité révèle la dimension spirituelle unique de l'homme : il est créé pour une communion personnelle avec le Créateur, pour une relation d'amour libre, pour une responsabilité morale qui présuppose la liberté et la conscience réflexive.

Les animaux "louent" Dieu au sens où leur existence ordonnée manifeste la sagesse divine, où leur beauté révèle la créativité divine, où leur fonctionnement harmonieux témoigne de l'intelligence créatrice. Psaume 148:7-10 appelle "les monstres marins et tous les abîmes... les bêtes et tout le bétail, les reptiles et les oiseaux ailés" à louer l'Éternel. Mais cette louange reste involontaire, inconsciente, simplement l'expression de leur nature créée qui manifeste la gloire divine.

Seul l'homme loue Dieu consciemment, volontairement, intentionnellement. Seul l'homme peut chanter des cantiques, formuler des prières, offrir des sacrifices, construire des temples, vivre toute son existence comme adoration consciente du Créateur. Cette capacité unique révèle que l'homme seul parmi toutes les créatures terrestres est fait pour une relation personnelle, libre, consciente, éternelle avec Dieu.

Conclusion du chapitre

La création révèle trois niveaux distincts de vie : vie végétative (croissance sans conscience), vie animale (sensation sans réflexion), vie humaine (conscience réflexive à l'image de Dieu). Ces trois niveaux ne constituent pas des variations quantitatives mais des ruptures qualitatives, des sauts ontologiques, des niveaux d'être radicalement distincts.

La plante vit mais ne sent jamais. Elle réagit mécaniquement aux stimuli sans aucune expérience subjective. L'animal sent mais ne réfléchit jamais. Il perçoit, désire, mémorise, agit volontairement, mais ne se pose jamais comme objet de sa propre conscience, ne questionne jamais le sens de son existence. L'homme pense, réfléchit, transcende. Il possède la conscience réflexive, la raison abstraite, la liberté, la conscience morale, la capacité de connaître Dieu.

Genèse 1 révèle prophétiquement cette hiérarchie ontologique : les plantes produisent selon leur espèce (versets 11-12), les animaux reçoivent la nephesh (âme vivante consciente, versets 20-21), l'homme seul est créé à l'image de Dieu (versets 26-27). Cette distinction tripartite n'est jamais arbitraire mais inscrite dans la réalité elle-même, confirmée par l'observation universelle, fondant une hiérarchie de valeur objective.

L'homme n'est pas un animal légèrement modifié. L'homme appartient à un niveau ontologique radicalement supérieur. Il transcende et inclut la vie animale sans s'y réduire. Il possède une dimension spirituelle qui le place infiniment au-dessus de l'ordre animal : l'image de Dieu.

Cette vérité change absolument tout dans notre compréhension de qui nous sommes. Nous ne sommes pas des animaux évolués. Nous sommes des créatures spirituelles incarnées, créées à l'image de Dieu, appelées à dominer justement la création, destinées à une relation éternelle avec le Créateur.

CHAPITRE 14 __ L'AUTORITÉ DONNÉE ET MAINTENUE MALGRÉ LA CHUTE

Genèse révèle une vérité paradoxale et profondément significative : l'homme reçoit l'autorité de dominer sur toute la création terrestre avant la chute, et cette autorité, bien que contestée et difficile après la chute, ne lui est jamais retirée. Cette continuité de l'autorité humaine malgré la rébellion cosmique révèle quelque chose de fondamental sur la nature ontologique de l'homme. L'autorité ne dépend pas de la perfection morale mais découle de la nature même de l'homme créé à l'image de Dieu. Cette vérité démantèle l'argument matérialiste qui prétend que l'homme serait simplement un animal parmi d'autres, sans statut ontologique particulier. Si l'homme était un animal, pourquoi gouvernerait-il tous les autres ? Pourquoi cette domination universelle persiste-t-elle malgré la déchéance morale de l'humanité ?

L'autorité originelle : "Dominez sur toute la terre"

Genèse 1:26-28 établit l'autorité humaine dès la création, avant toute transgression : "Puis Dieu dit : Faisons l'homme à notre image, selon notre ressemblance, et qu'il domine sur les poissons de la mer, sur les oiseaux du ciel, sur le bétail, sur toute la terre, et sur tous les reptiles qui rampent sur la terre... Dieu les bénit, et Dieu leur dit : Soyez féconds, multipliez, remplissez la terre, et l'assujettissez ; et dominez sur les poissons de la mer, sur les oiseaux du ciel, et sur tout animal qui se meut sur la terre."

Cette autorité possède plusieurs caractéristiques révélatrices :

Universelle. L'homme domine sur "toute la terre", sur "tout animal qui se meut". Aucune créature terrestre n'échappe à cette juridiction. L'autorité humaine s'étend aux poissons des mers, aux oiseaux du ciel, aux animaux terrestres, aux reptiles. Cette universalité révèle que l'homme ne gouverne pas simplement son environnement immédiat mais possède une autorité de principe sur l'ensemble de la création animale.

Conférée par Dieu. L'autorité ne résulte pas d'une conquête évolutive, d'une supériorité de force brute, d'un accident historique. Elle est conférée délibérément par le Créateur : "qu'il domine". Cette investiture divine révèle que l'autorité humaine constitue une vocation, un mandat, une responsabilité sacrée. L'homme gouverne la création comme vice-régent de Dieu, représentant l'autorité divine sur la terre.

Fondée sur l'image divine. L'autorité est explicitement reliée à l'image de Dieu : "Faisons l'homme à notre image... et qu'il domine." Cette connexion révèle que l'autorité découle de la nature ontologique de l'homme, non de ses performances ou de ses capacités variables. L'homme domine parce qu'il porte l'image du Souverain universel. Il représente Dieu dans la création, exerçant l'autorité divine déléguée.

Bénédiction, non malédiction. Dieu "bénit" l'homme en lui conférant cette autorité. La domination fait partie de la bénédiction créationnelle originelle. Elle précède la chute, appartient à l'état d'innocence, constitue un élément de la bonté de la création que Dieu voit et approuve ("Et Dieu vit tout ce qu'il avait fait et voici, cela était très bon", Genèse 1:31).

Le mandat de nommer : autorité intellectuelle

Genèse 2:19-20 révèle une dimension supplémentaire de l'autorité humaine : "L'Éternel Dieu forma de la terre tous les animaux des champs et tous les oiseaux du ciel, et il les fit venir vers l'homme, pour voir comment il les appellerait, et afin que tout être vivant portât le nom que lui donnerait l'homme. Et l'homme donna des noms à tout le bétail, aux oiseaux du ciel et à tous les animaux des champs."

Nommer n'est jamais un acte passif d'étiquetage arbitraire. Dans la pensée hébraïque biblique, nommer signifie définir l'essence, comprendre la nature, exercer l'autorité intellectuelle. Quand Adam nomme les animaux, il accomplit plusieurs actes simultanés :

Observation scientifique. Il observe chaque espèce attentivement, discerne ses caractéristiques distinctives, reconnaît ce qui la différencie des autres. Ce processus présuppose une intelligence analytique, une capacité de classification rationnelle, une compréhension de la nature.

Catégorisation conceptuelle. Il classe les animaux selon des catégories : bétail, oiseaux, animaux des champs. Cette classification révèle une pensée abstraite, une capacité de reconnaître des similitudes structurelles au-delà des différences superficielles, une intelligence taxonomique.

Autorité linguistique. Les noms qu'Adam donne "restent" — "afin que tout être vivant portât le nom que lui donnerait l'homme". Cette permanence révèle que l'autorité humaine de nommer est reconnue, validée, établie par Dieu lui-même. Dieu amène les animaux à Adam "pour voir comment il les appellerait", comme si le Créateur reconnaissait à l'homme le droit et la capacité de nommer sa propre création.

Domination intellectuelle. En nommant les animaux, Adam manifeste sa supériorité intellectuelle. Il comprend les animaux, les définit, les classe. Les animaux ne nomment jamais Adam, ne le comprennent jamais intellectuellement de cette manière. Cette asymétrie cognitive confirme la hiérarchie ontologique : l'homme transcende l'ordre animal par son intelligence abstraite, sa capacité de compréhension conceptuelle, son autorité intellectuelle.

La chute : rébellion cosmique et résistance animale

Genèse 3 relate la chute, la transgression du commandement divin, l'entrée du péché et de la mort dans la création. Cette rébellion humaine contre Dieu entraîne des conséquences cosmiques qui affectent toute la création, y compris le monde animal. La malédiction prononcée sur la terre en Genèse 3:17-19 révèle que la chute humaine a des répercussions sur l'ordre naturel entier : "Le sol sera maudit à cause de toi... il te produira des épines et des ronces."

Cette malédiction cosmique transforme la relation entre l'homme et les animaux. Plusieurs textes bibliques révèlent que les animaux, après la chute, manifestent une résistance, une hostilité, une dangerosité qui n'existaient pas dans l'état d'innocence originelle :

Hostilité animale. Certains animaux deviennent prédateurs dangereux pour l'homme. Lions, tigres, ours, serpents venimeux, crocodiles menacent la vie humaine. Cette hostilité représente une inversion partielle de l'ordre créationnel où tous les animaux étaient soumis pacifiquement à l'autorité humaine.

Travail difficile. L'élevage et l'agriculture deviennent laborieux, difficiles, nécessitant un effort constant contre les forces naturelles qui résistent. Les animaux domestiques ne se soumettent pas toujours facilement, requièrent dressage et contrainte. Cette résistance révèle que l'autorité humaine, bien que maintenue, s'exerce désormais dans un contexte de conflit, non d'harmonie spontanée.

Peur animale. Genèse 9:2, après le déluge, déclare : "Vous serez un sujet de crainte et d'effroi pour tout animal de la terre, pour tout oiseau du ciel, pour tout ce qui se meut sur la terre, et pour tous les poissons de la mer : ils sont livrés entre vos mains." Cette "crainte et effroi" révèlent que la relation harmonieuse originelle est transformée. Les animaux craignent désormais l'homme, fuient devant lui, manifestent une peur instinctive qui témoigne de la rupture de l'ordre créationnel pacifique.

L'autorité maintenue : l'homme gouverne encore

Malgré cette rébellion cosmique, malgré la malédiction prononcée, malgré l'hostilité animale apparue, l'autorité humaine sur la création n'est jamais retirée. Cette continuité révèle quelque chose de fondamental : l'autorité découle de la nature ontologique de l'homme (image de Dieu), non de sa perfection morale. Même déchu, même pécheur, même mortel, l'homme reste l'homme, porte toujours l'image divine (bien qu'altérée), exerce toujours l'autorité sur les animaux.

L'agriculture. Dès Genèse 4, Caïn "cultivait le sol" (verset 2). L'agriculture présuppose la domestication des plantes, la sélection des semences, le contrôle des cycles de croissance. Cette maîtrise agricole révèle que l'homme, même après la chute, exerce toujours une autorité transformatrice sur le monde végétal.

L'élevage. Abel "était berger" (Genèse 4:2). L'élevage présuppose la domestication des animaux, leur reproduction contrôlée, leur gestion comme ressources. Cette maîtrise pastorale révèle que l'homme gouverne toujours le monde animal, le plie à ses besoins, l'organise selon ses projets.

La chasse. Nimrod "fut un vaillant chasseur devant l'Éternel" (Genèse 10:9). La chasse présuppose la capacité de traquer, capturer, tuer les animaux sauvages. Même les animaux les plus dangereux tombent sous l'autorité humaine exercée par l'intelligence (pièges, armes) et la coordination sociale (chasse en groupe).

La domestication. À travers l'histoire humaine, l'homme a domestiqué des dizaines d'espèces animales : chiens, chats, chevaux, bovins, moutons, chèvres, porcs, volailles, abeilles, vers à soie. Cette domestication transforme des animaux sauvages en animaux dociles, modifie génétiquement les espèces sur des générations par sélection artificielle, crée de nouvelles races adaptées aux besoins humains. Aucun animal n'a jamais domestiqué une autre espèce de cette manière systématique, intentionnelle, transformatrice.

La technologie moderne. L'homme moderne a développé une domination technologique sur la nature qui dépasse infiniment celle des sociétés anciennes : mécanisation agricole, élevage industriel, modification génétique, clonage, gestion informatisée des troupeaux, satellites surveillant les migrations animales, parcs zoologiques exhibant des animaux captifs du monde entier. Cette domination technologique révèle que l'autorité humaine, loin de diminuer, s'est intensifiée exponentiellement à travers l'histoire.

L'asymétrie qui révèle la nature ontologique

L'asymétrie entre l'homme et les animaux concernant l'autorité révèle la différence ontologique :

L'homme gouverne tous les animaux. Il cultive la terre, élève le bétail, chasse les animaux sauvages, domestique de nouvelles espèces, transforme les écosystèmes entiers selon ses projets. Cette universalité de la domination révèle que l'homme ne se contente pas de survivre dans son environnement comme les animaux. Il transforme activement, intentionnellement, systématiquement la création selon des desseins rationnels.

Aucun animal ne gouverne l'homme. Aucune espèce animale n'a jamais domestiqué l'homme, ne l'a jamais élevé comme bétail, ne l'a jamais transformé génétiquement selon ses besoins. Même les prédateurs les plus dangereux (lions, tigres, crocodiles) qui peuvent tuer des humains individuels n'exercent jamais une domination systématique sur l'espèce humaine. L'homme chasse le lion, le capture, l'exhibe dans des zoos, étudie son comportement, gère ses populations. Le lion ne fait jamais cela avec l'homme.

Aucun animal ne domine systématiquement une autre espèce. Les prédateurs chassent leurs proies, mais ils ne "gouvernent" jamais au sens où l'homme gouverne. Le lion chasse la gazelle mais ne l'élève jamais, ne la domestique jamais, ne modifie jamais son génome sur des générations, ne transforme jamais intentionnellement son comportement. La prédation est un rapport biologique instinctif. La domination humaine est un rapport intellectuel, intentionnel, transformateur.

Cette asymétrie radicale — l'homme gouverne universellement, aucun animal ne gouverne jamais de cette manière — révèle que l'autorité humaine découle d'une nature ontologique supérieure, non d'une simple supériorité de force. L'homme gouverne parce qu'il pense, planifie, transforme intentionnellement selon des projets rationnels. Les animaux ne gouvernent jamais parce qu'ils vivent dans le présent immédiat de leurs besoins instinctifs sans concevoir des projets à long terme transformant systématiquement leur environnement.

Révélation prophétique : Psaume 8 — l'autorité maintenue malgré la petitesse

Psaume 8:4-8 médite sur le paradoxe de l'autorité humaine : "Qu'est-ce que l'homme, pour que tu te souviennes de lui ? Et le fils de l'homme, pour que tu prennes garde à lui ? Tu l'as fait de peu inférieur à Dieu, et tu l'as couronné de gloire et de magnificence. Tu lui as donné la domination sur les œuvres de tes mains, tu as tout mis sous ses pieds, les brebis comme les bœufs, et les animaux des champs, les oiseaux du ciel et les poissons de la mer, tout ce qui parcourt les sentiers des mers."

Ce Psaume, écrit après la chute, confirme que l'autorité humaine demeure intacte. Remarquez les temps des verbes : "Tu l'as fait", "tu l'as couronné", "tu lui as donné la domination", "tu as tout mis sous ses pieds". Ces passés révèlent que l'autorité a été conférée une fois pour toutes à la création et reste en vigueur. Le Psalmiste ne dit jamais "Tu lui avais donné la domination mais elle a été retirée." Il affirme que la domination conférée à la création reste active, effective, actuelle.

Le paradoxe souligné — "Qu'est-ce que l'homme pour que tu te souviennes de lui ?" suivi de "Tu l'as couronné de gloire... tu lui as donné la domination" — révèle que l'autorité humaine ne se fonde pas sur une grandeur intrinsèque évidente mais sur une dignité conférée par Dieu. L'homme est "de peu inférieur à Dieu" (ou selon certaines traductions "aux anges") non par ses capacités physiques (il est faible comparé aux grands animaux) mais par sa nature ontologique (créé à l'image de Dieu) et par l'autorité qui lui a été déléguée.

Cette autorité maintenue malgré la chute révèle la miséricorde divine. Dieu aurait pu retirer complètement l'autorité humaine comme jugement de la rébellion. Il ne l'a pas fait. Il a maintenu la vocation humaine de gouverner la création, bien que cette gouvernance soit désormais exercée dans un contexte de lutte, de résistance, de travail pénible. Cette continuité révèle que Dieu maintient sa destination originelle pour l'homme : être son vice-régent terrestre, son représentant dans la création, l'administrateur de son monde.

Conclusion du chapitre

L'homme reçoit l'autorité de dominer toute la création terrestre dès la création, avant la chute. Cette autorité est universelle (s'étendant à tous les animaux), conférée par Dieu (investiture divine), fondée sur l'image divine (nature ontologique), bénédiction originelle (partie de la bonté créationnelle). Le mandat de nommer révèle la dimension intellectuelle de cette autorité : l'homme comprend, classe, définit les animaux, manifestant sa supériorité cognitive.

La chute introduit une rébellion cosmique qui transforme la relation homme-animal : hostilité animale, travail difficile, peur instinctive. Mais l'autorité humaine n'est jamais retirée. L'homme continue de gouverner par l'agriculture (domination du monde végétal), l'élevage (gestion du bétail), la chasse (capture des animaux sauvages), la domestication (transformation génétique des espèces), la technologie moderne (domination intensifiée).

L'asymétrie révèle la différence ontologique : l'homme gouverne tous les animaux, aucun animal ne gouverne l'homme, aucun animal ne domine systématiquement une autre espèce comme l'homme le fait. Cette autorité universelle maintenue malgré la chute révèle que l'homme n'est pas un animal parmi d'autres mais une créature d'un ordre ontologique supérieur, portant l'image divine, exerçant une autorité déléguée par le Créateur.

Psaume 8 confirme après la chute que l'autorité humaine demeure intacte, révélant la miséricorde divine qui maintient la vocation originelle de l'homme malgré sa rébellion. L'homme reste le vice-régent de Dieu sur terre, appelé à gouverner justement la création pour la gloire de son Créateur.

Cette autorité maintenue prouve que l'homme n'est pas un animal. Si l'homme était simplement un primate évolué, pourquoi gouvernerait-il universellement tous les autres ? Pourquoi cette domination persisterait-elle malgré la déchéance morale ? L'autorité révèle la nature : l'homme gouverne parce qu'il transcende ontologiquement l'ordre animal, parce qu'il porte l'image du Souverain universel, parce qu'il est créé pour représenter Dieu dans la création.

Cette vérité change absolument tout.

OBJECTION : **"Si l'homme avait existé à l'époque des dinosaures, il n'aurait pas survécu"**

Cette objection surgit fréquemment pour contester l'autorité humaine universelle sur la création. Elle affirme que l'homme ne domine les animaux actuels que par accident historique, parce qu'il n'a jamais affronté les grands prédateurs préhistoriques. Si l'homme avait coexisté avec les dinosaures carnivores géants — Tyrannosaurus rex, Spinosaurus, Giganotosaurus — il aurait été une proie facile, incapable de survivre, encore moins de dominer. Cette objection prétend donc que l'autorité humaine n'est pas ontologique mais circonstancielle, dépendante de l'extinction fortuite des grands prédateurs avant l'apparition de l'homme.

Cette objection échoue à plusieurs niveaux et révèle en réalité l'inverse de ce qu'elle prétend démontrer. Elle confirme que l'homme domine non par force physique brute mais par intelligence supérieure, organisation sociale, technologie. Ces capacités intellectuelles et sociales auraient fonctionné aussi efficacement contre les dinosaures qu'elles fonctionnent contre tous les prédateurs actuels.

L'homme ne domine jamais par force physique brute

L'objection présuppose que la domination nécessite une supériorité physique directe. Un homme individuel désarmé contre un Tyrannosaurus rex perdrait effectivement. Mais cette comparaison rate complètement la nature de la domination humaine. L'homme ne domine jamais les animaux par force physique brute. Il domine par intelligence, organisation sociale, fabrication d'outils, stratégie collective.

Exemple actuel : l'éléphant. Un éléphant africain adulte pèse jusqu'à 6000 kg, possède une force colossale, peut charger à 40 km/h, tuer un homme d'un seul coup de trompe. Un homme individuel désarmé contre un éléphant en furie n'a aucune chance. Pourtant l'homme domine l'éléphant universellement : il le chasse (avec armes à distance), le capture (avec pièges et tranquillisants), le domestique (en Asie depuis des millénaires), le dresse (pour le travail forestier, les processions rituelles, le tourisme), gère ses populations (parcs naturels, quotas de chasse, programmes de conservation).

Exemple actuel : le lion. Un lion mâle adulte pèse jusqu'à 250 kg, court à 80 km/h sur courtes distances, possède des griffes et crocs dévastateurs. Un homme désarmé contre un lion adulte meurt dans 99% des cas. Pourtant l'homme domine le lion : les chasseurs traditionnels africains tuaient des lions avec des lances depuis des millénaires, les Romains capturaient des centaines de lions pour les jeux du cirque, aujourd'hui l'homme gère les populations de lions, les étudie, les filme, les exhibe dans des zoos, limite leur territoire aux réserves naturelles.

Exemple actuel : le crocodile marin. Un crocodile marin adulte atteint 6 mètres, pèse plus de 1000 kg, possède la morsure la plus puissante du règne animal (16000 newtons). Un homme tombant dans l'eau près d'un crocodile affamé n'a virtuellement aucune chance. Pourtant l'homme domine le crocodile : il le chasse (pour sa peau), le capture (pour les fermes d'élevage), le dresse (spectacles touristiques), gère ses populations.

Ces exemples démontrent que l'homme domine des prédateurs bien plus puissants physiquement que lui. Il ne les domine jamais par combat physique direct mais par intelligence : fabrication d'armes à distance (lances, arcs, fusils), construction de pièges sophistiqués, coordination sociale (chasse en groupe), transmission cumulative de connaissances (techniques de chasse perfectionnées sur des générations), technologie (véhicules, anesthésiques, enclos renforcés).

Les dinosaures n'auraient posé aucun problème différent

Si l'homme avait coexisté avec les dinosaures, il aurait appliqué exactement les mêmes stratégies qu'il applique contre les grands prédateurs actuels. Un Tyrannosaurus rex, bien que plus grand qu'un lion (12 mètres de long, 8 tonnes), ne possédait aucune capacité que l'intelligence humaine n'aurait pu contrer.

Armes à distance. Un groupe de chasseurs humains armés de lances, positionnés stratégiquement, aurait pu blesser mortellement un T. rex. Les mammouths laineux, pesant jusqu'à 6 tonnes, ont été chassés jusqu'à l'extinction par des humains préhistoriques armés seulement de lances de pierre et de stratégies de chasse collective. Un T. rex, malgré sa taille impressionnante, n'était pas invulnérable. Des lances bien placées dans les zones vitales (yeux, gorge, flancs) auraient causé des blessures mortelles.

Pièges sophistiqués. L'homme a toujours excellé dans la construction de pièges : fosses camouflées, filets géants, pieux plantés, murs de pierre canalisants. Un T. rex tombant dans une fosse de 10 mètres de profondeur avec des pieux acérés au fond serait aussi neutralisé qu'un éléphant dans un piège similaire. La masse même du dinosaure (8 tonnes) amplifierait l'impact de la chute.

Évitement intelligent. Les dinosaures carnivores, comme tous les prédateurs, chassaient selon des patterns prévisibles : embuscades près des points d'eau, chasse aux proies faibles ou isolées, évitement des groupes défendus. L'homme aurait rapidement appris ces patterns, évité les zones dangereuses, construit des habitations défensives (cavernes fortifiées, palissades), organisé des systèmes d'alerte (guetteurs, feux de signalisation).

Organisation sociale supérieure. Un T. rex chassait probablement seul ou en petits groupes familiaux. L'homme organise des communautés de dizaines, centaines, milliers d'individus coordonnant leurs efforts. Cette organisation sociale massive aurait permis la construction de défenses élaborées, l'organisation de battues collectives, la transmission rapide d'informations sur les mouvements des prédateurs dangereux.

Technologie du feu. L'homme maîtrise le feu depuis au moins 400000 ans. Le feu constitue une arme défensive extraordinaire contre tous les prédateurs. Aucun animal, quelle que soit sa taille, n'attaque volontairement à travers un mur de flammes. Des torches, des barrières enflammées, des projectiles incendiaires auraient tenu les dinosaures carnivores à distance aussi efficacement qu'ils tiennent les lions et les ours.

Les sociétés de chasseurs-cueilleurs démontrent la domination sur les grands prédateurs

L'histoire humaine fournit des exemples concrets de sociétés technologiquement primitives dominant des prédateurs massifs :

Les chasseurs de mammouths. Entre 45000 et 10000 ans avant notre ère, des groupes humains avec une technologie lithique (pierre taillée) ont chassé systématiquement les mammouths laineux jusqu'à contribuer significativement à leur extinction. Ces mammouths pesaient jusqu'à 6 tonnes, possédaient des défenses de 4 mètres, vivaient dans des environnements hostiles (steppes glacées). Pourtant des humains armés seulement de lances de pierre, organisés socialement, utilisant des stratégies de chasse sophistiquées (rabattage vers des falaises, séparation des jeunes du troupeau, harcèlement prolongé jusqu'à épuisement) les ont dominés et exterminés.

Les Massaï et les lions. Les guerriers Massaï d'Afrique de l'Est, armés traditionnellement seulement de lances et de boucliers, chassaient les lions comme rite de passage initiatique. Un groupe de jeunes guerriers traquait un lion adulte, l'encerclait, le provoquait pour qu'il charge, puis le tuait collectivement à la lance. Cette pratique démontrait le courage mais aussi la capacité humaine de dominer par coordination sociale et stratégie collective le plus redoutable prédateur terrestre africain.

Les chasseurs d'ours des cavernes. L'ours des cavernes (Ursus spelaeus), éteint il y a environ 24000 ans, atteignait 3,5 mètres debout sur ses pattes arrière, pesait jusqu'à 600 kg. Les humains préhistoriques les chassaient dans leurs propres cavernes, utilisant des torches pour les désorienter, des lances pour les blesser à distance, la coordination de groupe pour submerger leur force brute.

Ces exemples historiques démontrent que la technologie primitive (pierre taillée, lances, feu) combinée avec l'intelligence sociale (coordination de groupe, transmission de stratégies, planification collective) suffit amplement pour dominer des prédateurs massifs. Un T. rex n'aurait posé aucun défi fondamentalement différent.

L'objection confirme involontairement la supériorité ontologique humaine

L'objection "l'homme n'aurait pas survécu à l'époque des dinosaures" confirme involontairement précisément ce qu'elle prétend réfuter : l'homme domine non par force physique mais par supériorité cognitive. Cette supériorité cognitive révèle une nature ontologique transcendant l'ordre biologique.

Aucun animal ne compense sa faiblesse physique par intelligence technologique. Si l'autorité humaine résultait simplement d'une évolution biologique graduelle, nous devrions observer d'autres espèces physiquement faibles compensant par intelligence technologique. Or aucune espèce ne le fait. Les primates, malgré leur intelligence relative, ne fabriquent jamais d'armes pour chasser des prédateurs plus grands. Les oiseaux, malgré leur mobilité aérienne, ne développent jamais de stratégies collectives sophistiquées pour dominer les rapaces. Seul l'homme transcende ses limitations physiques par intelligence, technologie, organisation sociale.

L'homme transforme constamment ses handicaps en avantages. Physiquement faible ? Il fabrique des armes décuplant sa force. Lent à la course ? Il construit des véhicules. Vulnérable individuellement ? Il s'organise socialement. Cette capacité de transcender systématiquement les limitations biologiques révèle que l'homme n'est pas simplement un animal avec un cerveau plus gros. Il possède une dimension cognitive qui lui permet de réinventer constamment ses rapports avec l'environnement.

La question devient : pourquoi l'homme seul ? Si la domination par intelligence était simplement une stratégie évolutive parmi d'autres, également accessible à toute espèce sous pression sélective appropriée, nous devrions observer d'autres lignées évolutives développant cette stratégie. Or après des centaines de millions d'années d'évolution animale, seul l'homme manifeste cette capacité. Cette exclusivité radicale suggère fortement que l'intelligence humaine ne résulte pas d'une évolution graduelle mais d'une rupture ontologique, d'un saut qualitatif, d'une création spéciale.

Révélation prophétique : la faiblesse physique révèle la force spirituelle : 1 Corinthiens 1:27 déclare : "Mais Dieu a choisi les choses folles du monde pour confondre les sages ; Dieu a choisi les choses faibles du monde pour confondre les fortes." Cette vérité s'applique prophétiquement à la nature humaine. L'homme est physiquement parmi les créatures les plus faibles : pas de griffes, pas de crocs, pas de carapace, pas de venin, vitesse médiocre, force limitée, endurance modeste comparée aux grands mammifères.

Pourtant cette faiblesse physique révèle la véritable source de sa domination : la dimension spirituelle. L'homme ne domine pas par ce qu'il possède biologiquement mais par ce qu'il est ontologiquement. Il domine parce qu'il pense, planifie, imagine, crée, coordonne, transmet cumulativement des connaissances. Toutes ces capacités révèlent qu'il transcende l'ordre biologique, qu'il participe à un ordre spirituel, qu'il porte l'image d'une Intelligence créatrice.

La faiblesse physique devient ainsi une preuve supplémentaire, non une objection. Si l'homme dominait par force brute, on pourrait arguer que sa domination résulte d'une évolution biologique favorable. Mais le fait qu'il domine malgré sa faiblesse physique, qu'il compense systématiquement ses handicaps biologiques par intelligence, révèle que sa domination découle d'une source transcendante : l'image de

Dieu qui lui confère une autorité spirituelle et intellectuelle sur la création matérielle.

Conclusion de la réfutation

L'objection "l'homme n'aurait pas survécu à l'époque des dinosaures" échoue complètement. L'homme ne domine jamais par force physique brute mais par intelligence supérieure, organisation sociale, fabrication d'outils, stratégie collective. Ces capacités fonctionnent aussi efficacement contre les grands prédateurs actuels (éléphants, lions, crocodiles, ours) qu'elles auraient fonctionné contre les dinosaures.

Les sociétés de chasseurs-cueilleurs avec technologie primitive (pierre taillée, lances, feu) ont dominé et exterminé des mégafaunes massives (mammouths, ours des cavernes), démontrant que l'intelligence humaine suffit amplement pour dominer des prédateurs bien plus grands et forts. Un Tyrannosaurus rex n'aurait posé aucun défi fondamentalement différent.

L'objection confirme involontairement la supériorité ontologique humaine : l'homme transcende ses limitations physiques par intelligence technologique, capacité exclusive révélant une nature spirituelle qui dépasse l'ordre biologique. Sa faiblesse physique même devient une preuve supplémentaire que sa domination découle d'une source transcendante — l'image de Dieu — non d'une évolution biologique favorable.

L'autorité humaine sur la création ne dépend jamais de l'absence fortuite de grands prédateurs. Elle découle de la nature ontologique de l'homme créé à l'image de Dieu, possédant une intelligence qui transcende infiniment la force brute. Cette vérité reste valable contre n'importe quel prédateur, quelle que soit sa taille.

CHAPITRE 15 __ "QUI A CRÉÉ DIEU ?" — L'ERREUR CATÉGORIELLE

Cette question surgit invariablement dans tout débat sur l'origine de l'univers : "Si Dieu a créé l'univers, qui a créé Dieu ?" Les athées la présentent comme une objection décisive, une réfutation définitive de l'argument théiste de la Cause première. Ils supposent que cette question réduit le théiste au silence, révèle une contradiction fatale dans la logique créationniste, force à reconnaître qu'invoquer Dieu ne résout rien mais déplace simplement le problème d'un cran sans l'expliquer.

Cette objection, loin de réfuter l'argument théiste, révèle une incompréhension fondamentale de la nature de Dieu et des principes philosophiques de la causalité. Elle commet une erreur catégorielle massive : elle traite Dieu comme s'il était un être contingent parmi d'autres, soumis aux mêmes exigences causales que les entités créées. Elle projette sur Dieu des catégories qui s'appliquent uniquement aux êtres contingents, temporels, causés. Mais Dieu, par définition même, n'appartient pas à cette catégorie. Comprendre pourquoi "Qui a créé Dieu ?" constitue une question mal formée, philosophiquement incohérente, révèle la différence fondamentale entre être contingent et Être nécessaire, entre temps créé et éternité divine, entre causes secondaires et Cause première.

La distinction fondamentale : être contingent versus Être nécessaire

La métaphysique classique, développée par Aristote, perfectionnée par Thomas d'Aquin, maintenue par tous les philosophes sérieux quelle que soit leur confession religieuse, établit une distinction fondamentale entre deux types d'êtres radicalement différents : l'être contingent et l'Être nécessaire.

Un être contingent est un être qui n'existe pas nécessairement, qui aurait pu ne pas exister, qui dépend de causes extérieures à lui-même pour son existence. Toutes les entités que nous observons dans l'univers sont contingentes : vous auriez pu ne pas exister (vos parents auraient pu ne jamais se rencontrer), la Terre aurait pu ne pas exister (les conditions de formation du système solaire auraient pu être différentes), l'univers lui-même aurait pu ne pas exister (rien n'obligeait nécessairement qu'il existe plutôt que le néant absolu).

Les caractéristiques de l'être contingent sont claires : il commence à exister à un moment donné, il dépend d'autre chose pour son existence (causes antérieures, conditions préalables, lois naturelles), il pourrait cesser d'exister (tout ce qui commence peut finir), il demande une explication extérieure à lui-même (pourquoi existe-t-il plutôt que de ne pas exister ?). L'être contingent ne porte jamais en lui-même la raison suffisante de son existence. Il pointe toujours au-delà de lui-même vers ce qui l'a causé.

L'Être nécessaire, en revanche, est un être qui existe par la nécessité de sa propre nature, qui ne peut pas ne pas exister, dont l'essence même inclut l'existence, qui ne dépend d'aucune cause extérieure. L'Être nécessaire possède l'existence par lui-même, intrinsèquement, essentiellement. Il n'a jamais commencé à exister (il est éternel), il ne dépend de rien pour exister (il est autosuffisant), il ne peut cesser d'exister (il est immuable), il constitue sa propre explication (son essence est d'exister).

Cette distinction n'est jamais arbitraire, jamais une invention théologique pour éviter une objection embarrassante. Elle découle logiquement de l'analyse de la contingence elle-même. Si tout était contingent, rien n'existerait. Une chaîne infinie d'êtres contingents dépendant les uns des autres ne peut expliquer pourquoi la chaîne entière existe plutôt que de ne pas exister. Il faut nécessairement qu'existe un fondement qui ne soit pas lui-même contingent, qui possède l'existence par lui-même, qui serve de fondement ultime à tous les êtres contingents. Cet Être nécessaire, par définition philosophique rigoureuse, c'est ce que tout le monde appelle Dieu.

Pourquoi "Qui a créé Dieu ?" est une question mal formée

La question "Qui a créé Dieu ?" présuppose que Dieu est un être contingent qui aurait besoin d'une cause extérieure pour expliquer son existence. Mais si Dieu était contingent, il ne serait pas Dieu. Par définition même, Dieu est l'Être nécessaire, celui qui existe par lui-même, dont l'essence inclut l'existence, qui ne dépend d'aucune cause antérieure.

Demander "Qui a créé Dieu ?" équivaut logiquement à demander "Qui a créé l'Incréé ?" ou "Qu'est-ce qui a causé la Cause incausée ?" ou "D'où vient celui qui existe par nécessité de sa propre nature ?" Ces questions sont logiquement contradictoires. Elles violent le principe de non-contradiction en attribuant simultanément à Dieu des propriétés incompatibles : être incréé (par définition) et être créé (par la question posée).

C'est comme demander : "Quel est le mari du célibataire ?" ou "Quelle est la forme du cercle carré ?" ou "Combien pèse le nombre 7 ?" Ces questions ne révèlent pas de problèmes réels avec les concepts de célibataire, de cercle, ou de nombre. Elles révèlent simplement une incompréhension de la nature de ces concepts, une application incorrecte de catégories inappropriées.

Un célibataire, par définition, n'a pas de mari. Demander "Quel est le mari du célibataire ?" ne pointe pas vers un mari mystérieux que nous n'aurions pas découvert. Cela révèle simplement que la question est mal formée, qu'elle viole la définition même de célibataire. De même, Dieu, par définition, est incréé, éternel, autosuffisant. Demander "Qui a créé Dieu ?" ne pointe pas vers un créateur mystérieux de Dieu. Cela révèle simplement une incompréhension fondamentale de ce que le mot "Dieu" signifie en métaphysique et en théologie.

Le principe de causalité correctement formulé

L'objection "Qui a créé Dieu ?" présuppose souvent une formulation incorrecte du principe de causalité : "Tout ce qui existe a une cause." Si ce principe était correct, alors effectivement Dieu, existant, devrait avoir une cause. Mais cette formulation est philosophiquement incorrecte et n'a jamais été soutenue par aucun philosophe sérieux.

Le principe de causalité correctement formulé affirme : "**Tout ce qui COMMENCE à exister a une cause.**" Cette formulation précise est cruciale. Elle évite immédiatement l'objection "Qui a créé Dieu ?" parce que Dieu, par définition, ne commence pas à exister. Il existe éternellement, sans commencement temporel. Par conséquent, le principe de causalité ne s'applique pas à Dieu.

Cette distinction n'est jamais une échappatoire ad hoc inventée pour protéger Dieu d'une objection embarrassante. Elle découle de l'observation universelle et de la nécessité logique. Dans toute notre expérience, chaque fois que nous observons quelque chose qui commence à exister — une maison, un livre, un enfant, une étoile — nous observons qu'il a une cause. Jamais nous n'observons quelque chose qui commence à exister sans cause. Le principe "tout ce qui commence à exister a une cause" est fondé empiriquement et logiquement nécessaire (nier ce principe équivaudrait à affirmer que des choses peuvent surgir du néant absolu sans raison, ce qui détruirait toute possibilité de science, de prédiction, de rationalité).

En revanche, nous n'avons aucune raison empirique ou logique d'étendre ce principe aux choses qui n'ont jamais commencé, qui existent éternellement. Un être qui existe de toute éternité, sans commencement, n'a besoin d'aucune cause externe précisément parce qu'il ne commence pas. La causalité explique le passage du non-être à l'être. Si un être n'a jamais connu ce passage (parce qu'il existe éternellement), alors la question de sa cause ne se pose pas.

Dieu ne commence pas, donc n'a pas besoin de cause

Appliquons maintenant le principe de causalité correctement formulé à Dieu. Dieu, selon la théologie classique juive, chrétienne, musulmane, selon la métaphysique philosophique d'Aristote à Thomas d'Aquin, existe éternellement sans commencement. Il n'y a jamais eu de moment où Dieu n'existait pas, suivi d'un moment où Dieu s'est mis à exister. Il existe de toute éternité, dans un éternel présent qui transcende le temps créé.

Par conséquent, le principe de causalité "tout ce qui commence à exister a une cause" ne s'applique pas à Dieu. Dieu ne commence pas à exister, donc ne nécessite aucune cause externe. Ceci n'est jamais une exception arbitraire au principe de causalité. C'est l'application cohérente du principe correctement formulé.

L'athée qui insiste "Tout doit avoir une cause, donc Dieu aussi" commet deux erreurs simultanées. Premièrement, il formule incorrectement le principe de causalité (en omettant "commence à exister"). Deuxièmement, il applique ce principe mal formulé à Dieu malgré le fait que Dieu, par définition, ne commence jamais à exister.

Ironiquement, l'athée matérialiste doit lui-même postuler quelque chose d'éternel, de non-causé. Il attribue habituellement ces propriétés à l'univers lui-même, ou aux lois quantiques, ou à un multivers éternel. Il affirme que ces entités existent éternellement sans cause. Mais si l'athée peut postuler légitimement une réalité physique éternelle sans cause (l'univers ou les lois quantiques), pourquoi le théiste ne pourrait-il pas postuler légitimement une Réalité spirituelle éternelle sans cause (Dieu) ?

La vraie question devient alors : qu'est-ce qui est plus rationnel de considérer comme fondement éternel non-causé — l'univers matériel contingent, changeant, régi par des lois qu'il ne peut expliquer, ou un Être spirituel nécessaire, immuable, source de toutes les lois ? La réponse philosophique favorise massivement le théisme.

L'univers commence, Dieu ne commence pas

La cosmologie moderne, ironiquement, soutient puissamment l'argument théiste en établissant que l'univers a commencé à exister il y a environ 13,8 milliards d'années. Le Big Bang marque le commencement de l'espace, du temps, de la matière, de l'énergie. Tout ce qui compose l'univers observable a commencé à exister à ce point. Par conséquent, selon le principe de causalité correctement formulé, l'univers nécessite une cause.

Cette cause ne peut être physique (car elle précède la physique), ne peut être temporelle (car elle précède le temps), ne peut être matérielle (car elle précède la matière). Cette cause doit être métaphysique, éternelle, immatérielle, transcendante — précisément ce que la théologie classique attribue à Dieu.

Le contraste est frappant : l'univers commence (confirmé scientifiquement), donc nécessite une cause. Dieu ne commence pas (affirmation théologique et philosophique), donc ne nécessite aucune cause. Demander "Qui a créé Dieu ?" après avoir accepté que l'univers a commencé équivaut à ignorer complètement la distinction entre ce qui commence (nécessitant une cause) et ce qui existe éternellement (ne nécessitant aucune cause).

L'objection athée se retourne contre elle-même

Quand l'athée demande "Qui a créé Dieu ?", il présuppose implicitement que toute explication doit elle-même être expliquée, que toute cause doit elle-même être causée, que rien ne peut servir de fondement ultime. Mais cette position aboutit à une régression infinie qui détruit toute possibilité d'explication.

Si Dieu devait avoir un créateur (appelons-le $Dieu_1$), alors $Dieu_1$ devrait avoir un créateur ($Dieu_2$), qui devrait avoir un créateur ($Dieu_3$), à l'infini. Cette chaîne infinie ne résout absolument rien. Elle déplace le problème à l'infini sans jamais fournir d'explication ultime. C'est comme demander à quelqu'un de vous prêter de l'argent, cette personne doit d'abord emprunter à une autre, qui doit emprunter à une autre, à l'infini. Vous n'obtiendrez jamais l'argent car la chaîne ne commence jamais, ne se fonde jamais sur quelqu'un possédant réellement de l'argent.

Une explication rationnelle exige qu'on arrive à un fondement ultime qui n'a pas besoin lui-même d'explication externe parce qu'il existe par la nécessité de sa propre nature. Ce fondement ultime, c'est l'Être nécessaire, Dieu. Rejeter ce fondement en demandant "Qui a créé Dieu ?" équivaut à rejeter toute possibilité d'explication ultime, ce qui détruit la rationalité elle-même.

Révélation prophétique : "Je suis celui qui suis" (Exode 3:14)

Quand Moïse demande à Dieu son nom pour pouvoir identifier qui l'envoie aux Israélites, Dieu répond : "Ehyeh asher Ehyeh" — traditionnellement traduit "Je suis celui qui suis". Cette déclaration constitue la révélation la plus profonde de la nature divine dans toute l'Écriture. Elle affirme que Dieu est l'Être pur, l'Existence subsistante, celui dont l'essence même est d'exister.

Le nom divin révélé — YHWH (יהוה), le tétragramme sacré — dérive du verbe hébreu "hayah" (היה) signifiant "être, exister". Dieu se définit lui-même comme l'Être, l'Existant par excellence, celui qui possède l'existence non pas comme une propriété parmi d'autres mais comme son essence même.

Cette révélation divine correspond exactement à ce que la philosophie découvre par raisonnement sur l'Être nécessaire. Dieu n'a pas reçu l'existence d'une source extérieure. Il est l'Existence même. Il ne participe pas à l'être comme les créatures qui reçoivent l'existence. Il est l'Être, la Source de tout ce qui existe, le Fondement ontologique dont toute réalité contingente dépend.

"Je suis celui qui suis" signifie : Je suis l'Être qui existe par lui-même, éternellement, nécessairement, sans commencement, sans fin, sans dépendance d'aucune cause extérieure. Je suis le JE SUIS absolu, l'Existant nécessaire, l'Être dont tous les autres êtres dérivent mais qui ne dérive lui-même d'aucun être antérieur.

Cette auto-révélation divine pulvérise la question "Qui a créé Dieu ?" avant même qu'elle ne soit formulée. Dieu est l'Incréé, l'Être qui existe par nécessité de sa propre nature, la Source de toute existence qui ne nécessite aucune source extérieure. Demander qui l'a créé équivaut à n'avoir rien compris de ce qu'il est.

L'athée doit postuler un fondement éternel aussi — mais moins rationnel

L'analyse révèle que l'athée et le théiste sont dans la même position logique : tous deux doivent postuler quelque chose d'éternel, d'incausé, servant de fondement ultime à tout le reste.

La différence cruciale réside dans ce qu'ils choisissent comme fondement éternel.

L'athée matérialiste attribue l'éternité et l'auto-existence à l'univers matériel (ou aux lois quantiques, ou au multivers). Il affirme que ces réalités physiques existent éternellement sans cause, qu'elles constituent le fondement ultime au-delà duquel on ne peut remonter. Mais cette position rencontre des difficultés philosophiques massives :

L'univers est contingent (il aurait pu ne pas exister, ses lois auraient pu être différentes). Comment quelque chose de contingent peut-il être le fondement nécessaire ultime ? L'univers change constamment. Comment quelque chose de changeant peut-il être le fondement immuable ? L'univers obéit à des lois qu'il ne peut expliquer. Comment quelque chose régi par des lois extérieures à lui-même peut-il être autosuffisant ? L'univers produit des êtres conscients, rationnels, libres. Comment quelque chose de non-conscient, non-rationnel, déterministe peut-il produire des propriétés qu'il ne possède pas ?

Le théiste attribue l'éternité et l'auto-existence à Dieu, l'Être spirituel transcendant. Cette position résout élégamment toutes les difficultés philosophiques : Dieu est nécessaire par nature (son essence inclut l'existence), Dieu est immuable (perfection absolue ne peut changer sans diminuer), Dieu est autosuffisant (ne dépend d'aucune loi extérieure mais est lui-même la source de toutes les lois), Dieu est conscient, rationnel, libre (peut donc créer des êtres partageant ces propriétés).

Le théisme fournit un fondement ultime philosophiquement cohérent. Le matérialisme attribue à l'univers des propriétés (nécessité, éternité, auto-suffisance) qui contredisent sa nature observable (contingence, temporalité, dépendance aux lois).

Conclusion du chapitre

La question "Qui a créé Dieu ?" constitue une erreur catégorielle fondamentale. Elle traite Dieu comme s'il était un être contingent nécessitant une cause externe, alors que Dieu, par définition, est l'Être nécessaire existant par lui-même. Demander qui a créé Dieu équivaut logiquement à demander qui a créé l'Incréé — question contradictoire révélant une incompréhension de la nature divine.

La distinction entre être contingent (commence à exister, dépend d'une cause, aurait pu ne pas exister) et Être nécessaire (existe éternellement, ne dépend de rien, ne peut pas ne pas existter) est philosophiquement fondamentale. Le principe de causalité correctement formulé — "tout ce qui commence à exister a une cause" — s'applique aux êtres contingents mais ne s'applique jamais à l'Être nécessaire qui ne commence pas.

L'univers commence (confirmé scientifiquement par le Big Bang), donc nécessite une cause. Cette cause doit être éternelle, immatérielle, transcendante — Dieu. Dieu ne commence pas (affirmation théologique et philosophique), donc ne nécessite aucune cause. Cette distinction n'est jamais une exception arbitraire mais l'application cohérente du principe de causalité.

"Je suis celui qui suis" (Exode 3:14) révèle prophétiquement ce que la philosophie découvre rationnellement : Dieu est l'Être pur, l'Existence subsistante, celui dont l'essence même est d'exister. Il n'a pas d'origine parce qu'il est éternel. Il n'a pas de créateur parce qu'il est l'Incréé. Il n'a pas de cause parce qu'il ne commence pas. Il n'a pas besoin d'explication extérieure parce qu'il existe par nécessité de sa propre nature.

L'athée et le théiste doivent tous deux postuler un fondement éternel incausé. Le théisme attribue ces propriétés à un Être nécessaire philosophiquement cohérent. Le matérialisme les attribue à un univers contingent, créant des contradictions philosophiques insurmontables.

Loin d'être une objection dévastatrice, "Qui a créé Dieu ?" révèle simplement que son auteur n'a pas compris la nature de Dieu ni les principes fondamentaux de la causalité métaphysique. Un Dieu créé ne serait pas Dieu. Seul un Dieu éternel, nécessaire, incréé peut être le fondement ultime de toute réalité.

Cette vérité change absolument tout.

CHAPITRE 16 _ **LE TEMPS EST UNE CRÉATION — DIEU EST ÉTERNEL**

La confusion entre temps et éternité génère des erreurs philosophiques massives dans le débat sur l'origine de l'univers. Quand quelqu'un demande "Qu'est-ce que Dieu faisait avant de créer l'univers ?", il présuppose que le temps existait avant la création, que Dieu existe dans le temps comme nous, qu'il y aurait eu une période temporelle infinie pendant laquelle Dieu attendait avant de se décider à créer. Cette présupposition traite le temps comme une réalité absolue, éternelle, indépendante, dans laquelle même Dieu serait plongé. Mais cette vision est radicalement fausse. Le temps n'est pas une réalité absolue, éternelle. Le temps est une création, une dimension de l'univers physique, qui commence avec l'univers et n'existe pas indépendamment de lui. Dieu ne vit pas dans le temps. Dieu transcende le temps. Il existe dans l'éternité, qui n'est pas un temps très long mais un mode d'existence radicalement différent du temps.

Comprendre cette distinction — temps créé versus éternité divine — dissout immédiatement de nombreuses objections athées et révèle quelque chose de profond sur la nature de Dieu et sa relation à la création.

Le temps est une dimension physique créée

La physique moderne, particulièrement la relativité d'Einstein, a révélé que le temps n'est pas une réalité absolue, universelle, coulant uniformément indépendamment de l'univers. Le temps est une dimension de l'espace-temps, intrinsèquement liée à l'espace et à la matière. Sans espace-temps, le temps n'existe pas. Le temps commence avec l'univers au Big Bang. Avant le Big Bang (si cette formulation a même un sens), le temps n'existait pas.

Cette découverte scientifique confirme ce que la théologie biblique et la philosophie classique ont toujours affirmé : le temps est une création. Augustin d'Hippone, au 5ème siècle, argumentait déjà que le temps a été créé avec l'univers, qu'il n'existait pas "avant" la création parce que "avant" présuppose le temps. Thomas d'Aquin développait le même argument au 13ème siècle : Dieu crée le temps en créant l'univers, donc demander ce que Dieu faisait "avant" la création équivaut à demander ce qui existe au nord du pôle Nord — question mal formée parce qu'elle présuppose l'existence de quelque chose (direction nord, temps antérieur) qui n'existe pas.

La relativité confirme cette intuition théologique et philosophique. Le temps n'est pas un conteneur absolu dans lequel les événements se produisent. Le temps est une relation entre événements, une mesure du changement, une dimension de l'univers physique. Sans univers physique, sans changement, sans succession d'états, le temps n'a aucun sens, aucune réalité.

Plus précisément, la relativité générale établit que le temps se dilate dans des champs gravitationnels intenses, ralentit près de masses massives, s'écoule différemment selon le référentiel de l'observateur. Ces phénomènes révèlent que le temps n'est pas absolu mais relatif, dépendant de la distribution de matière-énergie dans l'espace-temps. Si le temps était une réalité absolue, éternelle, indépendante de l'univers physique, ces variations seraient impossibles.

Le temps commence donc avec le Big Bang. À cet instant initial (t=0 dans les équations cosmologiques), l'espace, le temps, la matière, l'énergie commencent simultanément. Demander ce qui existait "avant" t=0 équivaut à demander ce qui existe "avant" le commencement du temps — question contradictoire parce que "avant" présuppose le temps qui n'existe pas encore.

"Avant" la création n'existe pas — il y a seulement l'éternité divine

L'erreur philosophique commune consiste à imaginer une ligne temporelle infinie s'étendant dans le passé, sur laquelle Dieu existerait depuis toujours, attendant un moment particulier pour créer l'univers. Cette image est radicalement fausse à plusieurs niveaux.

Premièrement, elle présuppose que le temps existe avant l'univers, ce qui contredit à la fois la physique moderne et la théologie classique. Si le temps est créé avec l'univers, alors il n'y a pas de "avant" la création. La question "Qu'est-ce que Dieu faisait avant de créer ?" est aussi dénuée de sens que "Qu'est-ce qui existe au nord du pôle Nord ?"

Deuxièmement, elle imagine Dieu comme un être temporel, existant dans le temps, subissant la succession temporelle, changeant d'un état à un autre (de ne-pas-encore-avoir-créé à avoir-créé). Mais Dieu n'est pas un être temporel. Dieu transcende le temps. Il n'existe pas dans le temps mais dans l'éternité.

Qu'est-ce que l'éternité exactement ? L'éternité n'est pas un temps infini, une durée sans fin s'étendant dans le passé et dans le futur. Cette conception commune est erronée. L'éternité est un mode d'existence radicalement différent du temps, où il n'y a ni succession, ni changement, ni avant, ni après. L'éternité est la possession simultanée et parfaite de la vie sans limite.

Boèce, philosophe du 6ème siècle, a formulé la définition classique de l'éternité : *"Aeternitas est interminabilis vitae tota simul et perfecta possessio"* — "L'éternité est la possession simultanée, complète et parfaite d'une vie sans limite." Analysons cette définition :

Simultanée — tout est présent en même temps, sans succession temporelle. Dans l'éternité, il n'y a pas de passé révolu, de futur à venir. Tout est un éternel présent. Dieu voit simultanément tous les moments du temps créé comme nous voyons simultanément tous les points d'une ligne tracée sur une page.

Complète — rien ne manque, rien n'est à venir, rien n'est perdu dans le passé. La vie divine est plénitude absolue, actualisée complètement, sans potentialité non réalisée.

Parfaite — sans défaut, sans diminution, sans corruption, sans changement possible qui serait une amélioration (car Dieu est perfection absolue) ou une détérioration (car Dieu est immuable).

Sans limite — non pas temporellement infinie (durée sans fin) mais transcendant complètement la catégorie de durée.

L'éternité n'est pas mesurée en années, en siècles, en milliards d'années. Elle transcende toute mesure temporelle.

Dieu crée le temps en créant l'univers

Quand Dieu crée l'univers, il crée simultanément toutes ses dimensions : espace, temps, matière, énergie. Le temps n'existe pas avant cet acte créateur, il n'y a donc pas de "avant" au sens temporel. Il y a seulement l'éternité divine transcendant le temps.

Genèse 1:1 révèle prophétiquement cette vérité : "Au commencement (בְּרֵאשִׁית - bereshit), Dieu créa les cieux et la terre." Le mot hébreu "bereshit" signifie littéralement "au commencement" ou "en un commencement". Il marque le point d'origine absolu, le début du temps lui-même. Rien n'existe temporellement avant ce commencement parce que le temps commence à ce point.

La formulation hébraïque est remarquablement précise. Elle ne dit jamais "Il y a très longtemps, Dieu créa" (ce qui présupposerait un temps existant avant la création). Elle dit "Au commencement" — marquant l'origine absolue du temps lui-même. Augustin commentait : "Le monde n'a pas été créé dans le temps, mais avec le temps." Cette distinction est cruciale. Créer dans le temps présupposerait que le temps existe déjà. Créer avec le temps signifie que le temps commence avec la création, qu'il constitue une dimension de l'univers créé.

Jean 1:1 approfondit cette révélation : "Au commencement (Ἐν ἀρχῇ - En archē) était la Parole." Le parallèle avec Genèse 1:1 est délibéré. Mais Jean ajoute quelque chose de crucial : au commencement du temps créé, la Parole (le Logos) **était** déjà. Le verbe grec "ἦν" (ēn) — imparfait de "être" — indique une existence continue antérieure au commencement du temps. Avant que le temps commence, le Logos existait déjà dans l'éternité divine. Il ne commence pas à exister au commencement du temps. Il existe éternellement et crée le commencement du temps.

Cette structure révèle que Dieu transcende le temps qu'il crée. Il ne commence pas avec l'univers. Il existe de toute éternité, hors du temps, et crée le temps comme dimension de son univers.

Comment Dieu peut être éternel sans "attendre" pour créer

L'objection surgit : "Si Dieu existe éternellement et que l'univers a un commencement temporel, alors il y aurait eu une éternité de temps pendant laquelle Dieu existait sans univers. Pourquoi aurait-il attendu une éternité pour créer ?" Cette objection présuppose encore que Dieu existe dans le temps, qu'il subit la succession temporelle, qu'il aurait "attendu" avant de créer.

Mais Dieu n'attend jamais parce qu'il ne vit pas dans le temps. De son point de vue éternel, l'acte de création n'est jamais précédé d'une attente temporelle. Dans l'éternité divine, il n'y a pas de succession entre "avant la création" et "après la création". L'acte créateur est éternellement présent dans la volonté divine, sans succession temporelle.

Imaginez (analogie imparfaite mais utile) un auteur écrivant un roman. Dans le roman, il y a une chronologie : le chapitre 1 précède le chapitre 2, les événements se succèdent dans le temps narratif. Mais l'auteur, lui, n'existe pas dans le temps narratif du roman. Il existe dans un temps réel qui transcende le temps narratif. Il peut concevoir simultanément toute l'histoire, voir en un seul acte mental le début, le milieu, la fin. Il n'attend pas que le chapitre 1 se termine pour concevoir le chapitre 2. Il conçoit simultanément toute la structure narrative.

De même (analogie très imparfaite car Dieu transcende infiniment un auteur humain), Dieu, de son éternité transcendante, voit simultanément tous les moments du temps créé. Il ne "vit" pas ces moments successivement. Il les voit tous simultanément dans un éternel présent. L'acte créateur qui produit le Big Bang (commencement du temps) est éternellement présent dans la volonté divine, sans être précédé d'une attente temporelle.

Augustin utilisait une autre analogie : imaginez le temps comme une ligne tracée sur une page. Nous, vivant dans le temps, nous déplaçons le long de la ligne, expérimentant successivement chaque point. Dieu, transcendant le temps, voit toute la ligne simultanément, d'un seul regard éternel. Le début de la ligne (Big Bang, commencement du temps) et la fin de la ligne (fin de l'univers) sont également présents à son regard éternel.

Pourquoi l'immutabilité divine n'empêche pas la création

Une objection subtile surgit : "Si Dieu est immuable (ne change pas), comment peut-il passer d'un état de ne-pas-encore-avoir-créé à un état d'avoir-créé ? Ce passage ne constitue-t-il pas un changement en Dieu ?" Cette objection présuppose encore que Dieu vit dans le temps, qu'il subit une succession d'états.

Mais Dieu ne passe jamais d'un état à un autre. De toute éternité, Dieu veut créer l'univers. Cette volonté créatrice est éternellement présente en Dieu, sans succession, sans changement. Ce qui change, ce n'est pas Dieu, c'est l'univers qui passe du non-être à l'être. Le changement est entièrement du côté de la créature, non du Créateur.

Analogie : le soleil brille constamment. Une plante fermée s'ouvre quand le soleil se lève. La plante change (de fermée à ouverte), mais le soleil ne change pas. Il brille constamment. De même, Dieu veut éternellement créer. L'univers passe du non-être à l'être en réponse à cette volonté divine éternelle, mais Dieu lui-même ne change pas. Il reste éternellement le même, dans sa volonté créatrice constante.

La création ne modifie rien en Dieu. Dieu ne devient pas "créateur" à un moment où il ne l'était pas avant. De toute éternité, Dieu est créateur, dans le sens que sa volonté créatrice est éternellement présente (même si l'effet de cette volonté — l'univers créé — commence à exister temporellement). Le terme "créateur" se rapporte à une relation de Dieu avec la créature, non à un changement intrinsèque en Dieu.

Révélation prophétique : Psaume 90:2 et 2 Pierre 3:8

Psaume 90:2 affirme : "Avant que les montagnes fussent nées, et que tu eusses créé la terre et le monde, d'éternité en éternité tu es Dieu." Cette formulation hébraïque magnifique — "d'éternité en éternité" (מֵעוֹלָם עַד־עוֹלָם - me'olam ad-olam) — révèle que Dieu transcende le temps créé. Avant que le monde commence, Dieu existait déjà dans son éternité. Après que le monde finisse, Dieu existera toujours dans son éternité. Le temps créé est comme une parenthèse ouverte et fermée dans l'éternité divine qui la précède et la transcende infiniment.

2 Pierre 3:8 révèle la perspective divine sur le temps : "Mais il est une chose, bien-aimés, que vous ne devez pas ignorer, c'est que, devant le Seigneur, un jour est comme mille ans, et mille ans sont comme un jour." Cette affirmation ne signifie pas que Dieu compte différemment le temps (comme si pour lui mille ans équivaudraient à un jour). Elle signifie que Dieu transcende complètement la catégorie temporelle. Les distinctions temporelles (jour, année, millénaire) n'ont aucune signification pour l'éternité divine. De son éternité transcendante, Dieu voit tous les moments temporels simultanément, sans que leur durée relative affecte sa perception.

Cette révélation résout l'objection concernant les "retards" divins. Quand l'Écriture prophétise un événement et que des siècles, des millénaires passent avant son accomplissement, les sceptiques objectent : "Dieu a oublié, ou Dieu est impuissant, ou la prophétie était fausse." 2 Pierre 3:8 répond : Dieu ne subit pas le temps comme nous. Mille ans pour nous sont comme un instant pour lui. Il ne "retarde" jamais car le retard présuppose que le temps pèse sur lui comme sur nous. Il accomplit ses desseins exactement selon son plan éternel, dans les moments temporels qu'il a choisis de toute éternité.

L'athée doit postuler soit un temps éternel soit une origine du temps

Face à cette analyse, l'athée se trouve confronté à un dilemme philosophique : soit le temps est éternel (a toujours existé), soit le temps a commencé à exister.

Si le temps est éternel, alors l'univers devrait être éternel aussi (car le temps est une dimension de l'univers physique selon la relativité). Mais cela contredit le Big Bang qui établit scientifiquement que l'univers a commencé il y a 13,8 milliards d'années. De plus, un temps éternel impliquerait qu'une durée infinie s'est écoulée jusqu'à aujourd'hui, ce qui est philosophiquement problématique (comment peut-on traverser une infinité pour arriver au présent ?).

Si le temps a commencé, alors il faut une cause qui transcende le temps pour le faire commencer. Cette cause ne peut être temporelle (car elle précède le temps), ne peut être physique (car le temps est une dimension physique). Cette cause doit être métaphysique, éternelle au sens de transcendant le temps — précisément ce que le théisme affirme de Dieu.

Le théiste évite ce dilemme en affirmant que Dieu transcende le temps, existe dans l'éternité (non pas temps infini mais mode d'existence sans succession temporelle), et crée le temps avec l'univers. Cette position est philosophiquement cohérente et scientifiquement compatible avec le Big Bang.

Conclusion du chapitre

Le temps n'est pas une réalité absolue, éternelle, indépendante. Le temps est une dimension de l'univers physique, créée avec l'univers au Big Bang. Avant le commencement du temps, le temps n'existait pas. La question "Qu'est-ce que Dieu faisait avant de créer ?" est donc mal formée, car elle présuppose l'existence du temps avant que le temps ne commence.

Dieu ne vit pas dans le temps. Dieu transcende le temps. Il existe dans l'éternité — non pas un temps infini mais un mode d'existence radicalement différent où il n'y a ni succession, ni changement, ni avant, ni après. L'éternité est la possession simultanée et parfaite de la vie sans limite (Boèce).

Dieu crée le temps en créant l'univers. "Au commencement" (Genèse 1:1) marque le début du temps lui-même, non un moment dans un temps préexistant. De son éternité transcendante, Dieu voit simultanément tous les moments du temps créé dans un éternel présent. Il ne "attend" jamais pour créer car l'attente présuppose la succession temporelle qu'il ne subit pas.

L'immutabilité divine (Dieu ne change pas) est compatible avec la création car le changement est entièrement du côté de la créature (passage du non-être à l'être), non du Créateur dont la volonté créatrice est éternellement constante. Psaume 90:2 révèle que Dieu existe "d'éternité en éternité", transcendant le temps créé qui est comme une parenthèse dans l'éternité divine. 2 Pierre 3:8 révèle que les distinctions temporelles (jour, millénaire) n'ont aucune signification pour l'éternité divine.

L'athée doit choisir : soit un temps éternel (contredisant le Big Bang et créant des problèmes philosophiques), soit un temps commençant (nécessitant une cause transcendant le temps — Dieu). Le théisme résout élégamment le problème : Dieu éternel transcende le temps et le crée avec l'univers.

Comprendre que le temps est créé et que Dieu est éternel dissout de nombreuses objections athées et révèle la nature transcendante de Dieu qui existe dans une plénitude éternelle au-delà de toute succession temporelle.

Cette vérité change absolument tout.

CHAPITRE 17 __ **LE PRINCIPE DE CAUSALITÉ ET LA CAUSE PREMIÈRE**

Le principe de causalité — "tout ce qui commence à exister a une cause" — constitue le fondement de toute pensée rationnelle, de toute science, de toute prédiction, de toute compréhension du monde. Sans ce principe, la réalité devient absurde, chaotique, incompréhensible. Si des choses pouvaient surgir du néant absolu sans raison, sans cause, sans explication, alors rien ne serait prévisible, la science serait impossible, la rationalité s'effondrerait. Pourtant, malgré son évidence et sa nécessité, certains athées tentent de nier ce principe précisément quand il pointe inévitablement vers l'existence d'une Cause première transcendante — Dieu.

Ce chapitre établira la validité universelle du principe de causalité, démontrera qu'il mène logiquement à la nécessité d'une Cause première possédant exactement les attributs que la théologie biblique attribue à Dieu, et réfutera les tentatives désespérées de nier ce principe pour éviter ses implications théistes. L'argument de la Cause première ne constitue pas une spéculation abstraite sans fondement. Il représente l'aboutissement logique inévitable d'un raisonnement rigoureux sur la nature de la réalité et les conditions nécessaires de l'existence de l'univers contingent.

Le principe de causalité : évidence universelle

Le principe de causalité s'énonce avec une simplicité trompeuse : "**Tout ce qui commence à exister a une cause.**" Cette formulation précise évite les malentendus. Elle n'affirme pas "tout ce qui existe a une cause" (ce qui inclurait Dieu et créerait une régression infinie). Elle affirme que tout ce qui **commence** à exister, tout ce qui passe du non-être à l'être, nécessite une cause suffisante pour expliquer ce passage.

Ce principe repose sur trois fondements solides :

Évidence intuitive immédiate. Dès notre plus jeune âge, nous comprenons instinctivement que les choses ne surgissent pas du néant sans raison. Quand un enfant voit un jouet apparaître dans sa chambre, il ne conclut jamais "il est apparu spontanément du néant absolu sans cause". Il cherche immédiatement qui l'a apporté. Cette intuition universelle, transculturelle, transhistorique révèle que le principe de causalité est inscrit dans la structure même de notre rationalité.

Confirmation empirique universelle. Dans toute l'histoire de l'observation scientifique, jamais nous n'avons observé une seule exception au principe de causalité. Chaque fois que nous voyons quelque chose commencer à exister — un enfant naissant, une étoile se formant, une particule apparaissant — nous trouvons toujours une cause. Aucun scientifique n'a jamais publié un article affirmant avoir observé quelque chose surgir du néant absolu sans cause. L'induction empirique universelle confirme massivement le principe.

Nécessité logique et métaphysique. Nier le principe de causalité équivaut à affirmer que l'être peut surgir du non-être sans raison, que quelque chose peut venir de rien. Mais cette affirmation viole le principe métaphysique fondamental : **ex nihilo nihil fit** — du néant absolu ne peut rien surgir. Le néant, par définition, ne possède aucune propriété, aucun pouvoir, aucune capacité causale. Si quelque chose surgit, il faut nécessairement une cause qui possède le pouvoir de le faire surgir. Affirmer le contraire détruit la possibilité même de la rationalité.

Pourquoi nier le principe de causalité détruit la science

Certains physiciens athées, confrontés aux implications théistes du principe de causalité appliqué à l'origine de l'univers, tentent parfois de le nier. Lawrence Krauss affirme que la mécanique quantique permet à des particules de surgir "du néant" sans cause. Cette affirmation révèle soit une confusion conceptuelle profonde, soit une malhonnêteté intellectuelle délibérée.

Premièrement, le "néant" de la mécanique quantique (le vide quantique) n'est absolument pas le néant philosophique absolu. Nous l'avons démontré au chapitre 3. Le vide quantique est un champ quantique régi par des lois précises, possédant de l'énergie virtuelle, situé dans l'espace-temps, obéissant au principe d'incertitude de Heisenberg. Dire que des particules surgissent de ce vide "sans cause" est faux. Elles surgissent en vertu des lois quantiques qui régissent le vide. Ces lois constituent précisément la cause de ces fluctuations. Nier cela équivaut à nier que les lois physiques ont un pouvoir causal.

Deuxièmement, si des choses pouvaient réellement surgir sans cause, alors n'importe quoi pourrait surgir n'importe quand. Pourquoi ne voyons-nous pas des éléphants apparaître spontanément dans nos salons ? Pourquoi ne voyons-nous pas des galaxies surgir subitement dans des régions vides de l'espace ? Si l'univers peut surgir sans cause à partir du néant, pourquoi pas des éléphants ? La réponse évidente : parce que les choses ne surgissent jamais sans cause. Le fait même que nous pouvons prédire que des éléphants n'apparaîtront pas spontanément révèle notre confiance inébranlable dans le principe de causalité.

Troisièmement, toute la science repose sur le principe de causalité. La méthode scientifique cherche les causes des phénomènes observés. Quand un scientifique observe un effet, il cherche systématiquement la cause. Si le principe de causalité était faux, si des effets pouvaient exister sans cause, alors la science serait impossible. On ne pourrait jamais expliquer rien, prédire rien, comprendre rien. Le simple fait que la science fonctionne confirme massivement la validité universelle du principe de causalité.

David Hume, le philosophe sceptique le plus célèbre, a tenté de nier la nécessité logique du principe de causalité, affirmant que nous l'inférons seulement par habitude basée sur l'observation répétée de conjonctions constantes entre événements. Mais même Hume n'a jamais affirmé avoir observé des choses surgir du néant sans cause. Il questionnait seulement notre capacité à prouver a priori la nécessité logique du principe. Mais cette critique philosophique sophistiquée ne change rien à la réalité : universellement, empiriquement, constamment, nous observons que les choses qui commencent ont des causes. Aucune exception n'a jamais été observée.

L'univers commence, donc l'univers a une cause

Appliquons maintenant le principe de causalité à l'univers lui-même. La cosmologie moderne établit scientifiquement que l'univers a commencé à exister il y a environ 13,8 milliards d'années. Le Big Bang marque le commencement de l'espace, du temps, de la matière, de l'énergie. Avant ce point, rien de physique n'existait. L'univers observable entier, dans toute son immensité (des milliards de galaxies, chacune contenant des milliards d'étoiles), a commencé à exister.

Le raisonnement devient alors d'une simplicité implacable :

Prémisse 1 : Tout ce qui commence à exister a une cause.

Prémisse 2 : L'univers a commencé à exister.

Conclusion : Donc, l'univers a une cause.

Ce syllogisme est logiquement valide. Si les deux prémisses sont vraies, la conclusion suit nécessairement. La Prémisse 1 (principe de causalité) a été établie comme universellement confirmée empiriquement et métaphysiquement nécessaire. La Prémisse 2 (commencement de l'univers) est établie scientifiquement par la cosmologie moderne (expansion cosmique, rayonnement fossile, abondance des éléments légers).

Les deux prémisses étant vraies, la conclusion est inévitable : l'univers a une cause.

Cette conclusion ne dépend d'aucune présupposition religieuse. Elle découle purement de la logique appliquée aux découvertes scientifiques. Un athée qui accepte la validité du principe de causalité (nécessaire pour faire de la science) et qui accepte les découvertes de la cosmologie moderne (Big Bang) doit logiquement accepter que l'univers a une cause.

Les propriétés nécessaires de la Cause de l'univers

Mais quelle est la nature de cette Cause ? En analysant les propriétés que cette Cause doit nécessairement posséder pour expliquer l'existence de l'univers, nous découvrons que ces propriétés correspondent exactement aux attributs que la théologie classique attribue à Dieu. Ce n'est pas une coïncidence fortuite. C'est la convergence de la raison philosophique et de la révélation biblique vers la même vérité.

La Cause doit être éternelle (sans commencement temporel). Si la Cause avait elle-même commencé à exister, elle aurait besoin d'une cause antérieure. Mais cela créerait une régression infinie qui n'explique rien. Il faut nécessairement une Cause première qui n'a pas commencé, qui existe éternellement.

Puisque le temps est créé avec l'univers (chapitre 15), cette Cause existe dans l'éternité, transcendant le temps.

La Cause doit être immatérielle (non-physique). La matière est créée au Big Bang. La Cause de l'univers ne peut donc être matérielle. Elle précède et transcende toute réalité physique. Elle doit être immatérielle, spirituelle, métaphysique.

La Cause doit transcender l'espace. L'espace est créé avec l'univers. La Cause ne peut être spatiale. Elle ne peut être localisée quelque part dans l'espace. Elle doit transcender complètement l'espace, exister indépendamment de toute dimension spatiale.

La Cause doit être infiniment puissante. Créer l'univers entier ex nihilo — faire surgir toute la matière, toute l'énergie, tout l'espace, tout le temps du néant absolu — requiert une puissance infinie. Aucune puissance finie ne peut accomplir cela. Seule une puissance illimitée, absolue, infinie peut créer à partir de rien.

La Cause doit être infiniment intelligente. L'univers manifeste un ordre stupéfiant : lois mathématiques précises, constantes finement ajustées, structures complexes émergentes, information codée dans l'ADN. Cet ordre ne peut surgir du hasard aveugle. Il révèle une Intelligence conceptrice. La Cause doit posséder une intelligence capable de concevoir les lois physiques, de calculer les valeurs précises des constantes, d'ordonner le cosmos selon des principes rationnels.

La Cause doit être personnelle (possédant volonté et liberté). Voici un argument crucial souvent négligé. Une cause impersonnelle, mécanique, opérant selon des lois aveugles produirait nécessairement ses effets dès qu'elle existe. Si la Cause de l'univers était impersonnelle et éternelle, alors l'univers devrait être éternel aussi (car une cause éternelle impersonnelle produirait son effet éternellement). Mais l'univers n'est pas éternel, il a commencé il y a un temps fini. Comment une Cause éternelle peut-elle produire un effet temporel limité ? La seule explication cohérente : la Cause possède une volonté libre. Elle choisit de créer, elle décide du moment de la création (moment dans le temps créé, non moment dans l'éternité divine). Seule une Cause personnelle possédant volonté et liberté peut expliquer comment une Cause éternelle produit un effet temporel limité.

La Cause doit être unique. Multiplier les causes premières sans nécessité viole le principe de parcimonie (rasoir d'Ockham). De plus, l'unité cohérente de l'univers (mêmes lois partout, même structure mathématique) suggère fortement une source unique plutôt que multiples créateurs indépendants qui produiraient des systèmes incohérents.

Ces propriétés définissent exactement Dieu

Récapitulons les propriétés nécessaires de la Cause de l'univers dérivées par pure analyse philosophique : éternelle, immatérielle, transcendant l'espace-temps, infiniment puissante, infiniment intelligente, personnelle (volonté libre), unique. Ces propriétés définissent exactement ce que les grandes traditions théistes monothéistes (judaïsme, christianisme, islam) appellent Dieu.

Cette convergence entre philosophie rationnelle et révélation théologique n'est jamais accidentelle. Elle révèle que la raison humaine, opérant selon le principe de causalité, arrive nécessairement aux mêmes conclusions que la révélation divine. Dieu se révèle à la fois dans la création (révélation naturelle accessible par la raison) et dans l'Écriture (révélation spéciale communiquée directement). Les deux sources convergent vers la même vérité parce qu'elles procèdent du même Logos divin qui est à la fois Raison créatrice et Parole révélatrice.

Romains 1:20 affirme prophétiquement cette convergence : "En effet, les perfections invisibles de Dieu, sa puissance éternelle et sa divinité, se voient comme à l'œil nu, depuis la création du monde, quand on les considère dans ses ouvrages." L'apôtre Paul affirme que la raison humaine, observant la création et raisonnant correctement, peut découvrir l'existence de Dieu et certains de ses attributs (puissance éternelle, divinité). Cette découverte rationnelle ne dépend d'aucune révélation spéciale, d'aucune foi préalable. Elle découle de l'observation et du raisonnement logique appliquant le principe de causalité.

La tentative désespérée : l'univers s'auto-cause

Face à la force de l'argument de la Cause première, certains athées tentent une échappatoire désespérée : affirmer que l'univers est sa propre cause, qu'il se crée lui-même, qu'il surgit spontanément du néant par ses propres lois quantiques. Cette tentative échoue à plusieurs niveaux.

Premièrement, l'auto-causation est logiquement contradictoire. Pour se causer soi-même, il faudrait exister avant d'exister — contradiction flagrante. Pour que A cause B, A doit exister au moment où il cause B. Si A = B (auto-causation), alors A doit exister au moment où il se cause, c'est-à-dire avant d'exister. Absurde.

Deuxièmement, invoquer les "lois quantiques" comme cause de l'univers ne résout rien. Les lois elles-mêmes demandent explication. D'où viennent ces lois ? Pourquoi ces lois précises plutôt que d'autres ou plutôt qu'aucune loi ? Les lois sont des descriptions de régularités, des structures mathématiques abstraites. Elles ne possèdent aucun pouvoir causal en elles-mêmes sans un substrat sur lequel opérer. Dire que les lois quantiques créent l'univers équivaut à dire que les règles des échecs créent les pièces et l'échiquier — confusion catégorielle massive entre règles abstraites et réalité concrète.

Troisièmement, même si on acceptait (per impossibile) que l'univers surgit selon des lois quantiques, cela ne ferait que déplacer la question : qui a établi ces lois ? D'où viennent-elles ? Pourquoi existent-elles plutôt que de ne pas exister ? Invoquer les lois comme explication ultime laisse ces questions fondamentales sans réponse.

Révélation prophétique : "Je suis l'Alpha et l'Oméga" (Apocalypse 1:8)

Apocalypse 1:8 déclare : "Je suis l'Alpha et l'Oméga, dit le Seigneur Dieu, celui qui est, qui était, et qui vient, le Tout-Puissant." Cette auto-révélation divine confirme prophétiquement ce que la philosophie découvre rationnellement sur la Cause première.

"L'Alpha et l'Oméga" — première et dernière lettre de l'alphabet grec — révèlent que Dieu est le commencement et la fin, l'origine et la destination de toute réalité. Il est la Cause première dont tout procède et la Fin ultime vers laquelle tout est orienté.

"Celui qui est, qui était, et qui vient" — formulation tripartite révélant l'éternité divine transcendant le temps. "Qui est" (présent), "qui était" (passé), "qui vient" (futur) — Dieu embrasse simultanément tous les temps dans son éternel présent. Il n'est pas limité au présent comme les créatures temporelles. Il existe éternellement, transcendant la succession temporelle.

"Le Tout-Puissant" — affirmation de la puissance infinie nécessaire pour créer l'univers ex nihilo, pour soutenir continuellement toute réalité dans l'être, pour accomplir tous ses desseins éternels.

Cette révélation divine correspond exactement aux propriétés que la raison philosophique attribue nécessairement à la Cause première : éternelle, transcendant le temps, toute-puissante. La convergence entre raison et révélation confirme la vérité.

L'alternative athée : univers éternel ou régression infinie

L'athée confronté à l'argument de la Cause première se trouve devant un dilemme : soit postuler un univers éternel sans commencement (contredisant le Big Bang), soit accepter une régression infinie de causes (philosophiquement intenable), soit admettre que l'univers surgit du néant absolu sans cause (violant le principe de causalité et détruisant la possibilité de la science).

Univers éternel. Cette option contredit directement la cosmologie moderne qui établit que l'univers a commencé il y a un temps fini. De plus, un univers matériel éternel rencontrerait le problème de l'entropie : selon la deuxième loi de la thermodynamique, l'entropie (désordre) augmente constamment dans un système fermé. Si l'univers était éternel, il devrait avoir atteint l'équilibre thermodynamique (mort thermique) depuis une éternité infinie. Pourtant nous observons un univers ordonné, structuré, loin de l'équilibre. Cette observation confirme que l'univers n'est pas éternel mais a commencé il y a un temps fini.

Régression infinie. Postuler une chaîne infinie de causes où chaque cause est elle-même causée par une cause antérieure ad infinitum n'explique rien. Une chaîne infinie d'êtres contingents dépendant les uns des autres ne peut expliquer pourquoi la chaîne entière existe. C'est comme une chaîne infinie de wagons de train, chaque wagon tiré par le wagon précédent. Cette chaîne ne se déplacera jamais sans locomotive possédant la puissance motrice intrinsèque. De même, une régression infinie d'êtres contingents ne peut expliquer l'existence sans un Être nécessaire possédant l'existence intrinsèquement.

Surgissement sans cause. Affirmer que l'univers surgit du néant absolu sans cause viole le principe de causalité, détruit la possibilité de la science, contredit toute observation empirique. C'est abandonner complètement la rationalité pour éviter l'implication théiste.

Le théisme évite ces trois impasses en postulant une Cause première éternelle, nécessaire, transcendante — Dieu — qui crée l'univers temporel contingent. Cette position est philosophiquement cohérente, scientifiquement compatible avec le Big Bang, rationnellement satisfaisante.

Conclusion du chapitre

Le principe de causalité — "tout ce qui commence à exister a une cause" — est universellement confirmé empiriquement, métaphysiquement nécessaire, fondement de toute science. Nier ce principe pour éviter ses implications théistes détruit la possibilité même de la rationalité et de la science.

L'univers a commencé à exister il y a 13,8 milliards d'années (confirmé scientifiquement). Appliquant le principe de causalité, l'univers doit avoir une cause. Analysant les propriétés nécessaires de cette Cause (éternelle, immatérielle, transcendant l'espace-temps, infiniment puissante, infiniment intelligente, personnelle, unique), nous découvrons qu'elles correspondent exactement aux attributs que la théologie biblique attribue à Dieu.

Cette convergence entre raison philosophique et révélation divine confirme la vérité. L'argument de la Cause première ne repose sur aucune présupposition religieuse. Il découle purement de la logique appliquée aux découvertes scientifiques. Un athée qui accepte le principe de causalité (nécessaire pour la science) et le Big Bang (établi scientifiquement) doit logiquement accepter l'existence d'une Cause première transcendante — Dieu.

Les tentatives athées d'échapper à cette conclusion (univers éternel, régression infinie, surgissement sans cause, auto-causation) échouent toutes, créant des contradictions logiques ou scientifiques massives. Seul le théisme fournit une explication cohérente, rationnelle, satisfaisante de l'origine de l'univers.

"Je suis l'Alpha et l'Oméga" — Dieu se révèle comme la Cause première et la Fin ultime, celui qui transcende le temps, le Tout-Puissant créateur de toute réalité. La raison humaine, opérant selon le principe de causalité, arrive nécessairement à cette même conclusion.

Cette vérité change absolument tout.

CHAPITRE 18 __ **RÉFUTATION DES OBJECTIONS MATÉRIALISTES**

L'argument théiste établi dans les chapitres précédents — l'univers a commencé, donc nécessite une Cause première transcendante possédant exactement les attributs de Dieu — provoque invariablement des objections matérialistes. Ces objections tentent de sauver le matérialisme en évitant l'implication théiste inévitable. Elles prennent diverses formes, certaines superficiellement plausibles, d'autres manifestement désespérées. Ce chapitre examinera systématiquement les objections matérialistes les plus courantes et démontrera que chacune échoue à réfuter l'argument théiste. Plus encore, plusieurs objections confirment involontairement la position théiste en révélant les contradictions internes du matérialisme.

Les objections matérialistes se regroupent en cinq catégories principales : objections concernant le principe de causalité, objections concernant la nature de Dieu, objections concernant les explications alternatives, objections concernant la science, objections concernant la philosophie. Examinons chacune méthodiquement.

Objection 1 : "Le principe de causalité ne s'applique pas à l'univers entier"

L'objection : "Le principe de causalité s'applique aux choses à l'intérieur de l'univers, mais nous ne pouvons légitimement l'appliquer à l'univers lui-même. C'est une extrapolation injustifiée de passer de 'tout ce qui commence à exister dans l'univers a une cause' à 'l'univers lui-même a une cause'."

Réfutation : Cette objection commet l'erreur du "plaidoyer spécial" — créer une exception arbitraire sans justification. Le principe de causalité s'énonce universellement : "Tout ce qui commence à exister a une cause." Il ne dit jamais "Tout ce qui commence à exister dans l'univers a une cause, mais l'univers lui-même est exempt." Pourquoi l'univers serait-il exempt ? Simplement parce que reconnaître qu'il a une cause mène au théisme ?

De plus, l'univers est simplement la totalité de toutes les choses physiques existantes. Si chaque chose physique qui commence nécessite une cause, alors la totalité de toutes les choses physiques qui commencent nécessite également une cause. On ne crée pas une exception magique en additionnant des êtres contingents. Un nombre infini d'êtres contingents reste contingent. Une collection d'êtres nécessitant des causes nécessite elle-même une cause.

Analogie : si chaque brique d'un mur nécessite un support, alors le mur entier nécessite un support. On ne peut dire "Chaque brique individuellement nécessite un support, mais le mur entier composé de toutes ces briques n'en nécessite aucun." Absurde. De même, si chaque partie de l'univers qui commence nécessite une cause, l'univers entier qui commence nécessite une cause.

Objection 2 : "L'univers pourrait être sa propre cause"

L'objection : "Pourquoi l'univers ne pourrait-il pas être sa propre cause ? Pourquoi supposer qu'il faut une cause externe ?"

Réfutation : L'auto-causation est logiquement contradictoire. Pour que X cause Y, X doit exister au moment où il cause Y. Si X = Y (auto-causation), alors X doit exister au moment où il se cause lui-même, c'est-à-dire avant d'exister. Contradiction flagrante. L'auto-causation équivaut à dire "X existe avant d'exister" ou "X crée X avant que X existe pour pouvoir créer." Absurdité logique pure.

On ne peut contourner cette contradiction en invoquant les lois quantiques. Les lois elles-mêmes ne sont pas des entités causales mais des descriptions de régularités. Dire que les lois créent l'univers équivaut à dire que les règles des échecs créent les pièces. Les lois décrivent comment les choses se comportent quand elles existent. Elles ne font jamais surgir les choses de rien.

De plus, si l'univers pouvait se créer lui-même, pourquoi d'autres choses ne peuvent-elles pas se créer elles-mêmes ? Pourquoi ne voyons-nous pas des chevaux surgir spontanément en se créant eux-mêmes ? La réponse évidente : parce que l'auto-causation est impossible. Créer une exception spéciale pour l'univers est un plaidoyer désespéré sans justification.

Objection 3 : "La mécanique quantique montre que des choses peuvent surgir sans cause"

L'objection : "Les fluctuations quantiques montrent que des particules peuvent surgir du vide quantique sans cause. Donc le principe de causalité est faux. L'univers pourrait surgir de la même manière sans cause."

Réfutation : Cette objection confond deux sens radicalement différents de "sans cause". Les fluctuations quantiques ne sont pas sans cause au sens philosophique. Elles ont une cause : les lois de la mécanique quantique opérant sur le vide quantique. Le vide quantique n'est pas le néant absolu mais un champ quantique régi par des lois précises (principe d'incertitude de Heisenberg), possédant de l'énergie virtuelle, situé dans l'espace-temps. Les particules virtuelles surgissent précisément parce que les lois quantiques permettent et même nécessitent ces fluctuations.

Dire que ces fluctuations sont "sans cause" signifie seulement qu'elles ne sont pas déterministes, qu'on ne peut prédire exactement quand et où chaque fluctuation individuelle se produira. Mais elles sont causées par le cadre des lois quantiques. Sans ces lois, sans le vide quantique, aucune fluctuation ne se produirait.

De plus, même si on acceptait (per impossibile) que des particules surgissent absolument sans cause du néant absolu, cela détruirait toute possibilité de science. Si des choses peuvent surgir sans cause, pourquoi ne surgissent-elles pas constamment partout ? Pourquoi ne voyons-nous pas des éléphants apparaître spontanément dans des laboratoires de physique ? Le fait que nous ne les voyons jamais confirme que les choses ne surgissent pas sans cause.

Objection 4 : "Dieu est plus complexe que l'univers, donc moins probable"

L'objection : "Postuler Dieu comme explication de l'univers viole le principe de parcimonie. Dieu serait une entité infiniment plus complexe que l'univers. Expliquer le complexe (univers) par le plus complexe (Dieu) n'explique rien."

Réfutation : Cette objection confond complexité et simplicité métaphysique. Dieu n'est pas complexe au sens métaphysique. Dieu est métaphysiquement simple — il n'a pas de parties, pas de composition matière-forme, pas de potentialité non actualisée. Il est Acte pur, Être pur, Simplicité absolue. Sa nature ne consiste pas en assemblage de parties multiples mais en unité absolue.

La "complexité" que l'objection attribue à Dieu confond richesse d'attributs avec complexité ontologique. Dieu possède de multiples attributs (omniscience, omnipotence, omniprésence, etc.) mais ces attributs ne sont pas des parties distinctes assemblées. Ils sont identiques à l'essence divine simple. En Dieu, savoir, pouvoir, être ne sont pas trois choses mais une seule réalité divine simple vue sous différents aspects par notre intelligence limitée.

De plus, le principe de parcimonie (rasoir d'Ockham) ne dit jamais "choisir l'explication la plus simple ontologiquement" mais "ne pas multiplier les entités sans nécessité". Postuler un seul Créateur transcendant pour expliquer toute la diversité de l'univers est plus parcimonieux que de postuler l'univers lui-même comme fondement ultime inexpliqué, car l'univers est manifestement complexe, composé, contingent, changeant — toutes propriétés nécessitant explication.

Objection 5 : "Si tout nécessite une cause, qui a créé Dieu ?"

L'objection : "Si tout nécessite une cause, alors Dieu aussi nécessite une cause. L'argument se réfute lui-même."

Réfutation : Nous avons traité cette objection en détail au chapitre 14, mais rappelons brièvement : le principe de causalité ne dit jamais "tout nécessite une cause" mais "tout ce qui commence à exister nécessite une cause". Dieu, par définition, n'a jamais commencé à exister. Il existe éternellement, sans commencement. Par conséquent, le principe de causalité ne s'applique pas à lui.

Cette distinction n'est jamais une échappatoire ad hoc. Elle découle de l'observation que les choses qui commencent nécessitent des causes (passage du non-être à l'être) alors que ce qui existe éternellement n'a jamais fait ce passage et ne nécessite donc aucune cause externe.

L'athée lui-même doit postuler quelque chose d'éternel sans cause (lois quantiques, multivers, univers cyclique). Si l'athée peut légitimement postuler une réalité physique éternelle sans cause, pourquoi le théiste ne pourrait-il pas postuler une Réalité spirituelle éternelle sans cause ? La différence : Dieu comme fondement éternel est philosophiquement cohérent (Être nécessaire, simple, immuable), alors que l'univers comme fondement éternel crée des contradictions (contingent traité comme nécessaire, complexe traité comme simple, changeant traité comme immuable).

Objection 6 : "Le multivers explique le réglage fin sans Dieu"

L'objection : "Si un nombre infini d'univers existent avec toutes les combinaisons possibles de constantes physiques, alors l'existence d'un univers comme le nôtre, finement ajusté pour la vie, devient probable statistiquement. Pas besoin d'invoquer un Créateur intelligent."

Réfutation : L'hypothèse du multivers ne résout rien, elle multiplie exponentiellement les problèmes. Premièrement, le multivers est invérifiable par principe. Aucune observation ne peut jamais confirmer l'existence d'univers complètement inaccessibles au nôtre. C'est une spéculation métaphysique déguisée en science.

Deuxièmement, le multivers nécessite un mécanisme générateur produisant ces univers multiples. Ce mécanisme obéit nécessairement à des méta-lois régissant la production d'univers. D'où viennent ces méta-lois ? Pourquoi ces méta-lois permettent-elles précisément la génération d'univers variés ? Le problème est simplement déplacé d'un niveau sans être résolu.

Troisièmement, même un nombre infini d'univers ne garantit pas l'émergence d'un univers comme le nôtre si la probabilité est nulle ou infiniment proche de zéro. Un nombre infini de lancers de dés ne produira jamais un 7 sur un dé à six faces car c'est impossible par principe. De même, certaines configurations d'univers peuvent être impossibles même dans un multivers infini.

Quatrièmement, multiplier les entités à l'infini pour éviter d'invoquer une seule Cause intelligente viole massivement le principe de parcimonie. C'est la stratégie désespérée de quelqu'un qui préfère postuler une infinité d'univers invisibles, invérifiables, plutôt que de reconnaître un Créateur.

Cinquièmement, et plus dévastateur, le multivers ne peut expliquer pourquoi il existe quelque chose (multivers, mécanisme générateur, méta-lois) plutôt que rien. On a simplement déplacé la question sans la résoudre. Le multivers lui-même, s'il existe, nécessite une explication ultime — une Cause première transcendante.

Objection 7 : "La science finira par tout expliquer sans Dieu"

L'objection : "Invoquer Dieu est un 'Dieu bouche-trou' — on remplit les lacunes de notre connaissance scientifique avec Dieu. Mais historiquement, la science a constamment rempli ces lacunes naturalistes. Finalement, la science expliquera tout sans référence à Dieu."

Réfutation : Cette objection confond deux types de questions radicalement différentes. La science peut progressivement expliquer des mécanismes naturels — comment les étoiles se forment, comment la vie évolue, comment le cerveau fonctionne. Mais la science ne peut jamais expliquer pourquoi il existe des lois naturelles, pourquoi l'univers existe, pourquoi la matière obéit à des régularités mathématiques. Ces questions transcendent structurellement la méthode scientifique qui présuppose l'existence de lois et étudie leur fonctionnement.

Demander à la science d'expliquer l'origine des lois elles-mêmes équivaut à demander à un joueur d'échecs d'utiliser les règles des échecs pour expliquer d'où viennent les règles des échecs. Les règles ne peuvent expliquer leur propre origine. De même, les lois naturelles ne peuvent expliquer leur propre existence.

De plus, l'argument théiste ne repose pas sur les lacunes de la connaissance scientifique mais sur ce que nous savons positivement : l'univers a commencé, il manifeste un ordre, il contient de l'information codée, il obéit à des lois. Ces connaissances positives pointent vers une Cause intelligente. Ce n'est pas un argument de l'ignorance ("nous ne savons pas, donc Dieu") mais un argument de la connaissance ("nous savons que l'univers possède ces propriétés qui nécessitent une explication transcendante").

Objection 8 : "L'argument prouve au mieux un déiste, pas le Dieu biblique"

L'objection : "Même si l'argument de la Cause première réussissait, il établirait au mieux un créateur déiste — une force impersonnelle initiale — pas le Dieu personnel, trinitaire, incarné du christianisme."

Réfutation : Cette objection confond démonstration philosophique et révélation théologique complète. L'argument de la Cause première ne prétend jamais établir tous les attributs du Dieu biblique révélé (Trinité, Incarnation, Rédemption). Il établit l'existence d'une Cause première transcendante possédant certains attributs : éternelle, toute-puissante, intelligente, personnelle, unique.

Ces attributs correspondent au Dieu du théisme classique monothéiste. La révélation biblique ajoute ensuite des détails supplémentaires : Dieu est trinitaire, il s'incarne en Christ, il accomplit la Rédemption. Ces vérités révélées transcendent ce que la raison naturelle peut découvrir seule. Mais loin d'être contradictoires, révélation et raison sont complémentaires. La raison établit qu'il existe un Créateur transcendant. La révélation nous dit qui est ce Créateur et ce qu'il a fait pour nous.

De plus, l'argument établit que la Cause est personnelle (possédant volonté et liberté), non une force impersonnelle. Une cause impersonnelle opérant mécaniquement produirait ses effets nécessairement, éternellement. Le fait que l'univers commence il y a un temps fini révèle que la Cause choisit librement de créer — propriété d'une Personne, non d'une force mécanique.

Objection 9 : "L'argument commet la composition fallacy"

L'objection : "Ce n'est pas parce que chaque partie de l'univers a une cause que l'univers entier a une cause. C'est comme dire 'chaque atome est invisible à l'œil nu, donc l'objet composé d'atomes est invisible' — faux. C'est le sophisme de composition."

Réfutation : Cette objection confond les propriétés qui se transfèrent légitimement de la partie au tout et celles qui ne se transfèrent pas. Certaines propriétés ne se transfèrent jamais (invisibilité des atomes, petitesse des briques). D'autres propriétés se transfèrent nécessairement (contingence, finitude temporelle, dépendance causale).

Si chaque partie d'un mur est composée de briques, alors le mur entier est composé de briques — transfert légitime. Si chaque partie d'un ensemble est finie temporellement (a commencé), alors l'ensemble entier a commencé — transfert légitime. Si chaque partie d'une collection dépend causalement d'autre chose, la collection entière dépend causalement — transfert légitime.

La contingence est précisément le type de propriété qui se transfère. Un nombre infini d'êtres contingents assemblés ne crée jamais un être nécessaire. Une chaîne infinie de causes contingentes ne devient jamais une cause nécessaire. Additionner des contingents produit toujours du contingent nécessitant explication.

Objection 10 : "L'argument échoue car il mène à des contradictions théologiques"

L'objection : "Si Dieu est omniscient, omnipotent, parfaitement bon, pourquoi le mal existe-t-il ? Cette contradiction interne du théisme réfute l'argument de la Cause première."

Réfutation : Le problème du mal est une objection distincte qui ne réfute pas l'argument de la Cause première. Même si le problème du mal créait des difficultés (ce qu'il ne fait pas, mais c'est un autre débat), cela n'annulerait pas la force de l'argument établissant l'existence d'une Cause première. On peut savoir qu'un créateur existe sans comprendre tous ses desseins.

De plus, le problème du mal présuppose l'existence de Dieu. Si Dieu n'existe pas, il n'y a pas de bien et de mal objectifs, seulement des préférences subjectives. Le fait qu'on puisse se plaindre du mal révèle qu'on reconnaît implicitement un standard moral objectif transcendant — standard qui ne peut exister sans Dieu. L'objection du mal est donc auto-réfutante : elle présuppose ce qu'elle prétend réfuter.

Révélation prophétique : Romains 1:20-21 — "inexcusables"

Romains 1:20-21 révèle quelque chose de profond sur les objections matérialistes : "En effet, les perfections invisibles de Dieu, sa puissance éternelle et sa divinité, se voient comme à l'œil nu, depuis la création du monde, quand on les considère dans ses ouvrages. Ils sont donc inexcusables, puisque ayant connu Dieu, ils ne l'ont point glorifié comme Dieu, et ne lui ont point rendu grâces ; mais ils se sont égarés dans leurs pensées, et leur cœur sans intelligence a été plongé dans les ténèbres."

Paul affirme que l'existence de Dieu et certains de ses attributs (puissance éternelle, divinité) sont évidents à partir de l'observation de la création et du raisonnement correct. Ceux qui nient cette évidence sont "inexcusables" — non parce qu'ils manquent d'intelligence mais parce qu'ils suppriment délibérément la vérité accessible à la raison.

Le passage révèle que le rejet de Dieu ne découle jamais principalement d'arguments rationnels insuffisants mais d'une suppression volontaire de la vérité connue : "ayant connu Dieu, ils ne l'ont point glorifié". Le problème n'est pas intellectuel mais moral et spirituel. Les objections matérialistes, aussi sophistiquées qu'elles paraissent, fonctionnent souvent comme rationalisations d'un rejet préalable motivé par le désir d'autonomie, le refus de rendre compte à un Créateur, la résistance à la transformation morale que la reconnaissance de Dieu impliquerait.

Conclusion du chapitre

Les objections matérialistes contre l'argument de la Cause première échouent toutes. Elles créent des exceptions arbitraires au principe de causalité, confondent simplicité métaphysique et complexité, multiplient inutilement les entités (multivers), ou changent de sujet (problème du mal). Aucune ne réfute la force de l'argument : l'univers a commencé, donc nécessite une Cause première transcendante possédant exactement les attributs que la théologie attribue à Dieu.

Ces objections révèlent souvent la stratégie désespérée de ceux qui préfèrent n'importe quelle alternative, aussi absurde soit-elle (auto-causation, surgissement sans cause, infinité d'univers invisibles), plutôt que de reconnaître l'implication théiste inévitable. Cette résistance confirme Romains 1:20-21 : le problème n'est pas intellectuel mais spirituel.

L'argument de la Cause première reste philosophiquement solide, scientifiquement compatible avec la cosmologie moderne, rationnellement inévitable pour quiconque accepte le principe de causalité et le commencement de l'univers. Les objections matérialistes, loin de le réfuter, confirment souvent involontairement sa force en révélant l'absurdité des alternatives.

La raison correctement appliquée mène inexorablement à Dieu. Les objections témoignent non de la faiblesse de l'argument mais de la résistance de ceux qui refusent de suivre la raison jusqu'à ses conclusions nécessaires.

Cette vérité change absolument tout.

CHAPITRE 19__ **"AU COMMENCEMENT, DIEU CRÉA"**

Ces cinq mots hébreux qui ouvrent la Bible — *Bereshit bara Elohim et hashamayim ve'et ha'aretz* — constituent la déclaration la plus profonde, la plus radicale, la plus révolutionnaire jamais prononcée sur l'origine de toute réalité. En une seule phrase d'une simplicité désarmante, Genèse 1:1 affirme ce que la philosophie découvre péniblement après des siècles de raisonnement, ce que la science moderne confirme après des décennies d'observation cosmologique, ce que l'esprit humain pressent intuitivement mais ne peut démontrer seul : l'univers n'est pas éternel, il a commencé ; il n'est pas auto-créé, il a été créé ; il n'est pas le produit du hasard aveugle, il procède d'une Intelligence créatrice ; cette Intelligence n'est pas impersonnelle, c'est Dieu, Elohim, l'Être personnel transcendant qui crée par volonté libre.

Cette affirmation, révélée il y a plus de 3000 ans dans un contexte culturel dominé par les mythologies païennes, transcende infiniment toutes les cosmogonies anciennes. Elle ne raconte pas d'histoires de dieux se battant dans le chaos primordial, ne décrit pas de démiurge façonnant la matière préexistante, ne présente pas de cycle éternel de créations et destructions cosmiques. Elle affirme sobrement, majestueusement, définitivement : au commencement absolu, Dieu créa tout ce qui existe à partir de rien. Cette vérité révélée prophétiquement anticipait ce que la raison et la science découvriraient des millénaires plus tard.

Bereshit — "Au commencement" : l'origine absolue du temps

Le premier mot hébreu de la Bible, *bereshit* (בְּרֵאשִׁית), ne désigne pas simplement un moment dans un temps préexistant mais l'origine absolue du temps lui-même. La construction grammaticale hébraïque est remarquablement précise. *Bereshit* peut se traduire "au commencement" ou "en un commencement", marquant le point d'origine absolu au-delà duquel il n'y a pas de temporalité.

Cette formulation révèle que le temps commence avec l'acte créateur. Avant (logiquement, non temporellement) cet acte, le temps n'existait pas. Il n'y a donc pas de "avant" au sens temporel. Augustin d'Hippone, méditant sur ce verset au 5ème siècle, concluait déjà : "Le monde n'a pas été créé dans le temps mais avec le temps. Le temps lui-même fait partie de la création." Cette intuition théologique, développée avant toute science moderne, anticipait remarquablement ce que la physique relativiste découvrirait 15 siècles plus tard : le temps est une dimension de l'univers physique, créée avec lui, inexistante avant lui.

La révélation biblique se distingue ainsi radicalement des mythologies païennes contemporaines. Les cosmogonies babyloniennes (*Enuma Elish*), égyptiennes, grecques présupposent toutes un temps éternel dans lequel les dieux agissent. Elles décrivent des transformations de matière préexistante, des organisations de chaos primordial, des générations divines successives. Aucune n'affirme un commencement absolu du temps lui-même. Seule Genèse 1:1 révèle cette vérité stupéfiante : le temps commence, il n'est pas éternel, il est créé.

Cette révélation possède des implications métaphysiques massives. Si le temps est créé, alors Dieu transcende le temps, existe dans l'éternité qui n'est pas un temps très long mais un mode d'existence radicalement différent sans succession temporelle. Si le temps commence, alors l'univers temporel ne peut s'auto-expliquer, il pointe nécessairement vers une Cause éternelle transcendant le temps — exactement ce que Genèse affirme.

Bara — "Créa" : création ex nihilo exclusive à Dieu

Le deuxième mot hébreu, *bara* (בָּרָא), possède une propriété grammaticale unique révélant une vérité théologique profonde. Dans toute la Bible hébraïque, *bara* n'a qu'un seul sujet possible : Elohim (Dieu). Jamais un humain ne *bara*. Jamais un ange ne *bara*. Jamais une créature quelle qu'elle soit ne *bara*. Seul Dieu *bara*. Cette exclusivité grammaticale absolue signale une différence ontologique fondamentale entre l'acte créateur divin et tout acte créateur humain ou créaturel.

Bara signifie créer sans matériau préexistant, faire surgir l'être du néant absolu par la seule puissance de la volonté divine. Ceci se distingue radicalement d'autres verbes hébraïques de création : *asah* (עָשָׂה) signifie faire, fabriquer, transformer quelque chose en autre chose ; *yatsar* (יָצַר) signifie former, façonner à partir d'une matière existante. Ces verbes peuvent avoir des sujets humains parce qu'ils décrivent des opérations sur du matériel préexistant. L'artisan *asah* un vase, le potier *yatsar* l'argile. Mais tirer l'être du néant absolu, créer la matière elle-même sans aucun matériau, cela c'est *bara* — et seul Dieu peut *bara*.

Cette exclusivité révèle la nature absolue de Dieu. La puissance créatrice ex nihilo distingue absolument le Créateur de toute créature. Aucun être créé, aussi puissant, intelligent, évolué soit-il, ne peut créer à partir de rien. Il peut transformer, combiner, reconfigurer ce qui existe déjà. Il peut manipuler la matière selon les lois physiques. Mais tirer l'être du néant ? Cela révèle une puissance infinie, une transcendance absolue, une capacité qui n'appartient qu'à l'Être nécessaire dont l'essence même est d'exister et qui peut conférer l'existence à ce qui n'existe pas encore.

Genèse 1 utilise *bara* seulement 3 fois, marquant les trois ruptures ontologiques majeures où la création radicalement nouvelle nécessite l'intervention divine directe :

Verset 1 : "Dieu créa (*bara*) les cieux et la terre" — création de la matière, de l'espace, du temps, de l'univers physique lui-même. Rien de matériel n'existait auparavant. Dieu fait surgir toute réalité physique du néant absolu.

Verset 21 : "Dieu créa (*bara*) les grands animaux marins" — création de la vie consciente (*nephesh* en hébreu), la vie animale capable de sensation, d'émotion, de mouvement volontaire. Ce niveau de vie ne peut émerger spontanément de la chimie inerte. Il nécessite un acte créateur divin introduisant une dimension nouvelle : la conscience sentiente.

Verset 27 : "Dieu créa (*bara*) l'homme à son image" — création de l'esprit humain, de la conscience réflexive, de la capacité de connaître Dieu et de répondre à Dieu. Ce niveau transcende absolument la vie animale. Il nécessite l'acte créateur le plus élevé : conférer à une créature l'image du Créateur lui-même.

Entre ces trois moments de *bara*, Genèse utilise d'autres verbes (*asah*, *yatsar*) pour décrire l'action divine organisant, formant, disposant ce qui existe déjà. Mais pour les trois ruptures ontologiques majeures — matière, vie consciente, esprit humain — seul *bara* convient, car seul *bara* désigne l'introduction radicale d'une nouveauté absolue qui ne peut dériver de ce qui précède.

Elohim — "Dieu" : pluriel de majesté révélant la richesse divine

Le troisième mot, *Elohim* (אֱלֹהִים), est grammaticalement pluriel mais prend systématiquement un verbe singulier (*bara*, créa, au singulier). Cette anomalie grammaticale apparente révèle quelque chose de profond sur la nature divine. *Elohim* est le pluriel de *Eloah* (Dieu au singulier), mais quand il désigne le Dieu unique d'Israël, il s'accorde toujours au singulier, indiquant l'unité divine absolue malgré la forme plurielle.

Cette forme plurielle n'indique jamais un polythéisme (plusieurs dieux). Le verbe singulier l'exclut formellement. Elle constitue ce que les grammairiens appellent un "pluriel de majesté" ou "pluriel d'intensité" — forme grammaticale hébraïque exprimant la plénitude, la richesse, la transcendance de Dieu. *Elohim* révèle que Dieu possède en lui-même une plénitude qui transcende infiniment les êtres singuliers créés.

La théologie chrétienne y voit aussi une allusion à la Trinité — non que Genèse 1:1 révèle explicitement la doctrine trinitaire, mais que la forme plurielle d'*Elohim* avec verbe singulier préfigure la révélation ultérieure que Dieu est Un dans son essence mais subsiste éternellement en trois Personnes distinctes : Père, Fils, Esprit. Cette lecture n'est pas imposée anachroniquement mais découle de la progression de la révélation divine où le Nouveau Testament éclaire rétrospectivement les indices présents dès l'Ancien Testament.

Le verset 26 renforce cette lecture : "Puis Dieu dit : **Faisons** l'homme à **notre** image, selon **notre** ressemblance." Le pluriel de délibération ("faisons", "notre") indique une pluralité de Personnes dans l'unité divine. Cette pluralité n'apparaît nulle part dans les récits de création païens contemporains. Elle signale quelque chose d'unique dans la révélation biblique : Dieu n'est ni une monade solitaire ni une pluralité de dieux, mais l'Unité parfaite dans la Trinité des Personnes.

Et hashamayim ve'et ha'aretz — "Les cieux et la terre" : la totalité de toute réalité créée

L'expression hébraïque "les cieux et la terre" (*hashamayim ve'et ha'aretz*) constitue un merisme — figure de style hébraïque exprimant la totalité par deux extrêmes opposés. "Les cieux" désignent tout ce qui est "en haut" : l'atmosphère, l'espace, les astres, les réalités invisibles. "La terre" désigne tout ce qui est "en bas" : le sol, les mers, tout le monde visible et tangible. Ensemble, "les cieux et la terre" signifient **tout ce qui existe** — la totalité absolue de toute réalité créée, visible et invisible, matérielle et immatérielle (dans le cadre créé), temporelle et spatiale.

Cette formulation révèle que Dieu crée absolument tout excepté lui-même. Il n'y a pas de matière éternelle préexistante que Dieu organiserait. Il n'y a pas de chaos primordial que Dieu maîtriserait. Il n'y a pas de principe dualiste (bien/mal, lumière/ténèbres) coéternel avec Dieu. Il y a seulement Dieu éternel et incréé, puis par son acte créateur libre, "les cieux et la terre" — tout ce qui existe commence à exister.

Cette vision monothéiste stricte se distingue radicalement de toutes les cosmogonies païennes :

Mythologie babylonienne (*Enuma Elish*) : Les dieux Marduk et Tiamat se battent. Marduk tue Tiamat et de son cadavre façonne le ciel et la terre. La matière (le corps de Tiamat) préexiste, les dieux l'organisent violemment.

Mythologie égyptienne : Le dieu Atoum émerge du Noun (océan primordial chaotique préexistant), se masturbe, et de sa semence naissent les autres dieux qui créent progressivement le monde. Le chaos aquatique préexiste, les dieux en émergent plutôt que de le créer.

Mythologie grecque : Le Chaos existe éternellement. De lui émergent Gaïa (Terre), Ouranos (Ciel), Éros (Amour). Ces entités divines génèrent d'autres dieux qui organisent le cosmos. Le chaos et la matière préexistent, les dieux les organisent.

Philosophie platonicienne : Le Démiurge (artisan divin) façonne la matière préexistante selon les Formes éternelles. Il n'y a pas de création ex nihilo mais organisation d'un matériau éternel selon des modèles éternels.

Seule Genèse 1:1 affirme la création ex nihilo absolue : Dieu seul existe éternellement, puis par sa volonté libre, il crée "les cieux et la terre" — tout ce qui existe — à partir de rien. Cette doctrine, unique dans le monde ancien, transforme radicalement la vision de la réalité : l'univers est radicalement contingent (aurait pu ne pas exister), radicalement dépendant de Dieu (ne subsiste que par sa volonté créatrice), radicalement bon (créé par Dieu, déclaré "très bon").

La structure révélatrice : "Dieu dit... et cela fut"

Après l'affirmation inaugurale du verset 1, Genèse 1 décrit la création par une formule répétée dix fois : "Dieu dit... et cela fut." Cette structure révèle que Dieu crée par la parole, non par effort physique, non par combat contre des forces hostiles, non par génération sexuelle divine (comme dans les mythologies païennes).

Créer par la parole possède une signification théologique profonde. La parole est le pont entre la pensée immatérielle et la réalité matérielle. Quand vous parlez, vous extériorisez une pensée intérieure, vous la rendez objective, vous lui donnez forme dans le monde. La parole est médiation entre esprit et matière.

Dieu crée par la parole parce que l'univers matériel constitue l'expression d'une pensée divine. L'univers est le Logos divin externalisé, objectivé, réalisé dans la matière. C'est pourquoi l'univers obéit à des lois mathématiques — parce qu'il procède d'une Raison (Logos) qui pense mathématiquement. C'est pourquoi les mathématiques inventées abstraitement par l'esprit humain décrivent le monde physique avec une précision stupéfiante — parce que l'univers et l'esprit humain partagent la même source : le Logos divin.

Jean 1:1-3 révèle explicitement cette vérité : "Au commencement était la Parole (Logos), et la Parole était avec Dieu, et la Parole était Dieu... Toutes choses ont été faites par elle, et rien de ce qui a été fait n'a été fait sans elle." Jean identifie explicitement la Parole créatrice de Genèse 1 avec le Logos divin, la deuxième Personne de la Trinité, qui s'incarnera en Jésus-Christ. La création par la parole révèle donc non seulement la rationalité de l'univers mais aussi, prophétiquement, l'Incarnation du Verbe.

Révélation prophétique : "Au commencement" — convergence avec Jean 1:1

La formule d'ouverture de Genèse 1:1 — "Au commencement (*Bereshit*)" — est délibérément reprise par Jean 1:1 — "Au commencement (*En archē*)" — créant un parallèle théologique intentionnel. Mais Jean ajoute une révélation stupéfiante : "Au commencement **était** la Parole."

Le verbe grec "ἦν" (*ēn*, imparfait de "être") indique une existence continue antérieure au commencement du temps. Genèse 1:1 marque le commencement de la création temporelle. Jean 1:1 révèle qu'avant ce commencement temporel, le Logos **existait déjà** dans l'éternité divine. Il ne commence pas à exister au commencement du temps créé. Il existe éternellement et crée le commencement du temps.

Cette révélation confirme ce que la philosophie découvre rationnellement : la Cause de l'univers temporel doit être éternelle, transcendant le temps qu'elle crée. Jean révèle l'identité de cette Cause éternelle : le Logos, la Parole divine, la deuxième Personne de la Trinité, qui "était Dieu" et par qui "toutes choses ont été faites".

La convergence est stupéfiante : Genèse révèle que Dieu crée par la parole. Jean révèle que cette Parole est elle-même Dieu, éternelle, créatrice de tout. La création par la parole n'est pas métaphorique mais révèle la structure trinitaire de l'acte créateur : le Père crée par le Fils (Logos) dans l'Esprit. Colossiens 1:16 confirme : "Car en lui [Christ, le Logos incarné] ont été créées toutes les choses qui sont dans les cieux et sur la terre, les visibles et les invisibles... Tout a été créé par lui et pour lui."

Conclusion du chapitre

"Au commencement, Dieu créa les cieux et la terre" — cette affirmation simple porte en elle une révolution métaphysique complète. Elle affirme que le temps commence (non éternel), que l'univers est créé ex nihilo (non auto-existant), que Dieu seul crée (exclusivité du verbe *bara*), que Dieu transcende sa création (Elohim éternel versus création temporelle), que tout ce qui existe procède de lui (les cieux et la terre = totalité), que la création manifeste une rationalité divine (création par la parole = Logos).

Cette vérité révélée anticipait prophétiquement ce que la cosmologie moderne découvrirait : l'univers a commencé (Big Bang), le temps est créé avec l'univers (relativité), l'univers obéit à des lois mathématiques (structure rationnelle procédant du Logos). La convergence entre révélation biblique millénaire et découvertes scientifiques modernes confirme que la même vérité se révèle à la fois dans la création (révélation naturelle) et dans l'Écriture (révélation spéciale).

Jean 1:1 éclaire rétrospectivement Genèse 1:1 : la Parole créatrice est elle-même Dieu éternel, le Logos par qui tout a été fait. Cette révélation ne contredit jamais la raison mais l'accomplit, révélant l'identité personnelle de la Cause première que la philosophie découvre nécessairement.

"Au commencement, Dieu créa" — ces mots changent absolument tout dans notre compréhension de l'origine, de la nature de la réalité, du sens de l'existence, de notre relation au Créateur.

Cette vérité révélée fonde toute théologie, toute anthropologie, toute cosmologie biblique. Elle répond définitivement à la question que l'homme pose depuis qu'il prend conscience de lui-même : d'où vient tout ce qui existe ? La réponse n'est pas le hasard, pas la matière éternelle, pas le chaos organisé. La réponse est Dieu créant librement, intentionnellement, rationnellement par sa Parole toute-puissante.

Cette vérité change absolument tout.

CHAPITRE 20__ "AU COMMENCEMENT ÉTAIT LA PAROLE" (JEAN 1:1-3)

Jean 1:1-3 constitue le commentaire théologique le plus profond, le plus explicite de Genèse 1:1 dans toute l'Écriture. Ces trois versets révèlent l'identité divine de la Parole créatrice, établissent la préexistence éternelle du Logos avant la création temporelle, affirment sa divinité absolue, déclarent son rôle créateur universel. Ce texte ne se contente pas de répéter Genèse, il dévoile ce que Genèse annonçait implicitement : la Parole par laquelle Dieu crée n'est pas une simple émission vocale, pas une vibration sonore, pas même une idée abstraite. La Parole est une Personne divine éternelle, le Fils de Dieu, la deuxième Personne de la Trinité, qui s'incarnera en Jésus-Christ.

Cette révélation transforme radicalement notre compréhension de la création. Elle établit que l'acte créateur n'est pas l'œuvre d'une monade solitaire mais d'une communion trinitaire. Elle révèle que l'univers procède du Logos divin, ce qui explique pourquoi il est rationnel, ordonné, mathématiquement structuré, intelligible. Elle anticipe l'Incarnation : celui par qui tout a été fait s'est fait chair pour habiter parmi nous, révélant ainsi la destination ultime de la création — communion entre Créateur et créature, Dieu se faisant connaître pleinement en Jésus-Christ.

"Au commencement était la Parole" — préexistence éternelle

Jean 1:1 commence par reprendre délibérément la formule d'ouverture de Genèse 1:1 : "Au commencement (*En archē*, Ἐν ἀρχῇ)" — créant immédiatement un parallèle théologique intentionnel. Mais Jean ajoute une révélation stupéfiante : "Au commencement **était** la Parole (*ho Logos*, ὁ Λόγος)."

Le verbe grec "ἦν" (*ēn*) — imparfait de "εἰμί" (*eimi*, être) — possède une signification théologique cruciale. L'imparfait indique une action continue dans le passé, une existence qui perdure, qui était déjà là avant le point de référence temporel mentionné. Traduit littéralement : "Au commencement [de la création temporelle], la Parole existait déjà, continuellement."

Cette formulation révèle que le Logos ne commence pas à exister au commencement du temps créé. Il existait déjà. Son existence précède et transcende le commencement du temps. Quand le temps commence (Genèse 1:1 — "Au commencement, Dieu créa"), le Logos **était** déjà, existant éternellement dans la vie divine trinitaire avant de créer le temps.

Cette préexistence éternelle du Logos établit sa divinité. Seul Dieu existe éternellement, sans commencement. Les créatures commencent toutes à exister à un moment donné. Le Logos, existant avant le commencement du temps, transcende complètement l'ordre créé. Il appartient à l'ordre divin éternel, non à l'ordre créaturel temporel.

Le contraste avec Genèse 1:3 est révélateur. Genèse dit : "Dieu **dit** : Que la lumière **soit**. Et la lumière **fut**." La lumière commence à exister quand Dieu parle. Elle passe du non-être à l'être. Jean révèle que la Parole elle-même, en revanche, ne commence jamais. Elle **était** déjà au commencement. Elle existe de toute éternité, coéternelle avec le Père.

"La Parole était avec Dieu" — distinction personnelle

La deuxième clause de Jean 1:1 affirme : "et la Parole était **avec** Dieu (*kai ho Logos ēn pros ton Theon*, καὶ ὁ Λόγος ἦν πρὸς τὸν Θεόν)."

La préposition grecque "πρός" (*pros*) suivie de l'accusatif indique relation, orientation vers, communion avec. Cette formulation révèle que le Logos est une Personne distincte existant en relation avec Dieu (le Père). Le Logos n'est pas identique au Père, il est **avec** le Père. Cette distinction personnelle est fondamentale pour la doctrine trinitaire : le Père et le Fils sont deux Personnes distinctes, coéternelles, coégales.

Cette révélation résout un paradoxe apparent. Si le Logos est Dieu (comme Jean affirme dans la clause suivante), comment peut-il être **avec** Dieu sans qu'il y ait deux Dieux ? La réponse : le Père est Dieu, le Fils est Dieu, mais il n'y a qu'un seul Dieu subsistant éternellement en trois Personnes distinctes. Le Fils est **avec** le Père (distinction personnelle) tout en étant Dieu (unité d'essence divine).

Cette communion éternelle entre le Père et le Fils révèle que Dieu n'est pas une monade solitaire mais une communion trinitaire d'amour. Avant la création, de toute éternité, le Père aime le Fils, le Fils glorifie le Père, l'Esprit procède du Père et du Fils. Cette vie trinitaire éternelle est plénitude absolue d'amour, de communion, de joie parfaite. Dieu ne crée pas par solitude, par besoin de compagnie. Dieu crée par surabondance de sa plénitude trinitaire, par débordement de son amour éternel.

La formulation "la Parole était **avec** Dieu" révèle aussi que la création procède de cette communion trinitaire. Le Père crée **par** le Fils **dans** l'Esprit. L'acte créateur manifeste la structure trinitaire de la vie divine. Ceci explique pourquoi Genèse 1:26 utilise le pluriel de délibération : "**Faisons** l'homme à **notre** image" — consultation trinitaire précédant l'acte créateur.

"La Parole était Dieu" — divinité absolue

La troisième clause de Jean 1:1 affirme : "et la Parole **était Dieu** (*kai Theos ēn ho Logos*, καὶ Θεὸς ἦν ὁ Λόγος)."

Cette déclaration établit sans ambiguïté la divinité absolue du Logos. Le Logos n'est pas un être créé, pas un ange élevé, pas un dieu inférieur (comme l'affirmait l'hérésie arienne au 4ème siècle). Le Logos **est Dieu**, possède pleinement la nature divine, partage l'essence divine avec le Père.

La construction grecque est délibérément précise. Jean n'écrit pas "*ho Logos ēn ho Theos*" (la Parole était le Dieu) ce qui identifierait le Logos avec le Père, détruisant la distinction personnelle. Il écrit "*Theos ēn ho Logos*" (Dieu était la Parole) où "Theos" (sans article défini) indique la nature divine qualitativement tandis que "ho Logos" (avec article défini) indique l'identité personnelle du Fils.

Traduit précisément : "La Parole possédait pleinement la nature divine" ou "La Parole était Dieu par nature" — affirmant la divinité tout en maintenant la distinction personnelle d'avec le Père.

Cette affirmation stupéfiante — le Logos est Dieu — établit que le Créateur de l'univers n'est pas le Père seul mais le Père créant **par** le Fils. Le verset 3 le confirmera explicitement : "Toutes choses ont été faites par elle [la Parole]." Celui qui crée toute réalité ne peut être lui-même créé. Le Créateur doit être éternel, incréé, divin. Jean affirme exactement cela : le Logos créateur **est Dieu.**

"Elle était au commencement avec Dieu" — récapitulation trinitaire

Jean 1:2 récapitule et renforce : "Elle était au commencement avec Dieu (*houtos ēn en archē pros ton Theon*, οὗτος ἦν ἐν ἀρχῇ πρὸς τὸν Θεόν)."

Cette récapitulation souligne trois vérités fondamentales simultanément : la préexistence éternelle ("elle était au commencement"), la distinction personnelle ("avec Dieu"), l'unité divine implicite (le pronom "houtos" — "celle-ci" — référant à la Parole qui vient d'être identifiée comme Dieu).

Pourquoi Jean récapitule-t-il immédiatement le verset 1 ? Parce que l'affirmation qu'il s'apprête à faire au verset 3 — le Logos a créé absolument tout — est si stupéfiante qu'elle nécessite de réaffirmer fermement la divinité et la préexistence du Logos. Seul un Être divin éternel peut créer l'univers entier. Jean établit solidement ces fondements avant d'affirmer le rôle créateur universel du Logos.

"Toutes choses ont été faites par elle" — création universelle par le Logos

Jean 1:3 déclare l'affirmation centrale : "Toutes choses ont été faites par elle, et rien de ce qui a été fait n'a été fait sans elle (*panta di' autou egeneto, kai chōris autou egeneto oude hen ho gegonen*, πάντα δι' αὐτοῦ ἐγένετο, καὶ χωρὶς αὐτοῦ ἐγένετο οὐδὲ ἕν ὃ γέγονεν)."

Cette formulation possède une force absolue, totalisante, universelle. Décomposons ses éléments :

"Toutes choses" (*panta*, πάντα) — absolument tout ce qui existe, sans exception. Visible et invisible, matériel et immatériel (dans l'ordre créé), temporel et éternel (dans l'ordre créé), grand et petit, lointain et proche. Aucune créature n'échappe à cette totalité.

"Ont été faites" (*egeneto*, ἐγένετο) — verbe grec signifiant "sont venues à l'existence, sont devenues, ont commencé à être."

Ce verbe indique le passage du non-être à l'être, marquant clairement la distinction entre créatures (qui commencent) et Créateur (qui ne commence jamais).

"Par elle" (*di' autou*, δι' αὐτοῦ) — la préposition *dia* suivie du génitif indique l'agent instrumental. Le Père crée **par** le Fils. Le Logos est l'agent actif de la création. Cette formulation révèle la structure trinitaire de l'acte créateur : le Père (source), le Fils (agent médiateur), l'Esprit (puissance vivifiante).

"Et rien de ce qui a été fait n'a été fait sans elle" — double négation renforçant l'universalité absolue. Jean ne se contente pas d'affirmer positivement que tout a été fait par le Logos. Il nie explicitement qu'aucune chose créée ait pu être faite autrement. Cette insistance combat probablement des hérésies naissantes (gnosticisme) qui affirmaient que certaines réalités inférieures (matière, corps) auraient été créées par un démiurge inférieur, non par le Logos divin. Jean tranche : absolument tout ce qui existe comme créature procède du Logos. Aucune exception.

Cette affirmation confirme et approfondit Genèse 1. Quand Genèse dit "Dieu dit... et cela fut", Jean révèle l'identité de cette Parole créatrice : c'est le Logos éternel, la deuxième Personne de la Trinité. Quand Dieu parle pour créer, c'est le Père qui crée par le Fils. La Parole créatrice de Genèse n'est pas métaphorique mais révèle la médiation créatrice du Fils.

Colossiens 1:16-17 — confirmation paulinienne

L'apôtre Paul confirme et développe cette révélation johannique dans Colossiens 1:16-17 : "Car en lui [Christ] ont été créées toutes les choses qui sont dans les cieux et sur la terre, les visibles et les invisibles, trônes, dignités, dominations, autorités. Tout a été créé par lui et pour lui. Il est avant toutes choses, et toutes choses subsistent en lui."

Paul ajoute plusieurs précisions théologiques cruciales :

"En lui ont été créées toutes choses" — la préposition *en* indique que le Fils est le lieu métaphysique, le cadre conceptuel dans lequel toute création se déploie. L'univers existe **dans** le Logos au sens où il est pensé par le Logos, conçu selon la sagesse du Logos, maintenu dans l'être par la volonté du Logos.

"Les visibles et les invisibles" — totalité absolue incluant explicitement les réalités invisibles (anges, esprits, dimensions spirituelles). Certaines hérésies affirmaient que les anges auraient créé le monde matériel. Paul tranche : même les anges sont créés par Christ.

"Trônes, dignités, dominations, autorités" — énumération des hiérarchies angéliques selon la conception juive. Paul affirme que même les anges les plus élevés, les puissances spirituelles les plus grandes sont créés par Christ. Aucune puissance cosmique n'échappe à sa seigneurie créatrice.

"Tout a été créé par lui et pour lui" — ajout stupéfiant. Non seulement Christ est l'agent créateur (**par** lui) mais aussi la finalité de la création (**pour** lui). L'univers entier existe pour glorifier Christ, pour manifester sa sagesse, pour servir ses desseins. Cette vérité transforme radicalement la vision de l'histoire cosmique : tout converge vers Christ, tout trouve son sens en lui, tout est orienté vers sa gloire finale.

"Il est avant toutes choses" — réaffirmation de la préexistence éternelle. Christ n'est pas la première créature (comme l'affirmait l'arianisme). Il précède toute créature, existe avant elle, transcende l'ordre créé temporel.

"Toutes choses subsistent en lui" — révélation de la conservation créatrice. Christ ne crée pas l'univers puis le laisse fonctionner autonomement. Il le maintient continuellement dans l'être. Si Christ cessait de vouloir l'existence de l'univers une seule nanoseconde, l'univers s'effondrerait instantanément dans le néant. La création n'est pas un événement ponctuel passé mais un acte éternel continu. À chaque instant, Christ soutient toute réalité dans l'être par sa parole puissante (Hébreux 1:3).

Pourquoi la création par le Logos explique la rationalité de l'univers

Jean et Paul révèlent que l'univers est créé par le Logos — terme grec portant une richesse sémantique stupéfiante : parole, raison, logique, principe ordonnateur, structure rationnelle. Le Logos n'est pas une force impersonnelle mais une Personne divine qui est la Raison créatrice elle-même.

Cette révélation résout le mystère philosophique de l'intelligibilité cosmique. Pourquoi l'univers obéit-il à des lois mathématiques ? Pourquoi les équations formulées abstraitement dans l'esprit des mathématiciens décrivent-elles le comportement du monde physique avec une précision stupéfiante ? Eugene Wigner appelait cela "l'efficacité déraisonnable des mathématiques dans les sciences naturelles."

La révélation johannique fournit la réponse : l'univers obéit à des lois mathématiques parce qu'il procède du Logos qui pense mathématiquement. L'univers est pensée divine matérialisée, rationalité transcendante objectivée dans l'ordre cosmique.

Quand un mathématicien découvre une équation décrivant la nature, il redécouvre partiellement les structures logiques que le Logos a pensées en créant.

Cette vérité explique aussi pourquoi l'esprit humain peut comprendre l'univers. L'homme est créé à l'image du Logos (Genèse 1:26-27 relu à la lumière de Jean 1). L'esprit humain et l'univers matériel partagent la même source : le Logos divin. Ils participent tous deux, à des niveaux différents, à la rationalité divine. C'est pourquoi la pensée humaine peut saisir l'ordre cosmique — non par accident mais parce que l'homme est conçu pour comprendre la création, portant en lui l'image du Créateur rationnel.

Révélation prophétique : la création anticipe l'Incarnation

Jean 1:14 révèle l'aboutissement stupéfiant : "Et la Parole a été faite chair, et elle a habité parmi nous, pleine de grâce et de vérité ; et nous avons contemplé sa gloire, une gloire comme la gloire du Fils unique venu du Père."

Celui par qui tout a été fait s'est fait créature. Le Créateur du cosmos s'est incarné dans sa création. Le Logos éternel est devenu homme en Jésus-Christ. Cette vérité révèle que la création anticipait prophétiquement l'Incarnation. Dieu crée l'univers matériel par le Logos précisément parce que le Logos s'incarnera dans cette matière, assumant une nature humaine complète (corps et âme) pour accomplir la Rédemption.

L'Incarnation révèle rétrospectivement le sens ultime de la création. Dieu ne crée pas l'univers matériel par nécessité mais par choix libre motivé par l'amour. Il crée un univers dans lequel il pourra s'incarner, vivre parmi ses créatures, révéler pleinement son amour. La matière n'est pas mauvaise, inférieure, méprisable (contre le gnosticisme). La matière est bonne, créée par le Logos, destinée à être assumée par le Logos dans l'Incarnation, transfigurée dans la Résurrection.

Cette vision transforme radicalement la compréhension de l'univers. L'univers n'est pas un accident cosmique, pas un produit du hasard, pas une réalité indépendante de Dieu. L'univers est l'œuvre du Logos, créé par lui, pour lui, maintenu en lui, destiné à manifester sa gloire. Et cette manifestation atteint son sommet quand le Logos lui-même entre dans sa création en s'incarnant.

Conclusion du chapitre

Jean 1:1-3 révèle l'identité divine de la Parole créatrice de Genèse 1. Le Logos existe éternellement avant la création temporelle ("Au commencement était la Parole"), subsiste en communion personnelle avec le Père ("la Parole était avec Dieu"), possède pleinement la nature divine ("la Parole était Dieu"), crée absolument tout ce qui existe ("Toutes choses ont été faites par elle").

Cette révélation établit que la création procède de la Trinité : le Père crée par le Fils dans l'Esprit. Elle explique pourquoi l'univers est rationnel, ordonné, intelligible : il procède du Logos, Raison créatrice divine. Elle révèle que l'homme peut comprendre l'univers parce qu'il est créé à l'image du Logos, partageant avec lui la rationalité.

Colossiens 1:16-17 confirme que Christ (le Logos incarné) est créateur de tout, que tout existe pour lui, qu'il précède tout, qu'il maintient tout dans l'être continuellement. La création n'est pas un événement ponctuel passé mais un acte éternel continu de la volonté divine.

Cette révélation transforme la cosmologie en christologie : comprendre l'origine de l'univers nécessite de connaître Christ, le Logos par qui tout a été fait. Elle anticipe l'Incarnation : le Créateur s'incarnera dans sa création pour accomplir la Rédemption. Elle révèle la destination finale : tout converge vers Christ, tout trouve son sens en lui, toute l'histoire cosmique culmine dans la glorification du Fils.

"Au commencement était la Parole" — ces mots révèlent que l'origine absolue n'est pas un mécanisme impersonnel, pas une force aveugle, pas un hasard cosmique. L'origine est une Personne divine — le Logos éternel, Jésus-Christ, par qui, pour qui, en qui toutes choses existent.

Cette vérité change absolument tout.

CHAPITRE 21 __ CRÉATION PAR LA PAROLE — INTENTION, NON ACCIDENT

Le mode de création révélé dans Genèse 1 — "Dieu dit... et cela fut" — possède une signification théologique et philosophique immense qui dépasse infiniment une simple description du processus créateur. Créer par la parole révèle que l'univers procède d'une intention consciente, d'une volonté libre, d'un dessein rationnel. L'univers n'est pas un accident cosmique surgissant du hasard aveugle. L'univers est la réalisation d'une pensée divine, l'objectivation d'une intention créatrice, l'expression matérialisée d'une sagesse transcendante. Cette vérité détruit complètement la vision matérialiste qui réduit l'univers à un produit fortuit de fluctuations quantiques aléatoires, à un accident statistique dans un multivers infini, à une configuration accidentelle de matière obéissant à des lois aveugles.

La formule répétée dix fois dans Genèse 1 — "Dieu dit... et cela fut" — révèle plusieurs vérités fondamentales sur la nature de la création : l'intentionnalité divine précède l'existence matérielle, la rationalité fonde l'ordre cosmique, la parole médiatise entre pensée et réalité, la création manifeste une structure téléologique orientée vers des fins, l'univers porte la signature de son Créateur. Chacune de ces vérités démantèle un aspect crucial du matérialisme athée.

La parole révèle l'intentionnalité consciente

Quand vous parlez, vous accomplissez plusieurs actes simultanés révélant votre nature rationnelle et libre : vous concevez une pensée intérieure, vous choisissez de l'exprimer, vous formulez des mots qui incarnent cette pensée, vous les prononcez pour les rendre objectives et communicables. La parole présuppose toujours conscience, intention, volonté, rationalité. Aucun processus aveugle, aucun mécanisme automatique, aucune loi impersonnelle ne "parle" au sens propre.

Quand Genèse révèle que Dieu crée par la parole, cette révélation établit immédiatement que la création procède d'une intention consciente. Dieu conçoit ce qu'il veut créer avant de le créer. Il pense la structure de l'univers, les lois qui le régiront, les créatures qui l'habiteront. Puis il parle, et sa parole réalise ce qu'il a conçu. L'univers matériel objectif procède d'une pensée divine subjective antérieure.

Cette séquence — pensée précédant réalisation, conception précédant création — révèle que l'univers manifeste une intentionnalité téléologique. L'univers existe parce que Dieu a voulu qu'il existe. Il possède cette structure particulière parce que Dieu a conçu cette structure. Il obéit à ces lois précises parce que Dieu a établi ces lois. Chaque aspect de l'univers répond à un dessein divin, exprime une intention créatrice, réalise un projet rationnel.

Cette vérité détruit la vision matérialiste qui affirme que l'univers surgit du hasard aveugle sans intention, sans dessein, sans finalité. Le hasard ne pense pas, ne conçoit pas, ne parle pas. Le hasard ne peut produire que des configurations aléatoires sans structure rationnelle. Si l'univers manifestait véritablement un hasard pur, il serait chaotique, imprévisible, sans régularité. Or l'univers manifeste exactement l'inverse : ordre stupéfiant, régularités mathématiques universelles, structures rationnelles partout observables. Cet ordre révèle qu'il procède non du hasard mais d'une Intelligence ordonnatrice.

La parole médiatise entre pensée immatérielle et réalité matérielle

La parole constitue le pont entre deux ordres radicalement différents : l'ordre de la pensée (immatérielle, subjective, intérieure) et l'ordre de la réalité objective (matérielle, publique, extérieure). Quand vous pensez quelque chose silencieusement, cette pensée reste purement subjective, inaccessible aux autres. Quand vous parlez, vous extériorisez cette pensée, vous la rendez objective, vous la faites passer du domaine privé de votre conscience au domaine public de la réalité observable.

Cette propriété médiatrice de la parole révèle pourquoi Dieu crée par la parole. L'univers matériel est l'extériorisation, l'objectivation, la réalisation matérielle d'une pensée divine immatérielle. Le cosmos est le Logos divin externalisé. Avant la création, la structure de l'univers existait idéalement dans la pensée divine. Par la parole créatrice, Dieu fait passer cette structure idéale de l'ordre des idées à l'ordre des réalités matérielles.

Cette vérité résout le mystère philosophique de la relation entre idées et réalités physiques. Platon enseignait que les Formes éternelles (idées parfaites) existent indépendamment du monde matériel qui les imite imparfaitement. Aristote critiquait cette séparation, affirmant que les formes existent dans les choses matérielles, non séparément. La révélation biblique dépasse et unifie ces positions : les idées (structures rationnelles, lois, formes) existent éternellement dans l'Esprit divin (Logos), puis Dieu les réalise dans l'univers matériel par sa parole créatrice. Les lois mathématiques que nous découvrons dans l'univers ne sont ni inventions arbitraires de notre esprit (conventionnalisme), ni réalités matérielles indépendantes de l'esprit (platonisme naïf), ni simples descriptions a posteriori sans fondement ontologique (nominalisme). Elles sont structures rationnelles pensées éternellement par le Logos divin et réalisées dans l'univers créé.

Cette compréhension explique "l'efficacité déraisonnable des mathématiques" (Eugene Wigner). Les mathématiques inventées abstraitement par l'esprit humain décrivent le monde physique avec une précision stupéfiante parce que l'univers et l'esprit humain partagent la même source : le Logos divin. L'univers est mathématique parce qu'il procède d'une Raison qui pense mathématiquement. L'esprit humain peut découvrir ces structures mathématiques parce qu'il est créé à l'image du Logos et participe donc à sa rationalité.

Dix paroles créatrices — structure décimale révélant la perfection

Genèse 1 utilise exactement dix fois la formule "Dieu dit..." marquant dix actes créateurs distincts. Cette structure décimale n'est jamais accidentelle. Le nombre dix possède une signification symbolique profonde dans la révélation biblique : les Dix Commandements révélés au Sinaï, les dix plaies d'Égypte, la dîme (dixième) consacrée à Dieu. Le nombre dix symbolise la totalité complète, la perfection de l'œuvre divine, l'accomplissement sans défaut.

Les dix paroles créatrices révèlent que la création procède d'une sagesse divine parfaite qui accomplit son dessein avec une précision et une complétude absolues. Dieu ne crée pas de manière désordonnée, improvisée, tâtonnante. Il parle dix fois, et son œuvre est complète. Le verset 31 conclut : "Dieu vit tout ce qu'il avait fait et voici, cela était très bon." Perfection absolue, accomplissement total, aucune correction nécessaire, aucun défaut à rectifier.

Cette structure contraste radicalement avec les mythologies païennes où la création résulte de tâtonnements divins, de combats chaotiques, de générations successives imparfaites. Dans l'*Enuma Elish* babylonienne, Marduk tue Tiamat violemment, et de son cadavre démembré façonne maladroitement le monde. Dans les mythologies grecques, plusieurs générations divines se succèdent, chacune détruisant partiellement l'œuvre de la précédente. Seule Genèse révèle une création procédant d'un dessein parfait, accomplie par dix paroles souveraines, aboutissant à une perfection absolue.

Chaque jour : "Dieu vit que cela était bon"

Six fois dans Genèse 1 (versets 4, 10, 12, 18, 21, 25), après avoir créé, Dieu évalue son œuvre : "Dieu vit que cela était bon." Cette évaluation divine répétée révèle plusieurs vérités fondamentales.

Premièrement, la création possède une bonté intrinsèque objective. Le bien n'est pas une invention subjective humaine, une convention sociale arbitraire, une projection de nos préférences. Le bien existe objectivement, ancré dans le caractère de Dieu lui-même et manifesté dans sa création. Quand Dieu déclare que sa création est bonne, il établit un standard objectif de bonté cosmique.

Deuxièmement, la matière est bonne. Contre toutes les formes de dualisme (gnosticisme, manichéisme, platonisme extrême) qui dénigrent la matière comme inférieure ou mauvaise, Genèse affirme que Dieu lui-même crée la matière et la déclare bonne. Le corps n'est pas une prison de l'âme, la matière n'est pas une dégradation de l'esprit, le physique n'est pas intrinsèquement corrompu. Tout cela est bon parce que créé par Dieu et destiné à manifester sa gloire.

Troisièmement, l'évaluation divine précède l'existence humaine. Dieu déclare sa création bonne avant que l'homme existe pour l'apprécier. Cette bonté est donc intrinsèque, objective, indépendante de la perception humaine. L'univers ne devient pas bon parce que nous le trouvons beau ou utile. Il est bon en lui-même parce qu'il réalise parfaitement le dessein divin qui l'a conçu.

Quatrièmement, le verset 31 intensifie l'évaluation finale : "Dieu vit tout ce qu'il avait fait et voici, cela était **très** bon" (טוֹב מְאֹד, *tov me'od*). Après avoir créé l'homme à son image, couronnement de la création, Dieu évalue l'ensemble de son œuvre comme "très bon" — perfection absolue, accomplissement total de son dessein créateur. Cette évaluation établit que la création originelle, avant la chute, manifestait une perfection complète sans défaut, sans souffrance, sans mort, sans corruption.

Création ordonnée, non chaotique — les six jours révèlent une structure

La création ne se déroule pas de manière aléatoire mais selon une structure ordonnée révélée par le cadre des six jours. Cette structure manifeste la sagesse divine qui organise rationnellement l'œuvre créatrice.

Jours 1-3 : Création des structures fondamentales

Jour 1 : Lumière/énergie séparée des ténèbres — fondement de toute réalité physique

Jour 2 : Séparation des eaux (firmament) — structure spatiale de l'univers

Jour 3 : Terre sèche séparée des mers + végétation — matière stable + vie non-consciente

Jours 4-6 : Création des habitants de ces structures

Jour 4 : Luminaires (soleil, lune, étoiles) — habitants du firmament créé jour 2

Jour 5 : Poissons + oiseaux — habitants des eaux et du ciel créés jour 2

Jour 6 : Animaux terrestres + homme — habitants de la terre créée jour 3

Cette structure révèle un pattern délibéré : chaque groupe de trois jours correspond. Les jours 1-3 créent les domaines, les jours 4-6 créent les habitants de ces domaines. Cette correspondance manifeste l'intentionnalité divine qui ordonne la création selon un plan rationnel préconçu.

De plus, chaque jour prépare le suivant dans une progression logique : on ne peut avoir de végétation (jour 3) sans terre ferme (jour 3), on ne peut avoir d'animaux (jour 6) sans végétation pour les nourrir (jour 3), on ne peut avoir d'homme (jour 6) sans animaux à dominer (jours 5-6) et sans végétation à cultiver (jour 3).

Cette progression révèle que la création n'est pas une série d'actes isolés sans relation mais un développement organique, cohérent, téléologique où chaque étape pose les fondements nécessaires pour l'étape suivante. L'ensemble converge vers le sommet : la création de l'homme à l'image de Dieu, destiné à dominer justement la création et à glorifier le Créateur.

Révélation prophétique : Proverbes 8:22-31 — la Sagesse personnifiée créatrice

Proverbes 8:22-31 personnifie la Sagesse divine comme présente lors de la création, se réjouissant dans l'œuvre créatrice, établissant les fondements du monde. Ce passage mystérieux a été compris par la tradition chrétienne comme référant au Logos préexistant, la deuxième Personne de la Trinité, par qui le Père crée.

"L'Éternel m'a créée [la Sagesse] la première de ses œuvres, avant ses œuvres les plus anciennes... J'étais là lorsqu'il disposa les cieux, lorsqu'il traça un cercle à la surface de l'abîme... lorsqu'il posa les fondements de la terre. J'étais à l'œuvre auprès de lui, et je faisais tous les jours ses délices, jouant sans cesse en sa présence" (Proverbes 8:22, 27, 29-30).

Cette Sagesse personnifiée révèle plusieurs vérités prophétiques :

La création procède de la Sagesse divine, non du hasard. L'univers manifeste partout intelligence, ordre, rationalité parce qu'il est conçu et réalisé par la Sagesse éternelle.

La Sagesse "jouait" devant Dieu, révélant que la création procède de la joie divine, du débordement de la plénitude trinitaire, non de la nécessité ou du besoin.

La Sagesse établit les "fondements de la terre", révélant que les lois physiques, les constantes cosmiques, les structures fondamentales de l'univers procèdent de cette Sagesse créatrice.

Jean 1:1-3 et Colossiens 1:16-17 identifient cette Sagesse personnifiée avec le Logos, Jésus-Christ. Paul affirme explicitement : "Christ, puissance de Dieu et sagesse de Dieu" (1 Corinthiens 1:24). La Sagesse par laquelle Dieu crée l'univers est le Fils éternel qui s'incarnera pour accomplir la Rédemption.

Cette révélation transforme la cosmologie en christologie : comprendre l'ordre de l'univers nécessite de connaître Christ, la Sagesse créatrice divine. Étudier les lois physiques, c'est découvrir partiellement les pensées du Logos qui les a conçues. Contempler la beauté du cosmos, c'est entrevoir quelque chose de la gloire du Créateur qui s'y manifeste.

La création manifeste la gloire divine

Psaume 19:2 affirme : "Les cieux racontent la gloire de Dieu, et l'étendue manifeste l'œuvre de ses mains." Cette déclaration révèle que l'univers existe non seulement pour l'homme mais fondamentalement pour manifester la gloire de Dieu. La création est théophanie — révélation de Dieu à travers ses œuvres.

L'ordre stupéfiant de l'univers révèle la sagesse divine. L'immensité du cosmos révèle la puissance divine. La beauté de la création révèle la perfection esthétique divine. La complexité de la vie révèle l'intelligence divine. La diversité des créatures révèle la richesse créatrice divine. Chaque aspect de l'univers pointe au-delà de lui-même vers le Créateur qui le transcende infiniment.

Cette vision transforme radicalement notre relation à l'univers. Nous ne sommes pas simplement observateurs scientifiques analysant mécanismes naturels. Nous sommes contemplateurs d'une œuvre d'art divine, lecteurs d'un livre écrit par Dieu, auditeurs d'une symphonie composée par le Créateur. L'univers parle constamment de Dieu à quiconque a des yeux pour voir et des oreilles pour entendre.

Romains 1:20 confirme : "Les perfections invisibles de Dieu, sa puissance éternelle et sa divinité, se voient comme à l'œil nu, depuis la création du monde, quand on les considère dans ses ouvrages." La création constitue une révélation naturelle, accessible à tous, révélant l'existence et certains attributs de Dieu à quiconque observe correctement et raisonne honnêtement.

Conclusion du chapitre

Créer par la parole révèle que l'univers procède d'une intention consciente, d'un dessein rationnel, d'une volonté libre. La parole présuppose toujours pensée, rationalité, intentionnalité. Dieu conçoit l'univers avant de le créer, le pense avant de le réaliser, le parle avant qu'il existe. L'univers matériel objectif procède d'une pensée divine subjective antérieure.

La parole médiatise entre pensée immatérielle et réalité matérielle. L'univers est le Logos divin externalisé, objectivé dans la matière. Cette vérité explique pourquoi l'univers obéit à des lois mathématiques — il procède d'une Raison qui pense mathématiquement. Elle explique pourquoi l'esprit humain peut comprendre l'univers — l'homme est créé à l'image du Logos et participe à sa rationalité.

Les dix paroles créatrices révèlent la perfection de l'œuvre divine. L'évaluation répétée "cela était bon" établit la bonté intrinsèque objective de la création. La structure des six jours révèle un plan rationnel préconçu où chaque étape prépare la suivante dans une progression téléologique.

Proverbes 8 révèle prophétiquement que la Sagesse personnifiée (identifiée avec Christ) est l'agent créateur établissant les fondements du monde. La création manifeste la gloire divine, révèle ses perfections invisibles, parle constamment de lui.

L'univers n'est pas un accident cosmique surgissant du hasard aveugle. L'univers est la réalisation d'une intention divine, l'expression d'une sagesse transcendante, l'objectivation d'un dessein rationnel. Chaque atome, chaque loi, chaque structure révèle qu'il procède non du chaos mais du Logos, non du hasard mais de l'Intelligence créatrice, non de l'accident mais de l'Intention divine.

Cette vérité change absolument tout.

CHAPITRE 22 __ **POURQUOI LA CRÉATION BIBLIQUE SATISFAIT L'ESPRIT**

L'esprit humain cherche naturellement des explications cohérentes, rationnelles, satisfaisantes. Quand une explication résout véritablement un problème, l'esprit éprouve une satisfaction intellectuelle profonde — un sentiment de complétude, de résolution, de compréhension achevée. Cette satisfaction n'est jamais subjective ou arbitraire. Elle révèle que l'explication correspond à la structure de la réalité et à la structure de notre rationalité créée pour saisir cette réalité. Inversement, quand une explication est incohérente, contradictoire, ou laisse les questions fondamentales sans réponse, l'esprit éprouve une insatisfaction persistante, un malaise intellectuel révélant que l'explication échoue.

La création biblique satisfait l'esprit humain avec une plénitude que toutes les alternatives matérialistes ne peuvent jamais atteindre. Elle répond aux questions fondamentales, résout les paradoxes philosophiques, fonde la rationalité, explique l'intelligibilité de l'univers, donne sens à l'existence humaine, établit la dignité absolue de la personne. Le matérialisme, en revanche, laisse toutes ces questions béantes, crée des contradictions insurmontables, détruit ce qu'il prétend expliquer. Comprendre pourquoi la création biblique satisfait l'esprit tandis que le matérialisme le frustre révèle quelque chose de profond sur la nature de la vérité et notre capacité à la reconnaître.

La création biblique répond aux trois questions ultimes

Trois questions métaphysiques fondamentales hantent l'esprit humain depuis qu'il prend conscience de lui-même : Pourquoi existe-t-il quelque chose plutôt que rien ? D'où viennent les lois de la nature ? Pourquoi l'univers est-il intelligible ? Toute vision du monde doit être jugée sur sa capacité à répondre cohéremment à ces questions. La création biblique répond définitivement aux trois. Le matérialisme échoue lamentablement.

Pourquoi existe-t-il quelque chose plutôt que rien ?

Réponse biblique : Il existe quelque chose parce qu'un Être nécessaire, existant éternellement par la nécessité de sa propre nature, a librement choisi de créer l'univers contingent. Dieu, dont l'essence même est d'exister, fait surgir du néant absolu "les cieux et la terre" par sa parole toute-puissante. Cette réponse satisfait l'esprit parce qu'elle arrête la régression causale à un point rationnel : un Être qui existe nécessairement et qui explique tout le reste sans avoir lui-même besoin d'explication extérieure.

Échec matérialiste : Le matérialisme affirme que l'univers surgit soit du néant absolu sans cause (violant le principe de causalité et détruisant la possibilité de la science), soit d'un vide quantique régi par des lois (déplaçant simplement la question : d'où viennent ces lois ?), soit existe éternellement (contredisant le Big Bang et créant le paradoxe entropique). Aucune de ces options ne satisfait l'esprit car toutes laissent la question fondamentale sans réponse ou créent des contradictions.

D'où viennent les lois de la nature ?

Réponse biblique : Les lois physiques sont des décrets divins, des structures rationnelles par lesquelles le Créateur ordonne sa création. Dieu crée par le Logos (Raison divine), donc l'univers obéit nécessairement à des lois rationnelles, mathématiques, cohérentes. Les lois ne flottent pas dans un vide explicatif — elles procèdent de l'Intelligence législatrice qui les conçoit et les réalise dans la création.

Échec matérialiste : Le matérialisme traite les lois comme des faits bruts inexplicables, comme si elles existaient éternellement sans raison. Mais les lois ne sont pas des entités matérielles. Ce sont des principes d'organisation, des structures abstraites. Pourquoi l'univers obéit-il à ces principes ? Pourquoi ces lois précises ? Le matérialisme n'a aucune réponse. Il présuppose ce qu'il devrait expliquer.

Pourquoi l'univers est-il intelligible ?

Réponse biblique : L'univers est intelligible parce qu'il procède du Logos divin (Raison créatrice) et que l'homme est créé à l'image de ce Logos. L'esprit humain et l'ordre cosmique partagent la même source rationnelle. C'est pourquoi les mathématiques humaines décrivent le monde physique — tous deux participent à la rationalité divine. L'univers est pensée divine matérialisée, et l'homme possède la capacité innée de penser les pensées de Dieu après lui.

Échec matérialiste : Si l'homme est le produit de mutations aléatoires et de sélection naturelle aveugle, si l'univers résulte de processus sans intelligence, pourquoi l'esprit humain peut-il comprendre l'univers ? Pourquoi les mathématiques fonctionnent-elles ? Cette harmonie mystérieuse devient un miracle inexplicable dans le matérialisme — coïncidence cosmique improbable entre structure mentale humaine et structure de la réalité physique. La création biblique transforme le miracle en nécessité logique : l'intelligibilité découle de l'origine commune dans le Logos.

La création biblique fonde la rationalité

Le matérialisme se heurte à un problème philosophique dévastateur : il détruit la possibilité de la raison qu'il prétend utiliser. Si tous nos processus mentaux sont entièrement déterminés par des lois physiques et des conditions initiales (état antérieur du cerveau, stimuli externes), alors nous n'avons jamais accès à la vérité en tant que vérité. Nous avons seulement accès à ce que nos cerveaux, obéissant à des lois aveugles, nous font croire. Ces croyances ne sont pas choisies pour leur vérité mais produites mécaniquement par des processus causaux aveugles.

C.S. Lewis formule cet argument avec une force implacable : "Si le naturalisme est vrai, alors toutes les pensées ne sont que les effets secondaires de processus irrationnels. Nos pensées elles-mêmes ne sont rien de plus que les produits accidentels de mouvements d'atomes dans le cerveau. Mais si tel est le cas, comment pouvons-nous faire confiance à nos pensées ? Comment pouvons-nous être sûrs que la pensée 'le naturalisme est vrai' elle-même est fiable ? Le naturalisme se détruit lui-même, car il sape la validité du raisonnement par lequel on y arrive."

La création biblique évite ce problème en affirmant que l'esprit humain est créé à l'image du Logos divin, la Raison créatrice absolue. Nos processus rationnels participent à un ordre rationnel transcendant. Nous pouvons faire confiance à notre raison parce qu'elle est conçue par une Raison parfaite pour saisir la vérité. La rationalité humaine n'est pas un accident évolutif fortuit mais une capacité intentionnellement conférée par un Créateur rationnel qui nous destine à connaître la vérité.

Cette fondation de la rationalité satisfait profondément l'esprit parce qu'elle permet de maintenir la confiance en nos capacités cognitives tout en expliquant d'où elles viennent. Le matérialisme nous demande de faire confiance à notre raison tout en affirmant que cette raison n'est qu'un sous-produit accidentel de processus aveugles — contradiction performative flagrante.

La création biblique explique l'expérience morale universelle

Tous les humains, dans toutes les cultures, à toutes les époques, manifestent une conscience morale : reconnaissance du bien et du mal, sentiment de culpabilité quand on viole des normes morales, admiration pour la vertu, condamnation du vice, aspiration à la justice. Cette expérience morale universelle demande explication. D'où vient cette conscience ? Pourquoi reconnaissons-nous des obligations morales objectives qui transcendent nos préférences personnelles ?

Réponse biblique : La conscience morale révèle que l'homme est créé à l'image d'un Dieu moralement parfait. Nous reconnaissons le bien et le mal objectifs parce qu'ils existent réellement, ancrés dans le caractère saint de Dieu. La loi morale est inscrite dans nos cœurs (Romains 2:15) parce que nous sommes créés pour refléter le Créateur moral. Notre culpabilité révèle que nous avons violé un standard transcendant réel, non simplement enfreint une convention sociale arbitraire.

Cette explication satisfait l'esprit parce qu'elle prend au sérieux l'expérience morale universelle au lieu de la nier ou de la réduire. Elle fonde la moralité sur une base objective, immuable, transcendante. Elle explique pourquoi certains actes (torture d'innocents, génocide, trahison) sont objectivement mauvais partout, toujours, indépendamment des opinions culturelles variables.

Échec matérialiste : Le matérialisme doit réduire la moralité à des sentiments subjectifs produits par l'évolution pour favoriser la survie du groupe, à des conventions sociales relatives, à des préférences personnelles sans fondement objectif. Mais cette réduction contredit notre expérience morale profonde. Quand nous affirmons "la torture d'innocents est mauvaise", nous ne voulons jamais dire "j'ai personnellement un sentiment négatif envers la torture" ou "ma culture désapprouve la torture". Nous affirmons une vérité morale objective valable pour tous, partout, toujours.

De plus, si la moralité n'est que convention sociale, alors Hitler ne faisait rien d'objectivement mauvais en exterminant les Juifs — il violait simplement les conventions d'autres sociétés tout en respectant les conventions de la sienne. Cette conclusion répugne à toute conscience morale saine, révélant que le matérialisme moral est faux.

La création biblique donne sens et finalité à l'existence

L'homme cherche naturellement le sens, la finalité, le but de son existence. "Pourquoi suis-je ici ? Quelle est ma vocation ? Ma vie possède-t-elle une signification qui transcende ma survie biologique temporaire ?" Ces questions hantent universellement l'esprit humain. Une vision du monde satisfaisante doit y répondre.

Réponse biblique : L'homme existe parce que Dieu l'a créé intentionnellement, à son image, pour une relation éternelle avec lui. Chaque personne humaine possède une vocation divine : refléter le Créateur, dominer justement la création, glorifier Dieu par toute son existence, entrer en communion personnelle avec lui. Cette vocation donne un sens objectif, transcendant, éternel à chaque vie humaine, quelle que soit sa durée ou ses circonstances terrestres. L'homme n'invente pas son sens subjectivement — il découvre le sens que le Créateur a inscrit dans sa nature même.

Cette réponse satisfait profondément l'esprit parce qu'elle résout l'angoisse existentielle en révélant que notre existence n'est pas accidentelle mais intentionnelle, pas absurde mais porteuse de sens, pas temporaire mais destinée à l'éternité. Elle transforme les questions existentielles de "Pourquoi suis-je ici ?" en réponses théologiques : "Tu es ici parce que Dieu t'a créé pour le connaître, l'aimer, le glorifier éternellement."

Échec matérialiste : Le matérialisme affirme que l'homme est un accident cosmique, produit de mutations aléatoires, sans finalité transcendante, destiné à retourner au néant à la mort. Il peut s'inventer subjectivement des buts temporaires (carrière, famille, plaisirs) mais ces buts restent ultimement absurdes car terminés par la mort qui efface tout. Bertrand Russell, athée cohérent, l'admettait honnêtement : "L'homme est le produit de causes qui n'avaient aucune prévision de la fin qu'elles accomplissaient... Son origine, sa croissance, ses espoirs et ses peurs, ses amours et ses croyances ne sont que le résultat d'arrangements accidentels d'atomes... Aucun feu, aucun héroïsme, aucune intensité de pensée et de sentiment ne peuvent préserver une vie individuelle au-delà du tombeau... Toute l'œuvre des âges, toute la dévotion, toute l'inspiration, toute la splendeur du génie humain sont destinées à l'extinction... Toute l'édifice de l'accomplissement humain doit inévitablement être enterré sous les décombres d'un univers en ruines."

Cette vision désespérée est la conclusion logique cohérente du matérialisme. Tenter d'y échapper en inventant des sens subjectifs est malhonnêteté intellectuelle — refuser de suivre sa vision jusqu'à ses conclusions inévitables. La création biblique évite ce désespoir en révélant que l'existence humaine possède un sens objectif, éternel, fondé dans la volonté créatrice de Dieu.

La création biblique établit la dignité humaine absolue : Le 20ème siècle a révélé avec une horreur inégalée les conséquences pratiques des visions du monde qui nient la dignité humaine absolue. Les régimes totalitaires athées (stalinisme, nazisme, maoïsme) ont massacré plus de 100 millions de personnes précisément parce qu'ils traitaient l'homme comme matériau malléable, comme moyen en vue de fins collectives, comme animal sans valeur intrinsèque transcendante.

Réponse biblique : "Dieu créa l'homme à son image" (Genèse 1:27) — cette affirmation fonde une dignité humaine absolue, inaliénable, objective. Chaque personne humaine, quelle que soit son âge, sa race, ses capacités, sa productivité, possède une valeur infinie parce qu'elle porte l'image du Créateur. Cette dignité ne fluctue jamais selon les circonstances, ne dépend jamais de critères fonctionnels, ne peut être retirée sans violer l'image divine elle-même.

Cette vérité fonde tous les droits humains universels, toute moralité protégeant la personne, toute résistance légitime contre la tyrannie. La Déclaration universelle des droits de l'homme (1948) affirme : "Tous les êtres humains naissent libres et égaux en dignité et en droits." Sur quelle base ? Si l'homme est un animal évolué, pourquoi cette dignité spéciale ? Seule l'anthropologie biblique fonde rationnellement cette affirmation : l'égalité en dignité découle de l'égale possession de l'image divine par tous les humains.

Échec matérialiste : Si l'homme est un animal, sa valeur devient nécessairement fonctionnelle, relative, calculable selon des critères utilitaristes. Peter Singer, philosophe matérialiste cohérent, affirme qu'un chimpanzé en bonne santé possède plus de valeur qu'un nouveau-né humain avec déficience mentale sévère parce que le chimpanzé manifeste des capacités cognitives supérieures. Cette conclusion choque, mais elle découle logiquement de la prémisse matérialiste : si seules les capacités déterminent la valeur, alors la hiérarchie se fonde sur ces capacités, non sur l'appartenance à une espèce.

Le matérialisme ne peut fonder la dignité humaine absolue. Il peut seulement affirmer sentimentalement des valeurs héritées du christianisme sans les justifier rationnellement. C'est vivre sur le capital moral accumulé par des siècles de civilisation chrétienne tout en niant le fondement qui rend ce capital possible.

La création biblique transforme la science en vocation sacrée : La révolution scientifique moderne est née dans la Chrétienté occidentale, non accidentellement mais nécessairement. La création biblique fonde plusieurs présupposés nécessaires pour la science : l'univers est rationnel (créé par le Logos), l'univers obéit à des lois universelles (décrets divins constants), l'univers est contingent (aurait pu être autre, donc on doit observer pour découvrir comment il est effectivement), l'esprit humain peut comprendre l'univers (créé à l'image du Logos).

De plus, la création biblique transforme l'investigation scientifique en vocation sacrée : étudier la création, c'est "penser les pensées de Dieu après lui" (Johannes Kepler), c'est découvrir la sagesse du Créateur manifestée dans ses œuvres, c'est glorifier Dieu en dévoilant les merveilles de sa création. Les pionniers de la science moderne — Newton, Kepler, Galilée, Boyle, Faraday, Maxwell, Pasteur — étaient tous des croyants convaincus que leur recherche scientifique constituait un acte d'adoration, une exploration du livre de la nature écrit par Dieu.

Cette vision sanctifie la science, la libère de l'utilitarisme pur, lui donne une dignité transcendante. Le scientifique n'est pas simplement un technicien manipulant la nature pour satisfaire des besoins humains. Il est un prêtre de la création, lisant le livre divin, découvrant les pensées créatrices, rendant gloire au Créateur par sa compréhension croissante des merveilles divines.

Échec matérialiste : Le matérialisme réduit la science à manipulation technique de la nature pour augmenter le confort humain ou satisfaire la curiosité sans but transcendant. Il ne peut expliquer pourquoi la science fonctionne (pourquoi l'univers est-il rationnel ?) ni donner à la recherche scientifique une dignité qui transcende l'utilité immédiate. La science devient une entreprise humaine auto-référentielle, privée de tout ancrage dans une réalité transcendante qui lui donnerait sens ultime.

Révélation prophétique : "Tu es digne... car tu as créé toutes choses" (Apocalypse 4:11)

Apocalypse 4:11 révèle la finalité ultime de la création : "Tu es digne, notre Seigneur et notre Dieu, de recevoir la gloire et l'honneur et la puissance ; car tu as créé toutes choses, et c'est par ta volonté qu'elles existent et qu'elles ont été créées."

Cette doxologie céleste révèle plusieurs vérités convergentes :

La création fonde l'adoration. Dieu est digne de gloire **parce qu'il a créé** toutes choses. Son acte créateur révèle sa puissance infinie, sa sagesse insondable, sa bonté surabondante. Comprendre qu'il est Créateur transforme nécessairement la créature en adoratrice.

La création procède de la volonté divine libre. Les choses existent et ont été créées "par ta volonté" — affirmation de la liberté divine. Dieu ne crée pas par nécessité contrainte mais par choix libre motivé par l'amour. Cette vérité transforme l'existence contingente de l'univers en don gracieux, en débordement de la plénitude divine.

La création manifeste la gloire divine. La finalité ultime de l'univers est de manifester la gloire de Dieu. Toute créature, consciemment (homme, anges) ou inconsciemment (reste de la création), accomplit cette finalité en reflétant les perfections divines. L'homme accomplit cette vocation suprêmement en reconnaissant consciemment la gloire divine et en l'adorant librement.

Cette vision finale de l'Apocalypse boucle magnifiquement avec Genèse 1:1. L'univers commence par l'acte créateur de Dieu et culmine dans l'adoration éternelle rendant gloire au Créateur. Entre ces deux points — création initiale et adoration finale — se déploie toute l'histoire cosmique, orientée téléologiquement vers sa destination : la glorification parfaite de Dieu par sa création rachetée.

Conclusion du chapitre et du livre : La création biblique satisfait l'esprit humain avec une plénitude que toutes les alternatives matérialistes ne peuvent jamais atteindre. Elle répond aux trois questions métaphysiques fondamentales (pourquoi quelque chose existe, d'où viennent les lois, pourquoi l'univers est intelligible). Elle fonde la rationalité en affirmant que l'esprit humain est créé à l'image du Logos divin. Elle explique l'expérience morale universelle en révélant que la loi morale objective procède du caractère saint de Dieu. Elle donne sens et finalité à l'existence en révélant que l'homme est créé intentionnellement pour une relation éternelle avec Dieu. Elle établit la dignité humaine absolue sur l'image divine. Elle transforme la science en vocation sacrée.

Le matérialisme échoue lamentablement sur tous ces points. Il laisse les questions fondamentales béantes, détruit la rationalité qu'il prétend utiliser, nie la moralité objective qu'il présuppose constamment, abandonne l'homme à l'absurde existentiel, réduit la dignité humaine à une valeur fonctionnelle relative, prive la science de tout fondement métaphysique et de toute finalité transcendante.

Cette différence radicale révèle que la création biblique correspond à la structure de la réalité et à la structure de notre rationalité créée pour saisir cette réalité. Elle satisfait l'esprit précisément parce qu'elle est vraie. L'esprit humain reconnaît la vérité quand il la rencontre par une satisfaction intellectuelle, morale, existentielle profonde — sentiment de résolution, de complétude, d'accomplissement cognitif.

"Au commencement, Dieu créa les cieux et la terre" — cette vérité révélée n'est pas un mythe primitif, pas une spéculation poétique, pas une hypothèse scientifique concurrençant le Big Bang. C'est la révélation de l'origine absolue, confirmée par la raison philosophique, compatible avec la cosmologie scientifique, satisfaisant pleinement l'esprit humain cherchant la vérité ultime.

L'origine n'est pas un mécanisme impersonnel, pas une fluctuation quantique aléatoire, pas un accident cosmique. L'origine est une Personne divine — Dieu créant librement, intentionnellement, rationnellement par sa Parole toute-puissante. Cette vérité change absolument tout dans notre compréhension de qui nous sommes, d'où nous venons, quelle est notre valeur, quelle est notre destinée.

L'univers commence par Dieu créant. L'univers culmine dans l'adoration rendant gloire au Créateur. Entre ces deux points se déploie l'histoire de l'amour divin pour sa création, histoire qui trouvera son accomplissement ultime quand "Dieu sera tout en tous" (1 Corinthiens 15:28).

Cette vérité révélée prophétiquement il y a plus de 3000 ans demeure éternellement vraie, satisfaisant l'esprit de chaque génération qui la cherche honnêtement, la reçoit humblement, la confesse fidèlement.

Au commencement, Dieu créa. Cette vérité change absolument tout.

GLOSSAIRE THÉOLOGIQUE ET PHILOSOPHIQUE

Note introductive

Ce glossaire définit les termes techniques, concepts philosophiques et mots hébreux utilisés dans ce livre. Il est conçu pour rendre accessible au lecteur non-spécialisé les concepts théologiques et philosophiques essentiels à la compréhension de l'argumentation développée. Les définitions sont présentées dans un langage clair et accessible tout en maintenant la rigueur conceptuelle nécessaire.

A

Abiogenèse

Hypothèse matérialiste selon laquelle la vie serait apparue spontanément à partir de matière inerte (non-vivante) par des processus chimiques naturels, sans intervention divine. Ce livre démontre l'impossibilité de l'abiogenèse en révélant les obstacles insurmontables : information codée nécessitant intelligence, complexité irréductible nécessitant conception simultanée, probabilités astronomiquement impossibles.

Acide aminé

Molécule organique servant de brique de base pour construire les protéines. Il existe 20 types d'acides aminés utilisés par la vie terrestre. Une protéine moyenne contient environ 150 acides aminés enchaînés dans un ordre précis et spécifique. L'ordre détermine la fonction de la protéine, exactement comme l'ordre des lettres détermine le sens d'un mot.

ADN (Acide désoxyribonucléique)

Molécule contenant l'information génétique de tous les organismes vivants. L'ADN fonctionne exactement comme un langage : il utilise quatre "lettres" chimiques (A, T, G, C) qui se combinent en "mots" de trois lettres (codons) codant pour des acides aminés. La séquence complète constitue les "instructions" pour fabriquer et faire fonctionner un organisme. L'ADN humain contient environ 3 milliards de paires de bases.

ASAH (עָשָׂה)

Verbe hébreu signifiant "faire", "fabriquer", "transformer". Contrairement à BARA, ASAH peut avoir des sujets humains car il décrit la transformation de quelque chose qui existe déjà en autre chose. Par exemple, un artisan "fait" (asah) un vase à partir d'argile préexistante. Genèse utilise ce verbe pour des actes divins organisant ou façonnant la matière déjà créée.

Athéisme

Négation de l'existence de Dieu ou des dieux. L'athéisme contemporain est généralement associé au matérialisme philosophique, affirmant que seule la matière existe et que tout s'explique par des processus physiques naturels sans intervention divine.

B

BARA (בָּרָא)

Verbe hébreu signifiant "créer" au sens le plus fort : faire surgir l'être du néant absolu, créer sans matériau préexistant (création ex nihilo). Dans toute la Bible hébraïque, BARA n'a qu'un seul sujet possible : Elohim (Dieu). Jamais un humain, jamais un ange, jamais aucune créature ne BARA. Cette exclusivité grammaticale révèle que la puissance créatrice ex nihilo distingue absolument le Créateur de toute créature. Genèse 1 utilise BARA seulement trois fois, marquant trois ruptures ontologiques majeures où Dieu introduit une nouveauté radicale : création de la matière (v.1), création de la vie consciente (v.21), création de l'homme à l'image divine (v.27).

Big Bang : Modèle cosmologique scientifique décrivant l'origine et l'évolution de l'univers. Selon ce modèle, l'univers a commencé à exister il y a environ 13,8 milliards d'années à partir d'un état initial extrêmement dense et chaud, puis s'est étendu et refroidi progressivement. Le Big Bang marque le commencement absolu de l'espace, du temps, de la matière et de l'énergie. Ce livre démontre que le Big Bang confirme scientifiquement la révélation biblique "Au commencement, Dieu créa" mais ne peut expliquer pourquoi ce commencement se produit — question à laquelle seul BARA répond.

Biochimie : Science étudiant les processus chimiques se déroulant dans les organismes vivants. La biochimie révèle une complexité stupéfiante même dans la cellule la plus simple : des milliers de réactions chimiques coordonnées, régulées par des enzymes spécifiques, suivant des voies métaboliques interconnectées.

C

Causalité (Principe de) : Principe philosophique fondamental affirmant que "tout ce qui commence à exister a une cause". Ce principe se formule précisément avec "commence à exister" pour éviter l'objection "Qui a créé Dieu ?" Dieu n'a pas commencé à exister, donc n'a pas besoin de cause. Le principe de causalité est universellement confirmé empiriquement (jamais violé dans toute l'histoire de l'observation scientifique) et métaphysiquement nécessaire (le nier détruirait toute possibilité de science et de rationalité).

Cause première : Cause ultime, non-causée elle-même, qui explique l'existence de tout le reste sans avoir besoin d'explication extérieure parce qu'elle existe par nécessité de sa propre nature. L'argument philosophique de la Cause première démontre que les chaînes causales ne peuvent régresser infiniment — il faut nécessairement une Cause première éternelle, immatérielle, transcendant l'espace-temps, infiniment puissante, intelligente, personnelle. Ces propriétés définissent exactement Dieu.

Cellule : Unité de base de tous les organismes vivants. Même la cellule la plus simple connue (Mycoplasma genitalium) contient 580,000 paires de bases d'ADN, 470 gènes, 470 protéines différentes, une membrane sophistiquée, un métabolisme énergétique complexe. La cellule est une "usine nanométrique" d'une complexité stupéfiante, plus sophistiquée que toute technologie humaine à échelle comparable.

Complexité irréductible : Concept développé par le biochimiste Michael Behe désignant un système biologique nécessitant toutes ses pièces simultanément pour fonctionner. Retirer une seule pièce détruit complètement la fonction du système. La complexité irréductible rend impossible une construction graduelle par évolution car chaque étape incomplète serait non-fonctionnelle donc non-sélectionnable. Exemples : flagelle bactérien, cascade de coagulation sanguine, système immunitaire. La complexité irréductible révèle conception simultanée, programmation intelligente, création intentionnelle.

Conscience réflexive : Capacité exclusivement humaine de "savoir qu'on sait", de la conscience de se prendre elle-même comme objet de réflexion dans une récursivité infinie. Un lion chasse mais ne se demande jamais "Pourquoi suis-je un chasseur ?" Un humain non seulement pense mais pense qu'il pense, réfléchit sur ses propres pensées, s'interroge sur son existence. Cette capacité révèle une dimension spirituelle transcendant complètement l'ordre biologique.

Contingent (Être) : Être qui n'existe pas nécessairement, qui aurait pu ne pas exister, qui dépend de causes extérieures pour son existence. Toutes les entités observées dans l'univers sont contingentes : vous auriez pu ne pas exister (vos parents auraient pu ne jamais se rencontrer), la Terre aurait pu ne pas exister (conditions de formation auraient pu être différentes), l'univers lui-même aurait pu ne pas exister. Un être contingent ne porte jamais en lui-même la raison suffisante de son existence — il pointe toujours au-delà de lui-même vers ce qui l'a causé. Contraire : Être nécessaire.

Cosmologie : Science étudiant l'origine, l'évolution et la structure de l'univers dans son ensemble. La cosmologie moderne a révélé que l'univers a commencé à exister il y a environ 13,8 milliards d'années (Big Bang), qu'il s'étend continuellement, qu'il obéit à des lois physiques précises. Ces découvertes confirment remarquablement la révélation biblique d'un commencement absolu.

Création ex nihilo : Expression latine signifiant "création à partir de rien". Doctrine biblique affirmant que Dieu a créé l'univers non pas en organisant une matière préexistante mais en faisant surgir toute réalité du néant absolu par sa seule volonté et sa parole toute-puissante. Cette doctrine distingue radicalement la création biblique de toutes les mythologies païennes qui présupposent une matière éternelle organisée par les dieux.

D

Déisme : Croyance en un Dieu créateur qui aurait créé l'univers puis l'aurait laissé fonctionner autonomement sans intervenir dans sa création, sans révélation, sans relation personnelle avec l'humanité. Le déisme diffère radicalement du théisme biblique qui affirme un Dieu créateur ET provident, intervenant dans l'histoire, se révélant, maintenant continuellement sa création dans l'être, établissant une relation personnelle avec l'humanité.

Dieu : Être suprême, Créateur de l'univers, éternel, transcendant, tout-puissant, omniscient, parfaitement bon. Selon la révélation biblique, Dieu existe éternellement en trois Personnes distinctes (Trinité) : Père, Fils (Logos/Jésus-Christ), Esprit Saint. Dieu crée l'univers librement, intentionnellement, par sa Parole (Logos). Il maintient continuellement sa création dans l'être. Il se révèle dans la création (révélation naturelle) et dans l'Écriture (révélation spéciale).

Dignité humaine : Valeur intrinsèque, absolue, inaliénable de chaque personne humaine. Selon la vision biblique, la dignité humaine se fonde sur l'image de Dieu : chaque humain porte l'image du Créateur, quelle que soit son âge, sa race, ses capacités, sa productivité. Cette dignité ne fluctue jamais selon les circonstances et ne peut être retirée. Le matérialisme ne peut fonder rationnellement la dignité humaine absolue car il réduit l'homme à un animal évolué dont la valeur devient nécessairement fonctionnelle et relative.

E

ELOHIM (אֱלֹהִים) : Nom hébreu de Dieu utilisé dans Genèse 1. Grammaticalement pluriel (pluriel de Eloah) mais prenant systématiquement un verbe singulier quand il désigne le Dieu unique d'Israël, indiquant l'unité divine malgré la forme plurielle. Cette forme plurielle est un "pluriel de majesté" ou "pluriel d'intensité" exprimant la plénitude, la richesse, la transcendance de Dieu. La théologie chrétienne y voit aussi une allusion à la Trinité — Dieu Un subsistant éternellement en trois Personnes.

Entropie : Mesure du désordre dans un système physique. Selon la deuxième loi de la thermodynamique, l'entropie d'un système fermé augmente toujours avec le temps — le désordre augmente naturellement, l'ordre se dégrade spontanément. Cette loi crée un problème majeur pour le matérialisme : comment la vie (ordre extrême) pourrait-elle émerger spontanément de la chimie désordonnée alors que toutes les lois physiques favorisent le désordre ? La vie combat constamment l'entropie par métabolisme actif, révélant programmation intelligente.

Être nécessaire ; Être existant par nécessité de sa propre nature, qui ne peut pas ne pas exister, dont l'essence même inclut l'existence, qui ne dépend d'aucune cause extérieure. L'Être nécessaire possède l'existence par lui-même, intrinsèquement, essentiellement. Il n'a jamais commencé à exister (éternel), ne dépend de rien pour exister (autosuffisant), ne peut cesser d'exister (immuable), constitue sa propre explication (essence est exister). L'analyse philosophique démontre qu'il doit nécessairement exister un Être nécessaire pour expliquer l'existence des êtres contingents. Cet Être nécessaire est Dieu. Contraire : Être contingent.

Évolution : Processus biologique de changement des populations vivantes au fil des générations par mutations, sélection naturelle, dérive génétique. L'évolution explique la diversité des formes de vie à partir d'ancêtres communs mais présuppose toujours l'existence préalable de la vie. L'évolution ne peut expliquer l'origine de la première vie (abiogenèse) — ce sont deux questions radicalement différentes. Ce livre ne conteste pas les mécanismes évolutifs opérant sur des organismes déjà vivants mais démontre que la première vie nécessite création directe (BARA) car elle ne peut émerger de chimie morte.

F

Foi : Confiance ferme en Dieu et en sa révélation. La foi biblique n'est jamais crédulité aveugle contraire à la raison mais réponse raisonnable à la révélation divine confirmée par l'évidence (témoignage de la création, accomplissement des prophéties, résurrection de Christ). Hébreux 11:1 définit : "La foi est une ferme assurance des choses qu'on espère, une démonstration de celles qu'on ne voit pas." La foi complète la raison en accédant à des vérités que la raison seule ne peut découvrir mais qu'elle peut reconnaître comme vraies une fois révélées.

G

Génération spontanée : Ancienne croyance (datant d'Aristote, maintenue pendant 2000 ans) selon laquelle la vie surgirait spontanément de matière en décomposition : asticots de la viande pourrie, souris du grain, grenouilles de la boue. Cette croyance a été définitivement réfutée par Francesco Redi (1668) puis Louis Pasteur (1862) qui démontrèrent expérimentalement que la vie provient toujours de vie préexistante — Omne vivum ex vivo. L'abiogenèse moderne est essentiellement une résurrection de la génération spontanée sous un vocabulaire scientifique plus sophistiqué, mais elle rencontre les mêmes impossibilités fondamentales.

Génome : Ensemble complet de l'information génétique d'un organisme, séquence complète de son ADN. Le génome humain contient environ 3 milliards de paires de bases codant pour environ 20,000 gènes. Même la bactérie la plus simple possède un génome de plusieurs centaines de milliers de paires de bases. Le génome fonctionne comme un "manuel d'instructions" complet pour construire et faire fonctionner l'organisme.

I

Image de Dieu (Imago Dei) : Doctrine biblique centrale affirmant que l'homme est créé "à l'image de Dieu" (Genèse 1:26-27). Cette image divine se manifeste dans des capacités exclusivement humaines : conscience réflexive ("je sais que je sais"), raison abstraite (saisir vérités universelles éternelles), langage symbolique créatif, liberté (choisir rationnellement), conscience morale (reconnaître bien/mal objectifs), quête métaphysique (chercher Dieu), capacité de relation personnelle avec le Créateur. L'image divine fonde la dignité humaine absolue et distingue radicalement l'homme de tous les animaux.

Information codée : Information spécifique, fonctionnelle, codée selon un système symbolique arbitraire (relation entre symbole et signification est conventionnelle, non déterminée par propriétés physiques). L'ADN contient de l'information codée : la séquence des bases (A, T, G, C) code pour des protéines selon le code génétique. Dans toute notre expérience, l'information codée provient toujours d'une intelligence. Les livres ont des auteurs, les logiciels ont des programmeurs, les hiéroglyphes témoignent d'Égyptiens intelligents. Jamais l'information codée ne surgit spontanément du hasard. Ceci constitue un argument puissant contre l'abiogenèse matérialiste et pour la création intelligente.

L

Langage symbolique : Système de communication utilisant des symboles (sons, gestes, écriture) dont la relation avec ce qu'ils signifient est arbitraire, conventionnelle. Le mot "chien" désigne l'animal non par ressemblance naturelle mais par convention linguistique. Le langage humain possède des propriétés absentes de toute communication animale : symbolisme arbitraire, abstraction (concepts sans référent matériel), productivité infinie (nombre illimité de phrases nouvelles), créativité constante, transmission culturelle cumulative. Le langage symbolique révèle l'image divine en l'homme et témoigne d'une rupture ontologique radicale avec l'ordre animal.

Logos (Λόγος) : Mot grec signifiant simultanément "parole", "raison", "logique", "principe ordonnateur". Jean 1:1-3 révèle que le Logos est une Personne divine : "Au commencement était la Parole (Logos), et la Parole était avec Dieu, et la Parole était Dieu... Toutes choses ont été faites par elle." Le Logos est la deuxième Personne de la Trinité, le Fils de Dieu, qui s'incarnera en Jésus-Christ. La création par le Logos explique pourquoi l'univers obéit à des lois mathématiques rationnelles — il procède de la Raison créatrice divine. Quand nous découvrons les structures logiques de la nature, nous "pensons les pensées de Dieu après lui" (Kepler).

M

Matérialisme : Philosophie affirmant que seule la matière existe et que tout s'explique entièrement par des processus physiques naturels obéissant à des lois aveugles, sans intervention divine, sans finalité transcendante. Le matérialisme nie l'existence de Dieu, de l'âme, de l'esprit comme réalités immatérielles. Selon le matérialisme, l'univers surgit par hasard, la vie émerge spontanément de chimie morte, la conscience résulte de processus neuronaux, l'homme est un animal évolué sans dignité transcendante. Ce livre démontre que le matérialisme est philosophiquement incohérent (détruit la rationalité qu'il prétend utiliser), scientifiquement infondé (ne peut expliquer l'origine de la matière, des lois, de la vie, de la conscience), existentiellement insatisfaisant (laisse l'existence absurde et dépourvue de sens).

Métabolisme : Ensemble des réactions chimiques se déroulant dans un organisme vivant pour maintenir la vie. Le métabolisme transforme matière et énergie pour construire des structures complexes (anabolisme) et les décomposer pour libérer énergie (catabolisme). Le métabolisme distingue radicalement la vie de la non-vie : un organisme vivant combat activement l'entropie, maintenant et construisant de l'ordre contre la tendance naturelle au désordre. Cette activité métabolique révèle programmation, coordination, finalité absentes de la chimie aveugle.

Microbe : Organisme vivant microscopique, invisible à l'œil nu. Inclut bactéries, archées, certains champignons unicellulaires, protozoaires. Bien qu'invisibles et apparemment "simples", les microbes possèdent une complexité stupéfiante : ADN avec des millions de paires de bases, centaines de protéines coordonnées, métabolisme sophistiqué, membrane avec canaux protéiques spécifiques. Les premiers fossiles de vie terrestre (3,8 milliards d'années) révèlent des microbes déjà complètement formés et fonctionnels, sans formes "pré-vie" intermédiaires — exactement ce que la création par BARA prédirait.

Multivers : Hypothèse spéculative selon laquelle existeraient un nombre immense (peut-être infini) d'univers parallèles avec toutes les combinaisons possibles de lois physiques et de constantes. Cette hypothèse est invoquée par certains matérialistes pour éviter l'implication théiste du réglage fin de notre univers. Mais le multivers ne résout rien : il est invérifiable par principe, multiplie les problèmes en nécessitant lui-même un mécanisme générateur et des méta-lois inexpliqués, viole massivement le principe de parcimonie (préférer postuler une infinité d'univers invisibles plutôt qu'un Créateur unique).

N

Nécessaire (Être) : Voir : Être nécessaire.

NEPHESH (נֶפֶשׁ) : Mot hébreu signifiant "âme vivante", "être vivant conscient". Genèse utilise nephesh exclusivement pour les animaux (Genèse 1:21, 24) — jamais pour les plantes. Nephesh désigne la vie consciente, sentiente : sensation, perception, émotion, désir, mouvement volontaire. Les animaux possèdent nephesh. Les plantes possèdent vie biologique mais pas nephesh. L'homme possède nephesh (vie animale consciente) plus l'image de Dieu (dimension spirituelle). Genèse 1:21 utilise BARA pour la création de nephesh, révélant que ce saut ontologique (matière inerte → vie consciente) nécessite création surnaturelle directe.

Nucléosynthèse : Processus de formation des noyaux atomiques. La nucléosynthèse primordiale (dans les trois premières minutes après le Big Bang) produit hydrogène, hélium, traces de lithium. La nucléosynthèse stellaire (dans le cœur des étoiles) produit tous les éléments plus lourds par fusion nucléaire : carbone, oxygène, azote, fer, etc. Les supernovae produisent les éléments plus lourds que le fer. Sans nucléosynthèse stellaire, aucun des éléments nécessaires à la vie n'existerait — confirmant que le Big Bang seul ne peut jamais produire la vie.

O

Ontologie : Branche de la philosophie étudiant la nature de l'être, ce qui existe réellement et comment. Une "rupture ontologique" désigne un saut qualitatif entre deux niveaux d'être radicalement différents, non réductible à une différence quantitative. Exemples : néant → matière, matière inerte → vie consciente, vie animale → esprit humain. Ces ruptures ontologiques nécessitent BARA (création surnaturelle) car elles introduisent des nouveautés radicales que les processus naturels opérant sur le niveau précédent ne peuvent produire.

P

Panspermie : Hypothèse selon laquelle la vie serait arrivée sur Terre depuis l'espace via météorites ou comètes en provenance d'autres planètes. Francis Crick (co-découvreur de l'ADN) proposa même la "panspermie dirigée" : intelligence extraterrestre aurait intentionnellement semé la vie sur Terre. La panspermie ne résout strictement rien — elle déplace simplement la question sans y répondre : comment la vie est-elle apparue ailleurs ? La proposition de Crick constitue un aveu indirect que la vie nécessite intelligence pour son origine.

Principe de causalité : Voir : Causalité (Principe de).

Protéine : Macromolécule composée d'une chaîne d'acides aminés. Les protéines accomplissent la plupart des fonctions cellulaires : enzymes (catalysent réactions), structure (maintiennent forme cellulaire), transport (déplacent substances), défense (anticorps), signalisation, etc. L'ordre précis des acides aminés détermine la fonction de la protéine. Une protéine moyenne contient 150 acides aminés. La probabilité d'obtenir par hasard une seule séquence fonctionnelle est astronomiquement faible : 1 sur 10^195. Une cellule nécessite des centaines de protéines différentes fonctionnant ensemble.

R

Rationalité : Capacité de raisonner, de penser logiquement, de saisir vérités universelles, de distinguer vrai du faux. La rationalité humaine pose un problème majeur au matérialisme : si tous nos processus mentaux sont entièrement déterminés par des lois physiques aveugles, comment pouvons-nous faire confiance à notre raison ? Le matérialisme détruit le fondement de la rationalité qu'il prétend utiliser. Seul le théisme créateur fonde solidement la rationalité : l'esprit humain est créé à l'image du Logos divin (Raison créatrice absolue), capable de saisir la vérité parce que conçu pour cela par un Créateur rationnel.

Révélation : Communication de vérités divines aux humains. La révélation naturelle (ou générale) se manifeste dans la création : l'ordre de l'univers, les lois physiques, la complexité de la vie révèlent l'existence, la puissance, la sagesse de Dieu (Romains 1:20). La révélation spéciale se manifeste dans l'Écriture (Bible) : Dieu communique directement des vérités sur son identité, ses desseins, son plan de rédemption. Les deux révélations convergent vers la même vérité car elles procèdent du même Dieu.

S

Science : Méthode d'investigation de la nature par observation, expérimentation, mesure, formulation d'hypothèses testables. La science décrit comment la création fonctionne — mécanismes, processus, lois naturelles. Elle ne peut répondre aux questions métaphysiques : pourquoi l'univers existe, d'où viennent les lois physiques, quelle est la finalité ultime de l'existence. Ces questions transcendent structurellement la méthode scientifique. Science et foi biblique se complètent harmonieusement : la science étudie l'œuvre de Dieu, la foi révèle l'Auteur de l'œuvre.

Supernova : Explosion cataclysmique d'une étoile massive en fin de vie. Quand une étoile géante épuise son combustible nucléaire, son cœur s'effondre en quelques secondes, les couches externes rebondissent violemment, l'étoile explose brillant pendant quelques semaines plus intensément que des milliards d'étoiles. La supernova disperse dans l'espace tous les éléments lourds créés dans l'étoile (carbone, oxygène, fer, etc.) et crée des éléments encore plus lourds (or, uranium) dans l'explosion elle-même. Sans supernovae, aucun des éléments nécessaires à la vie ne serait dispersé dans l'espace pour former de nouvelles étoiles et planètes.

T

Téléologie : Étude de la finalité, du but, de l'orientation vers un objectif. La téléologie affirme que certains phénomènes s'expliquent par leur finalité plutôt que seulement par leurs causes mécaniques antérieures. Toute vie manifeste téléologie : un organisme agit en vue de survivre, croître, se reproduire. Cette finalité intrinsèque distingue radicalement la vie de la matière inerte obéissant mécaniquement aux lois physiques sans but. Le matérialisme ne peut expliquer l'origine de la téléologie biologique. Seule la création par un Créateur intelligent ayant des desseins explique la finalité observée dans la nature.

Théisme : Croyance en un Dieu personnel, créateur, transcendant, qui crée l'univers intentionnellement, intervient dans l'histoire, se révèle à l'humanité, maintient continuellement sa création dans l'être, établit une relation personnelle avec ses créatures. Le théisme biblique affirme que Dieu est éternel, tout-puissant, omniscient, parfaitement bon, existant en trois Personnes (Trinité : Père, Fils, Esprit). Le théisme diffère du déisme (Dieu créateur mais non-intervenant) et du panthéisme (Dieu identifié à l'univers).

Trinité : Doctrine chrétienne centrale affirmant que Dieu existe éternellement en trois Personnes distinctes — Père, Fils (Logos/Jésus-Christ), Esprit Saint — partageant une seule essence divine. Les trois Personnes sont coéternelles, coégales, consubstantielles. La Trinité n'est pas trois dieux (polythéisme) mais un seul Dieu subsistant en trois Personnes. Genèse révèle des indices trinitaires : "Faisons l'homme à notre image" (pluriel de délibération), Elohim (forme plurielle), l'Esprit planant sur les eaux (Genèse 1:2). Jean 1:1-3 révèle explicitement que le Logos (Fils) crée avec le Père.

V

Vide quantique : État de plus basse énergie d'un champ quantique selon la mécanique quantique. Le vide quantique n'est absolument pas le "néant absolu" philosophique. C'est un champ quantique régi par des lois précises (principe d'incertitude de Heisenberg), possédant de l'énergie virtuelle, situé dans l'espace-temps, manifestant des fluctuations quantiques. Certains athées (ex: Lawrence Krauss) prétendent faussement que l'univers pourrait surgir "du néant" via le vide quantique. Cette confusion entre vide quantique (quelque chose) et néant absolu (rien) révèle soit ignorance soit malhonnêteté intellectuelle.

Y

YATSAR (יָצַר) : Verbe hébreu signifiant "former", "façonner", "modeler" comme un potier façonne l'argile. YATSAR implique travailler sur une matière préexistante pour lui donner forme. Genèse 2:7 utilise ce verbe : "L'Éternel Dieu forma (yatsar) l'homme de la poussière de la terre." Le corps humain est "formé" à partir d'éléments chimiques préexistants (confirmé par la science moderne : nous sommes littéralement poussière d'étoiles). Mais Genèse 1:27 utilise BARA pour l'homme complet car l'esprit humain (image divine) nécessite création surnaturelle, non simple formation de matière préexistante.

Notes finales

Ce glossaire couvre les concepts essentiels utilisés dans ce livre. Pour approfondir votre compréhension :

Concepts hébreux (BARA, ASAH, YATSAR, NEPHESH, ELOHIM) : Ces termes révèlent des distinctions théologiques profondes souvent perdues dans les traductions. BARA marque les trois ruptures ontologiques majeures nécessitant création surnaturelle.

Concepts philosophiques (être nécessaire/contingent, cause première, principe de causalité) : Ces concepts, développés par des siècles de réflexion philosophique depuis Aristote jusqu'à Thomas d'Aquin, démontrent rationnellement l'existence de Dieu sans présupposer la foi.

Concepts scientifiques (Big Bang, nucléosynthèse, ADN, protéine, cellule) : La science moderne révèle magnifiquement la sagesse créatrice de Dieu tout en buttant devant les gouffres ontologiques (matière → vie, animal → homme) que seul BARA peut franchir.

Concepts théologiques (Trinité, Logos, image de Dieu, révélation) : La révélation biblique complète ce que la raison peut entrevoir, révélant l'identité du Créateur et ses desseins pour sa création.

Comprendre ces termes vous permettra de saisir pleinement l'argumentation développée dans ce livre démontrant que la création biblique satisfait l'esprit d'une manière que le matérialisme ne peut jamais accomplir, répondant définitivement aux questions ultimes sur l'origine de l'univers, de la vie et de l'humanité.

CONCLUSION

LA SEULE RÉPONSE QUI CHANGE TOUT

Nous sommes arrivés au terme de cette exploration de l'origine absolue de toute réalité. Le chemin parcouru a démontré avec une force implacable que deux visions et seulement deux — s'affrontent pour expliquer l'existence de l'univers. D'un côté, le matérialisme scientifique moderne affirme que l'univers surgit du hasard, obéit à des lois inexplicables, produit accidentellement la conscience et la vie, ne possède aucune finalité transcendante. De l'autre côté, la révélation biblique affirme qu'"Au commencement, Dieu créa les cieux et la terre" — déclaration que la raison philosophique confirme, que la science moderne valide indirectement, et qui seule satisfait pleinement l'esprit humain cherchant la vérité.

Le Big Bang déplace la question, Genèse y répond

Le Big Bang constitue une découverte scientifique majeure du 20ème siècle. Il établit que l'univers observable a commencé à exister il y a environ 13,8 milliards d'années. Cette découverte confirme remarquablement la révélation biblique millénaire : l'univers n'est pas éternel, il a un commencement absolu. Le temps, l'espace, la matière, l'énergie commencent tous simultanément. Avant ce point, rien de physique n'existait.

Mais le Big Bang, aussi spectaculaire soit-il scientifiquement, ne répond jamais à la question fondamentale : pourquoi existe-t-il quelque chose plutôt que rien ? D'où vient l'état initial dense et chaud ? Pourquoi obéit-il à des lois physiques précises ? Pourquoi ces lois particulières ? Le Big Bang décrit le commencement de l'univers. Il n'explique jamais pourquoi ce commencement se produit, pourquoi quelque chose existe, d'où viennent les lois qui régissent ce quelque chose.

Toutes les tentatives matérialistes pour aller au-delà du Big Bang — vide quantique, inflation cosmique, multivers éternel, gravitation quantique — ne font que déplacer la question d'un cran sans jamais la résoudre. Chaque "explication" présuppose quelque chose d'existant (lois quantiques, champs, mécanisme générateur) et laisse ce quelque chose inexpliqué. La chaîne explicative remonte indéfiniment mais s'arrête toujours avant l'origine absolue, toujours avant le néant absolu, toujours à "quelque chose initial" traité comme donné inexplicable.

Seule Genèse 1:1 répond à l'origine absolue : "Au commencement, Dieu créa les cieux et la terre." Avant cet acte créateur, rien de créé n'existait — ni matière, ni énergie, ni espace, ni temps, ni lois physiques. Seul Dieu existait, éternellement, dans la plénitude de sa vie trinitaire. Puis, par un acte de volonté libre, par sa Parole toute-puissante, Dieu fait surgir du néant absolu toute réalité créée. Cette affirmation ne déplace pas la question. Elle y répond définitivement : il existe quelque chose parce que l'Être nécessaire, existant par lui-même, a choisi de créer l'univers contingent.

Sept révélations prophétiques inédites

Ce livre a dévoilé sept vérités théologiques prophétiques que Genèse révèle sur l'origine et la nature de la réalité, vérités qui transcendent toute mythologie ancienne et toute spéculation philosophique :

1. L'origine est relation permanente, non événement ponctuel passé. Colossiens 1:17 révèle : "Toutes choses subsistent en lui." Le verbe grec au présent indique action continue. Dieu ne crée pas l'univers puis le laisse fonctionner autonomement. Il le maintient continuellement dans l'être à chaque instant. Si Dieu cessait de vouloir l'existence de l'univers une seule nanoseconde, tout s'effondrerait dans le néant. La question primordiale n'est pas seulement "Pourquoi l'univers a-t-il commencé ?" mais "Pourquoi continue-t-il d'exister maintenant ?" Seul l'Être nécessaire peut fonder continûment l'être contingent.

2. BARA (בָּרָא) révèle la nature absolue de Dieu. Ce verbe hébreu n'a qu'un seul sujet possible dans toute la Bible : Elohim. Jamais un humain ne *bara*, jamais un ange ne *bara*. Cette exclusivité grammaticale révèle une vérité ontologique : la puissance créatrice ex nihilo distingue absolument le Créateur de toute créature. Aucun être créé, quelle que soit sa puissance, ne peut tirer l'être du néant absolu. Seul Dieu possède cette capacité révélant son infinitude, sa transcendance, sa divinité absolue.

3. La création par la Parole révèle pourquoi l'univers est mathématique. Dieu crée en parlant : "Dieu dit... et cela fut." Jean 1:1-3 révèle que cette Parole est le Logos divin, la Raison créatrice éternelle. L'univers matériel est le Logos externalisé, pensée divine objectivée dans la matière. C'est pourquoi l'univers obéit à des lois mathématiques — parce qu'il procède d'une Intelligence qui pense mathématiquement. C'est pourquoi les mathématiques humaines décrivent le monde physique — parce que l'homme créé à l'image du Logos redécouvre les structures logiques que Dieu a pensées en créant.

4. L'image de Dieu est tripartite comme la Trinité. Genèse 1:26 utilise le pluriel : "Faisons l'homme à notre image." L'homme porte l'image de Dieu trinitaire. Augustin développait cette intuition : l'âme humaine reflète la Trinité par mémoire (Père), intelligence (Fils), volonté (Esprit) — trois facultés distinctes subsistant dans l'unité d'une seule âme. Cette structure tripartite révèle que l'homme est créé pour refléter le Créateur trinitaire, pour connaître par l'intelligence, aimer par la volonté, se souvenir et espérer par la mémoire.

5. Le désir infini prouve la destination éternelle. Ecclésiaste 3:11 révèle : "Il a mis dans leur cœur la pensée de l'éternité (*olam*)." Dieu a inscrit l'éternité dans le cœur humain. L'homme ne désire jamais simplement ce qui est fini, temporel, périssable. Il aspire à l'infini, à l'absolu, à l'éternel. Cette soif révèle une destination éternelle. L'homme n'est pas fait pour le temps seul mais pour l'éternité. Son origine est éternelle (Dieu créant ex nihilo), sa nature contient une dimension éternelle (âme immortelle), sa destinée est éternelle (vie ou mort éternelles selon sa réponse à Dieu).

6. Le "Je suis" humain reflète le "JE SUIS" divin. Exode 3:14 révèle le nom divin : "JE SUIS CELUI QUI SUIS." Dieu est l'Être pur, l'Existence subsistante, celui dont l'essence même est d'exister. L'homme, créé à son image, possède aussi ce "je suis" — conscience de soi, conscience réflexive, capacité de se poser soi-même comme sujet pensant. Cette capacité exclusive à l'homme parmi toutes les créatures terrestres révèle qu'il participe à l'être divin d'une manière unique, qu'il reflète le "JE SUIS" absolu par son "je suis" dérivé mais réel.

7. Les six jours révèlent la structure ontologique du réel. La création en six jours ne décrit pas nécessairement six périodes de 24 heures (bien que cette lecture soit possible) mais révèle la structure hiérarchique logique de la réalité : matière inerte (jours 1-3), vie végétative (jour 3), vie animale consciente (jours 5-6), vie humaine spirituelle (jour 6). Chaque niveau transcende et inclut le précédent sans s'y réduire. Cette progression révèle que l'univers n'est pas un chaos sans structure mais un cosmos ordonné hiérarchiquement, culminant dans l'homme créé à l'image de Dieu.

L'homme n'est pas un animal — démonstration définitive

Plusieurs chapitres ont démontré avec une force implacable que l'homme transcende radicalement l'ordre animal par des propriétés qui ne peuvent s'expliquer par une simple évolution quantitative de capacités animales :

La **conscience réflexive** — "je sais que je sais" — est exclusive à l'homme, sans précédent dans le règne animal, impossible à produire par simple augmentation de complexité neuronale. Le **langage symbolique créatif** transcende complètement la communication animale par ses propriétés (symbolisme arbitraire, abstraction, productivité infinie, créativité constante). L'**asymétrie linguistique** est dévastatrice : l'homme peut apprendre n'importe quelle langue humaine, aucun animal ne peut apprendre la langue d'une autre espèce. L'**asymétrie imitative** renforce : l'homme imite volontairement toutes les espèces animales, aucun animal n'imite jamais volontairement une autre espèce.

L'homme **nomme les animaux** (Genèse 2:19-20), manifestant son autorité intellectuelle. Les animaux ne nomment jamais rien. Cette asymétrie cognitive révèle la hiérarchie ontologique : l'homme comprend les animaux, les définit, les classe. Les animaux ne comprennent jamais l'homme intellectuellement de cette manière.

L'**autorité humaine** sur toute la création terrestre est conférée dès la création (Genèse 1:26-28) et maintenue après la chute (Genèse 9:2, Psaume 8:6-8). Cette autorité universelle, persistante malgré la rébellion cosmique, révèle qu'elle découle de la nature ontologique de l'homme (image de Dieu), non de sa perfection morale. L'homme gouverne tous les animaux. Aucun animal ne gouverne jamais l'homme ou une autre espèce de cette manière systématique, intentionnelle, transformatrice.

Ces démonstrations convergent vers une conclusion inévitable : l'homme n'est pas un animal légèrement modifié. L'homme appartient à un niveau ontologique radicalement supérieur. Il transcende et inclut la vie animale sans s'y réduire. Il possède une dimension spirituelle qui le place infiniment au-dessus de l'ordre biologique : l'image de Dieu.

Dieu — la seule réponse cohérente

L'analyse philosophique rigoureuse, indépendante de toute présupposition religieuse, établit que l'univers contingent nécessite une Cause première possédant exactement les attributs que la théologie biblique attribue à Dieu :

Éternelle — sans commencement temporel, car si elle commençait, elle aurait besoin d'une cause antérieure, créant une régression infinie qui n'explique rien. **Immatérielle** — transcendant toute réalité physique, car la matière est créée. **Transcendant l'espace-temps** — car l'espace et le temps sont créés avec l'univers. **Infiniment puissante** — car créer l'univers entier ex nihilo requiert une puissance illimitée. **Infiniment intelligente** — car l'ordre stupéfiant de l'univers révèle une Intelligence conceptrice. **Personnelle** — possédant volonté et liberté, car seule une Cause personnelle peut expliquer comment une Cause éternelle produit un effet temporel limité. **Unique** — car l'unité cohérente de l'univers suggère une source unique.

Ces propriétés définissent exactement ce que les grandes traditions théistes monothéistes appellent Dieu. Cette convergence entre raison philosophique et révélation biblique confirme que la même vérité se découvre par la raison naturelle et se révèle dans l'Écriture. Romains 1:20 l'affirme prophétiquement : "Les perfections invisibles de Dieu, sa puissance éternelle et sa divinité, se voient comme à l'œil nu, depuis la création du monde, quand on les considère dans ses ouvrages."

Les objections matérialistes ont été systématiquement réfutées. "Qui a créé Dieu ?" commet l'erreur catégorielle de traiter Dieu comme un être contingent nécessitant une cause, alors qu'il est par définition l'Être nécessaire existant par lui-même. Le multivers ne résout rien mais multiplie les problèmes en nécessitant lui-même un mécanisme générateur et des méta-lois inexpliqués. L'auto-causation est logiquement contradictoire. Les fluctuations quantiques présupposent le vide quantique et les lois quantiques qu'il faut expliquer.

Seul le théisme fournit une explication cohérente, rationnelle, satisfaisante de l'origine de l'univers. Toutes les alternatives matérialistes créent des contradictions insurmontables, laissent les questions fondamentales béantes, ou présupposent ce qu'elles devraient expliquer.

La création biblique satisfait l'esprit

La création biblique répond aux trois questions métaphysiques fondamentales que le matérialisme laisse sans réponse : Pourquoi existe-t-il quelque chose plutôt que rien ? (Parce que l'Être nécessaire a choisi de créer.) D'où viennent les lois de la nature ? (Ce sont des décrets divins, structures rationnelles par lesquelles le Créateur ordonne sa création.) Pourquoi l'univers est-il intelligible ? (Parce qu'il procède du Logos divin et que l'homme est créé à l'image de ce Logos.)

La création biblique fonde la rationalité en affirmant que l'esprit humain participe à un ordre rationnel transcendant. Elle explique l'expérience morale universelle en révélant que la loi morale objective procède du caractère saint de Dieu. Elle donne sens et finalité à l'existence en révélant que l'homme est créé intentionnellement pour une relation éternelle avec Dieu. Elle établit la dignité humaine absolue sur l'image divine inaliénable. Elle transforme la science en vocation sacrée — étudier la création, c'est penser les pensées de Dieu après lui.

Cette satisfaction intellectuelle, morale, existentielle profonde que procure la création biblique révèle qu'elle correspond à la structure de la réalité et à la structure de notre rationalité créée pour saisir cette réalité. L'esprit humain reconnaît la vérité quand il la rencontre par un sentiment de résolution, de complétude, d'accomplissement cognitif. La création biblique satisfait l'esprit précisément parce qu'elle est vraie.

L'alternative change absolument tout

Comprendre que l'univers procède non du hasard mais de Dieu créant intentionnellement change absolument tout dans notre vision de la réalité et notre compréhension de nous-mêmes :

Cela change notre compréhension de l'univers. L'univers n'est pas un accident cosmique mais une œuvre divine. Il n'obéit pas à des lois aveugles inexplicables mais à des décrets divins rationnels. Il ne manifeste pas un chaos organisé fortuitement mais un cosmos ordonné téléologiquement.

Chaque atome, chaque loi, chaque structure révèle la sagesse, la puissance, la beauté du Créateur.

Cela change notre compréhension de l'homme. L'homme n'est pas un animal évolué sans valeur transcendante mais une créature faite à l'image de Dieu, possédant une dignité absolue, une vocation divine, une destinée éternelle. Il n'est pas le produit de mutations aléatoires mais l'œuvre intentionnelle d'un Créateur qui le destine à une relation personnelle avec lui.

Cela change notre compréhension de la science. La science n'est pas manipulation technique de la nature pour satisfaire des besoins humains mais exploration du livre divin, lecture des pensées créatrices, découverte de la sagesse divine manifestée dans ses œuvres. Le scientifique devient prêtre de la création, rendant gloire au Créateur par sa compréhension croissante des merveilles divines.

Cela change notre compréhension de la moralité. Le bien et le mal ne sont pas conventions sociales relatives mais réalités objectives ancrées dans le caractère saint de Dieu. La conscience morale ne trompe pas — elle révèle que nous sommes créés pour refléter le Créateur moral, que nous avons violé un standard transcendant réel quand nous éprouvons culpabilité.

Cela change notre compréhension de l'existence. La vie n'est pas absurde, terminée par la mort qui efface tout. La vie possède un sens objectif, éternel : connaître Dieu, l'aimer, le glorifier, entrer en communion éternelle avec lui. Chaque personne humaine, quelle que soit sa vie terrestre, possède une vocation divine et une destinée éternelle.

Cela change notre relation à Dieu. Reconnaître que Dieu est Créateur transforme nécessairement la créature en adoratrice. Comprendre que notre existence procède de sa volonté libre, que nous sommes maintenus dans l'être à chaque instant par sa parole puissante, que nous sommes créés pour le refléter et entrer en relation avec lui — cette compréhension produit naturellement gratitude, adoration, soumission, amour.

L'appel final

"Au commencement, Dieu créa les cieux et la terre." Cette vérité révélée prophétiquement il y a plus de 3000 ans, confirmée par la raison philosophique, validée indirectement par la cosmologie moderne, satisfaisant pleinement l'esprit humain cherchant la vérité, demeure éternellement vraie et transforme absolument tout pour quiconque la reçoit.

Le choix s'impose avec une clarté implacable. Ou bien l'univers surgit du hasard aveugle, obéit à des lois inexplicables, produit accidentellement la conscience et la vie, ne possède aucune finalité transcendante, et l'homme est un animal évolué sans dignité absolue destiné au néant. Ou bien Dieu crée intentionnellement l'univers par sa Parole, établit des lois rationnelles manifestant sa sagesse, crée l'homme à son image pour une relation éternelle avec lui, et toute réalité trouve son sens dans sa relation au Créateur.

La première vision désespère, frustre l'esprit, détruit la dignité, prive l'existence de sens, laisse toutes les questions fondamentales béantes. La seconde vision satisfait, remplit l'esprit, établit la dignité sur une base inébranlable, donne sens transcendant à l'existence, répond définitivement aux questions ultimes.

Ce livre a démontré rigoureusement que seule la deuxième vision est rationnellement défendable, philosophiquement cohérente, scientifiquement compatible, existentiellement satisfaisante. La création biblique n'est pas un mythe primitif concurrent du Big Bang. Elle est la révélation de l'origine absolue que la raison et la science, correctement comprises, confirment indirectement.

L'origine n'est pas un mécanisme impersonnel. L'origine est une Personne divine — le Dieu trinitaire créant librement, intentionnellement, rationnellement par sa Parole toute-puissante. Reconnaître cette vérité change absolument tout. Refuser cette vérité, c'est choisir délibérément une vision du monde qui frustre l'esprit, contredit la raison, prive l'existence de sens.

Le Créateur se révèle dans sa création (révélation naturelle accessible à la raison) et dans son Écriture (révélation spéciale communiquée directement). Les deux sources convergent vers la même vérité parce qu'elles procèdent du même Logos divin qui est à la fois Raison créatrice et Parole révélatrice. Celui qui cherche honnêtement trouvera. Celui qui frappe, on lui ouvrira. La vérité n'est jamais cachée à ceux qui la cherchent de tout leur cœur.

Au commencement, Dieu créa.

Cette vérité change absolument tout.

FIN

REMERCIEMENTS

À **ma famille**, pilier inébranlable dans ce parcours littéraire exigeant. Votre soutien constant, votre patience face aux longues heures d'écriture et de recherche, votre encouragement dans les moments de doute — tout cela a rendu possible l'achèvement de cet ouvrage.

À **mon père, Pierre Kamala Mwindo**, bien que désormais absent physiquement, tu demeures ma motivation la plus profonde. Ton héritage spirituel et intellectuel imprègne chaque page de ce livre. Tu m'as enseigné à chercher la vérité sans compromis, à ne jamais craindre les questions difficiles, à défendre avec conviction ce que l'on croit être juste. Ce livre est, en partie, l'accomplissement des principes que tu as semés dans mon cœur. Ta mémoire continue d'inspirer mon travail et guide ma plume. Que ton repos soit doux auprès du Créateur dont ce livre proclame la gloire.

À **ma tendre mère, Dorothée Mpika Mayamona**, source inépuisable d'amour et de sagesse. Ta foi inébranlable, ta persévérance face aux épreuves, ton dévouement sacrificiel ont façonné l'homme que je suis devenu. Tu m'as appris que la vérité se défend avec conviction mais se communique avec amour. Ta prière quotidienne pour mon ministère littéraire porte des fruits dont ce livre témoigne. Merci d'avoir cru en cette vocation avant même que j'en comprenne toute la portée. Tu es la preuve vivante qu'une mère pieuse façonne des générations entières.

À **tous ceux qui refusent les réponses faciles** et cherchent la vérité avec honnêteté intellectuelle, quelles que soient les implications — ce livre vous est également dédié. Puisse-t-il vous accompagner dans votre quête et vous conduire vers Celui qui est la Vérité elle-même.

"C'est pourquoi nous aussi, depuis le jour où nous en avons été informés, nous ne cessons de prier Dieu pour vous, et de demander que vous soyez remplis de la connaissance de sa volonté, en toute sagesse et intelligence spirituelle."
— Colossiens 1:9

Joël Kamala Mwindo
Montréal, décembre 2025

À PROPOS DE L'AUTEUR

Joël Kamala Mwindo est auteur théologique, penseur et officier de protocole ecclésiastique basé à Montréal, Canada. À travers **JKM Groupe** et **JKM Éditions**, il crée des œuvres théologiques qui enseignent, transmettent et transforment — refusant de simplement répéter ce qui est déjà connu.

Né le 28 mars 1997, Joël se distingue par un refus catégorique des interprétations conventionnelles et un engagement envers la rigueur intellectuelle.

" **ORIGINE : AU-DELÀ DU BIG BANG** " représente l'aboutissement de plusieurs années de réflexion sur la question fondamentale : d'où venons-nous ? Cet ouvrage démantèle les prétentions matérialistes et établit que seule la révélation biblique répond définitivement aux questions ultimes sur l'origine.

Contact : **contact@jkmgroupe.com**

"Mon travail n'est pas de plaire au plus grand nombre, mais de servir ceux qui cherchent la vérité avec l'intensité de ceux qui savent que leur âme en dépend."

— Joël Kamala Mwindo

www.ingramcontent.com/pod-product-compliance
Lightning Source LLC
LaVergne TN
LVHW090213051026
849517LV00001B/51